视觉思维

VISUAL THINKING

TEMPLE GRANDIN

[美] 坦普尔·葛兰汀 — 著

白瑞霞 — 译

中信出版集团 | 北京

图书在版编目（CIP）数据

视觉思维 /（美）坦普尔·葛兰汀著；白瑞霞译
. -- 北京：中信出版社，2023.11
书名原文：Visual Thinking
ISBN 978-7-5217-5270-0

Ⅰ.①视… Ⅱ.①坦… ②白… Ⅲ.①思维方法
Ⅳ.① B804

中国国家版本馆 CIP 数据核字（2023）第 152912 号

Copyright © 2021 by Temple Grandin
Published by arrangement with Dunow, Carlson & Lerner Literary Agency,
through The Grayhawk Agency Ltd.
Simplified Chinese translation copyright © 2023 by CITIC Press Corporation
ALL RIGHTS RESERVED
本书仅限中国大陆地区发行销售

视觉思维
著者：　　［美］坦普尔·葛兰汀
译者：　　白瑞霞
出版发行：中信出版集团股份有限公司
　　　　　（北京市朝阳区东三环北路 27 号嘉铭中心　邮编　100020）
承印者：　北京盛通印刷股份有限公司

开本：880mm×1230mm 1/32　印张：11　　字数：215 千字
版次：2023 年 11 月第 1 版　　　印次：2023 年 11 月第 1 次印刷
京权图字：01-2023-4251　　　　书号：ISBN 978-7-5217-5270-0
　　　　　　　　　　　　　　　　定价：79.00 元

版权所有·侵权必究
如有印刷、装订问题，本公司负责调换。
服务热线：400-600-8099
投稿邮箱：author@citicpub.com

献给思维方式独特的人

目 录

前 言　I

第一章　什么是视觉思维 / 001

第二章　淘汰出局 / 051

第三章　聪明的工程师在哪里 / 096

第四章　思维互补 / 139

第五章　天才与神经多样性 / 180

第六章　可视化与风险预防 / 227

第七章　动物意识与视觉思维 / 280

后 记 / 327

致 谢 / 331

前　言

　　我们来到这个世界之初并没有语言。我们看到光，开始识别面孔，区分颜色和图案。我们闻到气味，开始识别味道。我们有了触觉，开始抓东西，吮吸拇指。很快，我们便能识别歌曲。这也是摇篮曲和童谣会普遍存在的原因。婴儿可以发出很多声音，"妈妈"和"爸爸"的发音远比很多紧张的新手父母以为的要随意。渐渐地，语言开始占据优势地位。大多数蹒跚学步的孩子在1岁半时会掌握一堆名词和动词，2岁时开始造句。大多数孩子在上幼儿园时已经可以说出复杂的句子并理解基本的语言规则了。从交流的层面来说，语言就是我们的水和空气。

　　一直以来，人们认为语言的主导地位体现在它不仅是我们交流的基础，而且是我们思考的基础。几个世纪以来，人们对此深信不疑。17世纪的法国哲学家笛卡儿的那句名言"我思故我在"在时光的隧道里留下了长长的影子。具体来说，笛卡儿认为语言让人类区别于动物。换言之，我们生而为人的人性就建立在语言的基础之上。在一闪而过的几百年间，我们一直在论述以语言为基础的心智理论。1957年，美国语言学家诺姆·乔姆斯基出版了他石破天惊的开创之作《句法结构》。他在这本书中提出，语言，特别是语法，具有自然生成的能力。这一观点影响了半个多世纪的思想家。

　　了解人们是以不同的方式进行思考的第一步，就是要理解存在着不同的思维方式。广为接受的观点是人天生使用语言进行思考，这也许是我直到近30岁的时候才发现自己是一名视觉思维者的原因。我本身还是一名孤独症患者，直到4岁才会说话，8岁才在大量语音训练的基础上学会了阅读。换言之，我不是以句法和语法而是以图像来理解这个世界的。然而，与笛卡儿或乔姆斯基的设想并不相同的是，即使没有语言，我的思想依然丰富生动。这个世界借由一系列相关的视觉图像呈现在了我的面前。它们可以是滚动浏览的谷歌图片，也可以是在应用程序Instagram（照片墙）或抖音上出现的短视频。没错，我现在会使用语言，但是我依然通过图像来进行思考。人们通常会将视觉思维与视觉混为一谈，我将在本书中详细阐发视觉思维不是指我们如何通过眼睛观察这个世界，而是指我们的大脑如何处理信息，我们如何思考、如何感知。

　　在我出生的年代，人们还没有对不同的思维方式进行细致的区分。所以，可想而知，当我发现自己的思维方式竟然与其他人不一样时，我有多么紧张不安。这就好比我在抵达化装舞会的现场后，却发现自己是唯一一位乔装打扮的参与者。其实，我很难琢磨明白大多数人的思考过程到底与我的有什么不同。当我发现并非所有人都是借由图像思考时，我便将探究大家究竟是如何思考的以及有没有人和我一样视作了使命。25年前，我在回忆录《用图像思考》(Thinking in Pictures)中首次谈及了这一点。从那之后，我一直在探究视觉思维在普通人群中的比例问题。为此，我阅读文献，细致观察，在数百个有关孤独症和教育的会议上发表演讲并进行非正式的调查，还与数以千计的家长、教育工作者、残障人权利倡导者和业内人士进行探讨。

  在这个探究的过程中，并没有所谓灵光一现的时刻。相反，我逐渐而非突然意识到存在着两种不同的视觉思维者。尽管我在当时还不能完全证明这一点，但是我的确识别出了一种与我截然不同的视觉思维者。他们是通过模式（pattern）和抽象概念将空间可视化的。我第一次意识到这种区别是在与工程师、机械设计师和焊工们一起工作的时候。后来，当我的个人观察在科学文献中得到印证时，我整个人欣喜若狂。学者玛丽亚·科热夫尼科夫（Maria Kozhevnikov）的研究表明，有和我一样主要借由图像进行思考的对象可视化者。与此同时，一如我所怀疑的那样，还有另一种类型，即倾向于数学的视觉空间思维者，这是一种多被忽视但不可或缺的视觉思维者，他们借由模式进行思考。

这一发现的后续影响是巨大的。我意识到我必须扩展自己作为视觉思维者的个人经验，以满足我们文化中从学校到安全再到工作等各个方面对视觉思维进行整体论述的要求。本书所要探讨的就是这两种不同的视觉思维方式，以及它们对我们的个人生活和周遭世界的影响。在这个过程中，我想向各位介绍我所称的"聪明的工程部门"。书中所有的故事都来自我在过去将近50年的职业生涯中与这两种视觉思维者一起工作的经历。他们中有和我一样借由图像进行思考的对象可视化者，也有通过模式进行思考的空间可视化者。两者之间的区别可以类比为：对象可视化者在建造火车，而空间可视化者让火车动了起来。

本书的诞生还得益于两个真可谓灵光一现的伟大时刻。对我来说，那是在过去几年中改变了"游戏规则"的个人经历。2019年，我前去参观美国最先进的三家家禽及猪肉加工厂，这是我作为食品供应行业顾问的例行工作。我要确保工厂在按照行业规则正常运转，且没有违反任何协议。我要瞪大眼睛寻找与虐待动物、设备故障和员工不当行为有关的蛛丝马迹。我因自己的观察能力而在业内颇受欢迎，因为所有的细节，无论多么细小，都会一下子映入我的眼帘。我因能够发现一根看似微不足道却有可能造成牛群在滑槽中前行受阻，进而造成代价高昂的工期延误的绳子而在业内尽人皆知。当我在参观其中一家工厂时，有个东西一下子就吸引了我的眼球。当时，我工作过或做过咨询的几乎每一家工厂使用的都是美国制造的设备。因为所有的零件都是本土制造的，所以有随时待命的工人可以组装新部件并修复各种设备故障。在这家工厂，所有设备都是全新的。它们看上去制作精良，非常漂亮，由闪闪发光的不锈钢制成，包含诸多复杂的活动部件。看着它们，我不由得会想起那些设计、安装这些设备的技能高超的高薪工人。后来，我得知它们是从荷兰用100多个集装箱运来的。

当我站在顶部的天桥上看着这些复杂的传送带时，我暗自惊呼："我们再也做不出来这样的东西了！"这就是我们取消了学校里大多数实践课而不得不付出的代价。在我们的学校里，已经没有了车间、焊接、制图和汽车机械。那些原本长大之后能够发明这些设备的孩子在我们的教育体系中被认为在学业成绩和日常行为上表现不佳。结果，他们被分流纳入了特殊教育的范围。事实上，他们中的很多人都是被筛掉的视觉思维者。只不过我们目前的教学体系偏爱那些善于应试的口头表达型、线性思维型学生。那些能够让所谓的"差生"也一展身手的实践课就这样从我们的教学体系中消失了。

第二个让我灵光一现的时刻出现在那年的晚些时候，我前去参观位于加利福尼亚州丘珀蒂诺的苹果公司总部的史蒂夫·乔布斯剧院。它看上去就像是一块来自另一个星系的原始玻璃圆盘，通体是 22 英尺[①]高的透明玻璃，你看不到其中有任何一根立柱。所有的电线、洒水装置、音响和安全系统都被隐藏在玻璃面板之间的接缝内。真可谓浑然天成、蔚为壮观！和以往一样，每当我对某件事情感兴趣的时候，我都会锲而不舍地持续钻研。所以，这一次，我想弄明白它究竟是怎么建造而成的。我发现整片屋顶是由结构玻璃墙支撑的，而这些玻璃都来自生产大型玻璃面板的行业引领者——德国的 Sedak 公司。梦幻般的轻质碳纤维屋顶则是从迪拜进口的。玻璃幕墙和屋顶是由意大利公司 Frener & Reifer 设计、制造并安装的。我在剧院参观时里面空无一人。记得我当时站在中央大厅的正中心，不由得喊道："我们再也做不出来了！"

很快，我就意识到这些并非特例。事实上，它们只不过是美国工业界发生翻天覆地变化的证据。2021 年春，我在另一家猪肉加工厂发现了来自荷兰、丹麦和意大利的全新肉类切割和包装设备。几个星期后，一家大型荷兰设备制造公司的广告以巨大的折页形式出现在了最新一期的肉类行业杂志上。是的，我正在亲眼见证美国制造业的危机。

美国正在丧失基本的技术技能，其背后的原因有三。第一，专业人士青黄不接。拥有制造专业知识的人离开行业的速度远超过后来者接替的速度。第二，制造力低下。美国不仅将服装、

[①] 1 英尺 ≈ 0.3 米。——编者注

玩具和电器等大宗商品的制造权交给了外国公司，就连高科技产品的制造权也拱手相让。例如，每年约有 30% 的苹果手机是在中国制造的。第三，视觉思维者被淘汰出局。这也是我最为关注的问题。当我们无法鼓励和培养具有不同思维方式的人发展他们的才能和技能时，我们势必将无法整合有益于整个社会的学习和思维方式。试想一下，一个没有艺术家、工业设计师或发明家的世界是一个怎样的世界，一个没有电工、机械师、建筑师、管道工或建筑工的世界是一个怎样的世界。他们就是我们的视觉思维者。他们就这样被埋没在了人群中。我们没有做到去理解、鼓励和欣赏他们的独特贡献。驱使我撰写本书的一个原因就是技能在美国的丧失让我深感恐惧。这一切完全是可以预防的，只要我们停止将那些可以拯救我们的人淘汰出局。

大多数人并不完全了解自己的思维方式，大多数科学家对此也一无所知。因此，我会先描述我们对视觉思维的认识，同时以一种视觉思维者和非视觉思维者都能理解的方式来说明它的工作原理。在此基础上，我会点明我们在教育方面到底做错了什么，从推行统一的课程计划到实施一个带有偏见且过时的考核系统，并在这一过程中短期或长期地淘汰有才华的孩子，这造成了集体性的损害。我们发现，代数是一些高中生完成学业或从社区大学拿到技术学位的一大障碍。他们是可以发明机器却无法解出 x 的视觉思维者，而我们正在将他们淘汰出局。接下来，我们将探讨这种教育危机又如何在人们对行业及社区大学的偏见之下，导致了失业或就业不足危机。我们大多认为维护和改善基础设施建设至关重要，但是，我们是否通过识别、鼓励和培训建筑工、焊工、机械师和工程师体现出了这一点呢？换句话说，聪明的工程师们当下都在哪里呢？

我们将会看到语言思维者和视觉思维者之间的精彩合作，其中包括作曲家理查德·罗杰斯（Richard Rodgers）和歌词作家奥斯卡·哈默斯坦（Oscar Hammerstein）、苹果公司的两位创始人史蒂夫·乔布斯和史蒂夫·沃兹尼亚克（Steve Wozniak）以及建筑师雷姆·库哈斯（Rem Koolhaas）和工程师塞西尔·巴尔蒙德（Cecil Balmond）的作品。我们将看到多元化思维方式如何使团队整体受益的各项研究。我们将一起探究天才、神经多样性者和视觉思维者的交互合作。我们还将介绍艺术家和发明家，而他们中的很多人是视觉思维者，还有一些人是孤独症患者。他们对艺术、科学和发明创造的卓越贡献早已改变了人类历史进程。

我们之后还将讨论在你的工作团队中如果没有视觉思维者，有时也许会带来生死攸关的现实后果。我们将看到具有视觉技能的人如何有助于避免灾难的发生，例如日本福岛核电站的毁灭性故障和夺去数百人生命的两起波音 737 MAX 的坠机事故。尽管视觉思维者不是先知，但是他们的视角不仅能够帮助规避小事故，还可以避免大灾难。我们还会研读一些对只有一种思维方式的团队与视觉思维者、非视觉思维者混合的团队进行对比研究的成果。拥有视觉思维者的团队将会有相当不同的表现。

最后，我们会回到我一直以来多有涉及的主题。作为一名研究动物的科学家，我毕生都在致力于动物的行为研究，教授相关知识并提供与之相关的咨询服务。我之所以关注动物就是因为它们没有语言。那么，对于我们了解思维方式，动物又能带来怎样的启示呢？

如何才能判断自己是不是视觉思维者呢？你或许大概知道自己是否擅长音乐、艺术或是将机械的东西进行组装，又或是你更喜欢画画而非写作。所有这些都是线索。重要的是要记住，与大多数特征一样，视觉思维也存在于一个谱系范围之内。大多数人是同时使用语言思维和视觉思维来理解这个世界的。通过我在本书中所呈现的故事、研究和想法，你应该能够找到自己在谱系中的位置。另外，我还想帮助父母找到孩子的闪光点，让他们进而能因材施教，使孩子获得成功。这就需要父母首先了解孩子的思维方式和学习方式。我还想鼓励雇主在评估员工时能够看到简历之外的东西，看到视觉思维者和神经多样性者所具备的优势。我更希望视觉思维者能够在阅读中看到自己，而非视觉思维者也能够认识到不同的思维方式会带来的可能性和机会。最后，我希望在一个瞬息万变的世界中，我们作为世界公民能重新找寻到我们的创造力和创新力，认识到我们利用不同的思维力量将会有怎样的收获。

第一章

什么是视觉思维

在我出生的 1947 年，医学界尚未开始对像我一样的孩子进行孤独症的诊断。我当时实际上已经表现出了今天被认为与孤独症相关的大部分行为，譬如缺乏眼神交流、爱发脾气、缺乏社交接触、对触觉敏感以及耳聋。我最主要的症状是语言发展迟缓。当我在 2 岁半接受检查时，神经科医生觉得我有"脑部损伤"。后来，我才明白我当时的一系列行为，诸如爱发脾气、口吃、尖叫和咬人，都与我无法表达自己的挫败感息息相关。幸运的是，我很早就接受了很多的语言治疗，它们最终帮助我学会了使用语言。不过，在那个时候，我并不知道不是所有人都有着和我一样的思维方式。换句话说，我当时并不知道大家的思维方式大致可以分为两大类：用图片、模式进行思考（图片和模式之间的区别稍后会详加解释）和用语言、文字进行思考。

基于文字的思维是连续的、线性的。主要用语言进行思考的人倾向于按顺序来理解事物，这也是他们通常在顺序化、结构化的学校学习中表现出色的原因。他们善于理解一般性的概念，并具有良好的时间感，但是他们不一定具有良好的方向感。语言思维者中的孩子能够井井有条地使用活页夹，成年人则会有一个文件夹整齐排列的电脑桌面。语言思维者善于对他们得出的答案或做出的决定以步骤细化的方式详加解释。他们会自言自语，又或自我对话，以组织管理自己的小世界。他们能够毫不费力地处理电子邮件、发表演讲。他们通常也会很早开口说话。

我们大多默认语言思维者是语言交流的主导者。他们条理清晰、不惧社交。因此，他们会被高度依赖语言表达的职业类型吸引，譬如教师、律师、作家、政治家和行政人员，而从事这些工作反过来也让他们感到如鱼得水。你的身边或许就有这样的人。这些年来与我共事的编辑都是语言思维者。我发现他们喜欢按程序工作，也就是说，他们是线性思维者，需要依照一件事从开始到中间再到结束的流程来思考和工作。如果我将本书中的随意几章发给我的编辑，那她一定要疯了。因为在她的脑海中，随意的章节意味着杂乱无序，她工作起来会很痛苦。图片具有关联性，而语言需要有逻辑顺序。对我的编辑来说，没有了语言顺序就意味着丧失了逻辑。她会想要我依照一个连续的顺序来表达我的想法。

视觉思维者则会在自己的头脑中看到图像并进行快速联想。普遍而言，视觉思维者喜欢地图、艺术和迷宫，他们通常也不需要方向。一些视觉思维者能够非常轻松地找到哪怕只去过一次的地方。他们内在的定位系统会自觉记录那些地标建筑。视觉思维者往往开口说话比较晚。学校和传统的教学模式让他们备感痛苦。代数通常因为概念太过抽象，几乎或根本没有具象化的东西，让他们感到难以应对。视觉思维者更擅长与实际任务直接相关的运算，例如搭建和组装。像我一样的视觉思维者很容易就能弄清楚或掌握机械设备的工作原理。我们喜欢解决问题，但在人际交往方面表现笨拙。

在亚利桑那州立大学动物科学专业读研究生期间，我开始研究牛的行为。我当时并没有意识到并非所有人都是用图像进行思考的。那是20世纪70年代初，我20多岁，以语言文字为基础的思维方式对我来说是第二语言。我试图弄明白为什么牛有时在穿过滑槽时会停滞不前，在此过程中，我在理解原来人们具有不同的思维方式方面有了第一个重大突破。我曾多次写过、谈论过这段经历。对我来说，那是灵光一现的伟大时刻，它不仅促成了我与动物的交流方式，而且开启了我的职业生涯。

当时，牛群的饲养员通过吆喝、击打或用电棒驱赶来推动牛群依次通过滑槽，以保持整个移动线路的畅通无阻。为了体验一头牛的视角，我自己跳进了滑槽。进去之后，我才发现原来阻碍牛群正常前行的是阴影、斜射的阳光和任何能够分散牛群注意力的东西，譬如悬垂的链条，甚至是像悬挂在滑槽顶部的绳子这样的小东西。它们都会导致牛群突然停下来。对我来说，跳进滑槽体验牛的视角是再正常不过的一件事。然而，在我之前从来没有一位牛群饲养员想过要这么做，甚至当我这么做的时候，他们中的一些人还认为我的脑子进水了。所以，从牛的视角看世界在当时还是一个相当前卫激进的想法。然而，正是这一点成了我与所有动物打交道的标志性方式。

我在养牛业工作多年，一直力图改善人们对待牛的方式。我也咨询过动物园和其他动物处理机构来增强我对其他动物行为的认识。我曾在《用图像思考》一书中提及过这一点。我个人觉得，我之所以和动物（尤其是牛这一类的猎物物种）关系亲密是因为我的孤独症。我相信，当我们遇到威胁时会有同样的逃跑反应。我能理解它们的恐惧情绪。在某种程度上，我与动物的关系远比与人的关系更亲近。

我慢慢发现我的视觉思维有助于我看到别人看不到的东西。我会留意到任何不对或出错的细节，甚至是充满危险的细节。我将在有关灾难的章节中详细阐述这一点。我不仅会在滑槽中一下子就看到跃入眼帘的斜射阳光或链条，而且会在走进一间房间后立即看到任何"不正常"的东西，就像一位语言思维者会立刻找出句子中的错别字或位置有误的逗号一样。位置不对或位置有所偏离的东西就是那么显而易见。

事实证明，这种能力既根植于孤独症也源于视觉思维。劳伦特·莫特龙（Laurent Mottron）是蒙特利尔大学的精神病学家，研究认知神经科学和孤独症。他的同事西尔维·贝尔维尔（Sylvie Belleville）研究过孤独症谱系中的很多患者。他们的工作涉及研究感知处理能力。在其中一个研究项目中，他们对一位名叫 E.C. 的患者进行了一系列测试。E.C. 是一位学者，我会在后文中详细介绍学者这个类别。E.C. 可以根据记忆绘制出比例完美的空间细节。莫特龙发现，"孤独症患者要比正常人更快地察觉到周围环境中的细微变化，并会留意到形态极其微小的细节"。莫特龙后来的另一项研究是观察视觉思维者和语言思维者如何处理复杂的视觉任务来定位感知功能，研究成果再次证明视觉感知"在孤独症患者的认知中发挥着重要作用"。

尤塔·弗里思（Uta Frith）是一位具有开创性的发展心理学家。他让人们认识到孤独症是一种认知疾病，而非冷淡的妈妈（她们当时被称为"冰箱母亲"）造成的。在一项早期的研究中，弗里思和阿米塔·沙阿（Amitta Shah）比较了孤独症患者、"正常人"和智障人士完成将彩色块组合成不同图案的任务的过程。他们发现孤独症的受试者"无论年龄和能力如何，都比其他两个对照组表现得更为出色"。

我觉得如果我不是一名视觉思维者，我是不会跳进那个滑槽的。我必须从牛的角度来看问题。对我来说，这是一个极其自然的反应。话说回来，我当时以为全世界的人和我有着一样的思维方式，大脑中会播放一系列相关的写实图片或是类似电影预告片的东西。可实际上，语言思维者很难理解像我一样的视觉思维者，而我也很难理解语言思维者。那时，我对莫特龙和弗里思这样的学者所开展的研究工作一无所知。我也从来没有想过可以研究和量化视觉思维，甚至听都没有听过"视觉思维"一词。从那时开始，我一直在思考为什么会这样。

语言世界中的视觉思维

事实上，我们生活在一个语言丰富的文化中。语言思维者在宗教、媒体、出版和教育等各个领域占据着主导地位。电视广播和互联网上充斥着各种语言文字，而传教士、权威人士和政治家也占据了大部分的对话空间。我们甚至称评论员是"会说话的人"。我们的主流文化也更偏爱擅长语言表达的人。他们的世界是一个充满了语言的世界。

心理学家查尔斯·费尼霍（Charles Fernyhough）是杜伦大学"聆听声音"项目组的负责人。他的著作《脑海中的声音》（*The Voices Within*）描述了人们之中普遍存在的自我对话的各种方式和原因，例如激励自我、关注自我、调节情绪、引导注意力或改变行为等。本质上，就是变得有自觉意识。正如我们即将看到的，即使是高度的语言思维者也会进行视觉化处理，只不过他们依然主要通过语言来获取信息。然而，与许多人一样，费尼霍在研究报告中还是流露出某种偏见。他认为思维主要是通过语言完成的，思维"与语言的关系比最初看上去的还要紧密"。他承认一个人的感官和情感因素有图像化处理的部分，但是它们终究只是"整体中的一小部分"。我也会自言自语，间或在特别专注于牲畜养殖场设计项目时，甚至还会大声地说出来。然而，我的思维不是漂荡在文字海洋上的木筏，而是一片图像的海洋。

大多数孩子会以惊人的速度将语言与他们生活中的事物联系起来。说话对语言思维者来说是自然的。除了词汇和句法，蹒跚学步的孩子还会学习父母说话时的语调和表情。然而，对孤独症谱系中的许多视觉思维者来说，这是不得不学习适应的主流文化。我们不明白世界上的其他人是通过语言来交流思想并分享感受的。语言对我们来说不是自然的。我们试图学习并掌握如何使用正确的语调和口吻来调节自己的声音。我是通过仔细观察语言思维者的说话方式才学会声音调节的。对我来说，它不是与生俱来的。迄今为止，我依然很难记住一长串的语言信息。有时，我也很难理解一些笑话，尤其是如果对方讲得很快或是在玩文字游戏的时候。为了理解一个笑话，我往往不得不将听到的文字转换为图像。如果这个笑话包含着语言的跳跃或是奇怪的语法，我可能就无法理解了。

很长一段时间以来，我错误地以为所有的孤独症患者都是视觉思维者。然而，事实证明，孤独症谱系中的一部分人非常善于言辞。不过，根据曼彻斯特大学心理学家格雷厄姆·J.希契（Graham J. Hitch）及其同事的研究，所有儿童在早期都表现出了视觉思维的倾向。希契研究了儿童处理信息的过程，看看他们更依赖记忆中的视觉线索还是语音线索。结果显示，在大龄儿童中，视觉记忆会"被记忆中更普遍的语音成分掩盖"。这意味着文字很快会覆盖图像，就像一层墙纸覆盖了另一层一样。心理学家和数据分析师加布里埃拉·科佩诺尔-冈萨雷斯（Gabriela Koppenol-Gonzalez）跟踪研究了语言作为儿童主要交流方式的过程。她发现儿童直到5岁依然严重依赖视觉短期记忆。但是，从6岁到10岁，他们开始更多地进行语言处理；从10岁以后，他们开始和成年人一样依赖语言短期记忆。随着语言和视觉系统的不断发展，孩子们会变得更倾向于语言思维。不过，更早之前对成年人短期记忆的研究结果却和人们以为的恰好相反，也就是说，并非所有的成年人都优先运用语言来处理信息。

丹佛高级发展研究所和资优发展中心的心理学家琳达·西尔弗曼（Linda Silverman）过去40多年来一直在研究资优人士，包括很多孤独症光谱中的资优人士。其中很多人有阅读、拼写、统筹和排序方面的困难，但是他们能够轻松地将东西拆开并重组或是解答复杂的方程式，尽管他们可能无法用语言来描述自己究竟是如何做到的。他们往往喜欢微积分、物理，并擅长看地图。西尔弗曼的研究工作一直致力于因材施教，不将孩子的"与众不同"看作一种缺陷或残疾，而是要将这份独特视作一份宝贵的资产。在一次有关学习风格差异的演讲中，西尔弗曼展示了一张幻灯片，上面有两个人：一个人拥有整洁的文件柜，而另一个人被一堆杂乱无章的文件包围着。用她的话来说，一个是"归档者"，而另一个是"堆放者"。对于一个人的思维方式，这种区分说明什么问题呢？

西尔弗曼正确地指出，无论是整洁还是杂乱，我们都不能依据这一点对双方在智力、能力等方面做出任何评价，但是人们往往会觉得杂乱的人好似有所欠缺。如果我们将一个整齐使用活页夹的学生与一个书包里塞满各种文件的学生进行比较，我们大多会不自觉地认为前者更聪明、更优秀。也许，前者在学校的确表现出色。然而，一如我们将会看到的，天才往往都是"堆放者"。西尔弗曼还正确地指出，如果你让一个总是杂乱无章的人整理文件，他们有可能会再也找不到自己想要找的东西。这样的人虽然看上去杂乱无章，但是实际上对东西摆放的位置一清二楚。对他们来说，所谓"杂乱"也是有章法的。他们会在自己的大脑中看到一切。

我就是这样。我的办公室里永远都堆满了各种期刊和从杂志上剪下的文章，还有草稿，一眼望过去，简直是乱到了不能再乱的地步。可是，堆积如山并不意味着毫无章法。一座文件"小山"就是一个项目。我能很容易地锁定正确的"小山"并找出自己想要的文章。当然，在乱七八糟的论文堆中找到某篇论文也许不是什么天才的标志，但它至少提供了大脑如何运作的线索。

不过，怀疑的好处似乎总是归于语言思维者。剑桥大学心理学和精神病学教授兼孤独症研究中心的主任西蒙·巴伦-科恩（Simon Baron-Cohen）在他的著作《模式探索者：孤独症如何推动了人类发明》(*The Pattern Seekers: How Autism Drives Human Invention*) 中提出了一个引人入胜的理论，他认为是孤独症患者完成了这个世界上的大部分创新。"这些超级系统化者连处理最简单的日常社交任务都很吃力，譬如建立和保持人际关系，但是他们可以轻松地发现自然界中存在的模式或是通过实验发现其他人可能忽略的模式。"他的说法表达了我的心声。但是，巴伦-科恩接着又称赞起语言思维的重要性。他断言认知革命带来了"我们非凡的语言能力"。这个观点其实主导着人类对历史发展的理解，即语言通过一些炼金术式的过程将思想转化为意识，而视觉思维在这个过程中的某个地方被默默地抹去了。

视觉思维及语言思维的连续统一体

人们总会问我如何确定一个孩子是否属于视觉思维者。我觉得视觉思维的迹象早在3岁就会出现，6～8岁就会非常明显。

视觉和空间思维的倾向性会体现在他们喜欢的活动中。这样的孩子会创作出细节逼真的精美图画，喜欢用积木、乐高和建筑模型这样的玩具进行拼搭，或者用在房子周围找到的材料，譬如硬纸板或木头，进行组装。他们会在看到 1 000 块拼图时眼前一亮，会在地下室或车库里花几个小时修理工具或电子产品，会把东西拆了装、装了拆。理论物理学家霍金拆解过火车模型和飞机模型，还用回收的时钟和电话零件制作过一台简单的计算机。计算机领域的开创性科学家、数学家格雷丝·默里·霍珀（Grace Murray Hopper）拆解过家里的 7 座时钟。也许，当你发现孩子拆了你的笔记本电脑时会大为恼火，不过，倘若他或她是下一个史蒂夫·沃兹尼亚克呢？你一定会高兴起来。

对于成年人，我会建议他参加一个我称之为"宜家测试"的活动，以此来确定自己在视觉-语言思维谱系中的位置。这不是一个严格意义上的科学测试，但它是一条相当可靠的能够区分出语言思维倾向与视觉思维倾向的捷径。测试方式如下。你买了一件家具并准备自行组装，你是会阅读说明书上的文字说明，还是会看图组装？我如果只看文字说明的话肯定是一头雾水，因为我无法遵循步骤来组装。但是，如果我看图纸，我的大脑就会开始将之前的东西全部联结起来，一下子就能想象出这件家具组装后的样子。也许，你已经留意到宜家的组装说明大多是一系列图纸，没有太多的文字说明。所以，当我得知公司的创始人曾经患有阅读障碍，相比文字更喜欢图片时，我就见怪不怪了。我听说有一些语言思维者面对宜家的图纸会非常崩溃,他们发现按图组装实在令人沮丧。正所谓"汝之蜜糖,彼之砒霜"。这肯定也是宜家与共享经济平台"任务兔"(TaskRabbit)进行合作的原因,通过聘请视觉思维者来帮助英语专业的学生组装书架。

撇开书架不谈,到目前为止还没有明确的针对视觉思维的测试或检验。但是,西尔弗曼和她在丹佛的团队多年来成功开发了"视觉空间思维者识别工具"(Visual-Spatial Identifier)。它在区分西尔弗曼称之为基于语言的"听觉序列"思维者和基于图片的"视觉空间"思维者方面做得很好。如果你对自己在视觉-语言思维谱系中的位置感兴趣,请花点时间回答以下有关视觉空间思维者识别的 18 个问题。

视觉空间思维者识别工具　　　　　　　　　是　不是

1. 你是主要借由图片而非文字来思考的吗?　□　□
2. 你是否知道某事却无法解释为什么或如何做?　□　□
3. 你会用不同寻常的方式解决问题吗?　□　□
4. 你的想象力丰富吗?　□　□
5. 你是否记得看到的东西而忘记听到的东西?　□　□
6. 你的拼写很糟糕吗?　□　□
7. 你是否会从不同的角度来想象物体?　□　□

8. 你有组织障碍吗？　　　　　　　　　　☐　　☐

9. 你经常会忘记时间吗？　　　　　　　　☐　　☐

10. 你宁愿看地图也不愿听从语言指示吗？☐　　☐

11. 你记得如何前往自己只去过一次的地方吗？☐　　☐

12. 你是否写字很慢，且字迹不易辨认？　☐　　☐

13. 你能对别人的感受感同身受吗？　　　☐　　☐

14. 你有音乐、艺术或机械方面的爱好吗？☐　　☐

15. 你知道的比别人认为你知道的多吗？　☐　　☐

16. 你讨厌在一群人面前讲话吗？　　　　☐　　☐

17. 你觉得年纪越大越聪明吗？　　　　　☐　　☐

18. 你对电脑上瘾吗？　　　　　　　　　☐　　☐

如果你对其中10个或10个以上的问题的回答是肯定的，那么你极有可能是一位偏向视觉空间思维的学习者。

请谨记视觉思维和语言思维是一个连续的统一体，它们之间不是二元对立的关系。很少有人会对所有的问题都给出肯定的回答。我对18个问题中的16个给出了肯定的回答，所以我处于视觉-语言思维谱系中视觉思维一侧的远端。作家、编辑和律师给出的肯定回答通常要少得多。本书的编辑贝齐·勒纳（Betsy Lerner）就是一位高度语言思维者，她只对18个问题中的4个给出了肯定回答。大多数人会落在这个谱系上的某个中间位置，表现出两种思维方式的杂糅混合。极富创造力或数学能力的人可能会对其中的多个问题给出肯定回答。

人们还会经常问我视觉思维者在人群中的比例究竟有多高。到目前为止，还没有大量的数据予以说明。但是，西尔弗曼的团队对750名具有不同社会经济背景及智商分数的四年级、五年级和六年级学生进行了调查研究，发现大约1/3的人具有强大的"视觉空间"能力，而大约1/4的人具有强大的"听觉序列"能力，其余大约45%的学生表现出了混合性特征。

当我第一次意识到自己是一个视觉思维者时，我就进入科学家模式并开始了自己的调查。我相信，如果调查足够多的人并提出相同的问题来发现他们是如何处理视觉记忆的，我就可以建立起一个数据库并找到"同道中人"。神经学家兼作家奥利弗·萨克斯（Oliver Sacks）发现我在收集这类信息后，便在《纽约客》上发表了一篇宣传文章。他这篇文章的题目后来成为他《火星上的人类学家》（An Anthropologist on Mars）一书的书名。这的确是对我如何理解这个世界的一个准确描述。在所谓的正常或"神经典型"[①]人群中，我就像人类学家玛格丽特·米德（Margaret Mead）一样。相比建立社会关系，我更愿意研究人们的行为方式和习惯。"适应"是一个复杂的过程。

---

① "神经典型"最初是孤独症谱系障碍的群体用于指称不在此谱系上的正常人的。它通常与"神经不典型"（后来又被称为"神经多样性"）相对应。在学术和日常用语中，人们越来越倾向于使用中性词汇来进行分类和对比，避免诸如正常与不正常这种隐含了歧视和区别对待的用语。——译者注

我当时并没有意识到我调查视觉思维者其实是在寻找自己的同类。

我通过让其他人描述自己的家或宠物来开始我的调查。我发现几乎每个人都会用特定的视觉细节来描述他们的家或宠物。当我让他们描述诸如烤面包机、冰淇淋甜筒之类的物品时，得到了类似的结果。人们会毫不费力地想象和描述周遭事物。难道他们都是视觉思维者吗？作为一名科学家，我做了自己一直在做的事情：分析调查结果并提出假设。我猜测对物品十分熟悉可能是使得人们能够详细回忆它并加以描述的原因。

我决定专注于那些人们听说过但在日常生活中并不常见的事物。当我开车经过镇上的教堂时，我偶然看到教堂的尖顶。尽管每个人都知道尖顶是什么，甚至会时不时地看到它，但它并不是我们日常生活中的常见之物。即使你常去教堂，你也有可能不会注意到教堂的尖顶。我甚至曾与几乎没有留意过自己教堂尖顶的牧师交谈过。在我让人们回忆和描述有关教堂尖顶的调查中，我得到了完全不一样的结果。

不出所料，我得到了三种回应。和我一样的视觉思维者会专门描述某些特定的教堂尖顶，还会说出好些个真实存在的教堂名称。在他们的脑海中，没有模糊或抽象的东西。他们或许还会盯着一张照片或特别写实的图画。他们会清清楚楚地看到细节。相应地，有一些人和我的合著者一样位于视觉-语言思维谱系的另一端。他们大致只会看到由两条模糊的线组成的一个倒V形，就好像是用炭笔粗略勾勒出来的，一点儿也不具体。总体来说，他们是语言思维者。然而，还有更多的人处于两者之间。他们会看到一个常见的新英格兰风格的尖顶。它的样子是他们以往亲眼见过的某些尖顶和曾经在书中读过或在电影里看到过的尖顶相互拼凑起来的。这类人恰好就处于视觉-语言思维谱系的中间位置，是语言思维和视觉思维的混合体。所以，几乎从一开始，我就意识到并没有两种截然不同的思维类型，它们实际上是一个连续的统一体。

我多年来为筛选视觉思维者而做的另一项非正式实验，涉及我经常面向演讲的两个截然不同的群体，一方是小学生，而另一方是学校里的行政人员。我给他们每一组分别看一张一头公牛从滑槽里走出来盯着地板上某个亮点的照片。这张照片的标题是"防滑地板必不可少"。紧接着，我会让大家举手示意，有多少人看到了那头公牛是在看地上的亮点。结果始终是一致的：在小学生的组别中，有一半的孩子会举起手来，而看到同一照片的行政人员中则几乎没有人举手，他们的注意力都放在了文字标题上。

视觉大脑与语言大脑

在人类探索视觉皮质的短暂历史中，米切尔·格利克斯坦教授（Mitchell Glickstein）重点介绍了一批从不同角度研究视觉如何在大脑中进行运作的医生。弗朗切斯科·真纳里（Francesco Gennari）是一名18世纪在意大利帕尔马求学的医学生。他将大脑置于冰上进行解剖研究，由此"开创了脑结构学这一新领域，即研究大脑皮质结构中的区域差异"。苏格兰神经学家戴维·费里尔（David Ferrier）在寻找控制视觉的大脑区域时无意间发现了视觉引导的运动或运动机能。俄国研发出不会击爆士兵头骨的步枪之后，日本医生井上达二（Tatsuji Inouye）得以记录下子弹进出大脑的位置点，并计算出29名在1904—1905年日俄战争期间受伤的日本士兵大脑中视力受损的位置。几乎是在同一时期，英国的神经学家通过研究英国的受伤士兵得出了一张更易于理解的图表。

　　大脑中与语言关系最为密切的两个区域是以19世纪两位神经学家的名字命名的。他们分别发现了在大脑中发挥着独特作用的两个区域。一位是法国外科医生保罗·布罗卡（Paul Broca）。布罗卡在治疗一位失去语言功能（失语症）的患者的过程中确定了大脑中语言中枢的位置，病人的大脑左侧额叶存在病变损伤。这一发现在随后的尸检中得到了证实。这个大脑皮质的特定区域因而被命名为"布罗卡区"。布罗卡区受伤的人通常能够完全理解语言却无法表达。另一位是波兰神经外科医生卡尔·韦尼克（Carl Wernicke）。韦尼克在布罗卡研究工作的影响下也发现了类似的病变损伤，但是这一次它出现在颞叶后部。布罗卡区不仅与语言的生成即遣词造句紧密相关，而且负责我们对诸如手势、面部表情和肢体语言等非语言类表达的理解。布罗卡区靠近大脑指挥口部动作的运动皮质，而主导理解语言的韦尼克区靠近听觉皮质。一个韦尼克区受损的人通常在理解上杂乱无章，因此即使能够开口说话也说不明白。这些区域之间由一个不包含任何信息却能够将一个人的语言表达与思考理解融合为思想的关联束连接起来。人类的关联束远大于其他动物的关联束。这一点恰好有助于解释为什么人类具有复杂的语言表达及沟通体系。

人们还通过具有高度侵入性的实验，例如将电极连接到人或动物的大脑的不同区域来准确认知大脑的运作过程。在其中一项实验中，人们发现刺激大脑的一侧会引发身体另一侧的活动。两位德国生理学家古斯塔夫·弗里奇（Gustav Fritsch）和爱德华·希齐希（Eduard Hitzig）在治疗头部受伤的士兵时，通过用电流刺激他们的后脑勺来探查究竟大脑的哪一部分会产生自主运动。他们之后在一条狗的身上重复了这项实验。发现了运动机能的神经学家戴维·费里尔在移除猴子的前额叶后，发现它们虽然运动技能未受影响，但是性情大变。（根据英国1876年出台的《禁止残酷对待动物法》，费里尔也成了第一位受审的科学家。）

奥利弗·萨克斯指出，大多数对大脑的研究源于大脑功能的不足或缺乏。有某种特定缺陷的病人让科学家有了一探究竟的机会，而这种探究反过来让人们得以了解大脑的功能。人类对大脑探究最著名的早期案例也许来自一位名叫菲尼亚斯·盖奇（Phineas Gage）的铁路工人。他不幸被一根金属长棍从脸颊处刺入，贯穿而上，从头顶上方穿出。尽管他奇迹般地活了下来，能看、能走、能说话，但是自此性情大变，满嘴脏话，举止粗鲁。这或许就是人们了解大脑前额叶皮质功能的第一扇窗口。2012年，也即盖奇的案例出现160多年之后，加利福尼亚大学洛杉矶分校神经成像实验室的研究人员将高科技工具与110张盖奇的虚拟头骨图像相结合，仍在努力挖掘导致盖奇行为及情感功能丧失的背后原因，并试图阐明它对脑损伤和退行性疾病（如痴呆）的影响。

随着时间的推移，研究人员已能够借助开发成功的工具在没有侵入性手术的条件下观察大脑内部。脑电图扫描（EEGs）、计算机轴向断层扫描（CAT scans）和磁共振成像扫描（MRIs）已经取代了正电子发射断层成像（PET）的扫描技术。它们能够生成高度精准的大脑图像以用于诊断脑损伤、脑肿瘤、痴呆、中风等。显示大脑活动的功能性磁共振成像（fMRI）又让扫描技术往前迈了一步。

尽管如此，功能性磁共振成像仍有其局限性。我认为这项技术就如同一架飞机在一大片使用同一台发电机的房子上空进行夜间巡逻。如果安装有发电机的那栋房子被闪电击中，那么一整片房屋都会陷入黑暗之中；如果安装有发电机的那栋房子没有被闪电击中，那么其他的房子依然会灯火通明。也就是说，当我们依赖功能性磁共振成像技术时，我们将不可能知道"发电机"的准确位置，除非我们用电极击中它。因此我们也无法确定究竟哪一个神经网络节点会开启整个系统。

需要重点明确的是，人类对视觉的依赖程度远高于对其他感官的依赖程度。研究表明，我们看到某物以及我们想象自己看到某物都会激活大脑枕叶（视觉皮质）和颞叶的大片区域。这两个区域加起来约占大脑的 1/3，具备大量的功能。所有哺乳动物的初级视觉皮质都位于距离眼睛最远的后脑。我们至今仍不清楚它的位置为何如此靠后，或许这个位置有助于深度知觉的进化发展。

信息数据基本上存储在大脑的三个位置。我觉得可以将之类比成你的手机、手机桌面和云盘来存档详细的视觉记忆。视觉信息通过眼睛进入大脑，并存储在后脑的视觉皮质及其他一些相关结构中，其中包括一个梦境热区。想象你正在使用自己的手机拍摄照片或视频。你是想将它们存储在你的桌面（中脑）并按类别进行归档（狗、家庭、树木、视频等），还是需要将它们上传到云盘妥善保管呢？额叶皮质会将所有的信息数据分门别类。这个过程与你决定如何整理自己的照片（选择拖放至桌面还是上传到云盘储存）是一样的。额叶皮质自身并不储存任何东西，但你会在那里安排自己的生活。这个过程被称为发挥执行功能。那么，信息在大脑中究竟是如何传送的呢？让我们再次进行类比，它的传送路径犹如高速互联网、无线局域网或者拨号上网。

我多年来参与了不少的脑部扫描研究，每一次使用的都是最新的技术。作为一名科学家，我对探索自己大脑的未知领域一直怀有强烈的冲动，也一直试图破解有关孤独症的一些谜团或更好地理解我到底是如何思考的。1987年，加利福尼亚大学圣迭戈分校医学院的埃里克·库尔谢纳（Eric Courchesne）用当时最先进的磁共振成像扫描仪第一次扫描了我的脑部。这项当年的尖端技术能够对大脑结构进行精美、清晰的细节测量。当我看到那些图像时，我连连惊呼道："哇哦，这是一次去往我大脑中心的旅程！"它让我理解了为什么我有平衡问题，因为我的小脑竟然比人类的平均值小了20%。另一次磁共振成像扫描则解释了为什么我在服用抗抑郁药物前焦虑水平会那么高，因为我的杏仁核（情绪中心）是平均值的三倍。

匹兹堡大学的沃尔特·施奈德（Walter Schneider）给我做的脑部扫描结果最是令我大开眼界。施奈德是弥散张量成像（DTI）这一新技术的发明人。这项技术能够对在大脑不同区域间传递信息的神经纤维束扫描成像。施奈德的研究由美国国防部资助，目的在于开发出一种可以用于诊断士兵头部受伤情况的高清纤维束追踪（HDFT）成像。比起当时的其他设备，这项技术不仅成像更清晰，还能区分出神经纤维是在何处互相连接的，又是在何处互相交叉的。我的言语表达回路要比对照组的小很多，这也许能够解释为什么我从小语迟。但是，我的视觉成像结果异军突起，比对照组的数值高出了400%。这就好比我的大脑里有一条巨大的干线将后脑的视觉皮质与前额叶皮质联通了起来。这说明我是视觉思维者。

正是这些传输信息的线路使得大脑运行顺利通畅，或导致发育问题。举例来说，尽管你的眼睛动来动去，但是你在阅读时页面上的文字并不会跳来跳去。这就要归功于你大脑中的稳定线路。它可以阻止页面上文字的抖动跳跃。线路不畅则会导致视觉成像失真或带宽问题，以及口吃、阅读障碍和学习障碍。

需要再次强调的是，视觉思维并不是观看这个动作本身。换句话说，每个人，只要不是盲人，每天都在观看。视觉思维指的是大脑的工作方式，即我们感知世界的方式。尽管我们对大脑已经进行了各种探究，但是迄今为止我们没有得到关于视觉文件是如何被创建、存储以及提取的完整信息。我们知道虽然视觉感知与心理意象使用的是大致相同的大脑结构，但它们是截然不同的神经现象。简而言之，我们理解生理硬件的工作方式，却对生理软件的运行方式所知不多。

马里兰州贝塞斯达国家心理健康研究所的神经科学家李秀贤（Sue-Hyun Lee）及其同事能够区分出一个人在观看某个物品时与在想象自己观看某个物品时大脑不同的运作方式。这一区分让人类对大脑的认知又往前迈了一步。当受试者被要求观看普通物品的图片时，功能性磁共振成像扫描会捕捉到信息流通过眼睛流入初级视觉皮质的输入点，进而向前移动到进行信息处理和存储的中脑区域。当受试者被要求想象自己在观看同样的普通物品时，中脑区域会立刻被激活。也就是说，两种信息流在大脑回路中的流经方式是不一样的。

在较早的一项研究中，一名30多岁的男子因头部受伤而无法正常识别普通物品。当有人递给他一杯咖啡时，因为他在桌上的一众物品中无法识别出咖啡杯，所以他无法喝到咖啡。当他去吃自助餐时，他也无法识别琳琅满目的食物。在他看来，食物是一个个颜色鲜艳的色块。当他对普通物品进行识别时，他错将一把钳子当作一个晾衣夹。但是，他能够在想象中"看到"普通物品。扫描结果显示他的大脑中负责处理视觉信息的枕颞区可能受到了损伤。类似的研究开始逐步揭示出我们的"想象之眼"实际上依赖的是与视觉皮质并不相同的另一个信息处理器。

在更早的关于我们如何思考的神经学研究中，开创性的研究集中在视觉思维者身上。在1983年发表的一篇颇具影响力的论文中，神经心理学家莫蒂默·米什金（Mortimer Mishkin）描述了猴子大脑中两条独立的皮质处理路径，一条用于识别物品，另一条用于定位物品。2015年，西村和夫（Kazuo Nishimura）及其同事开展了一项与语言思维和视觉思维相关的大脑活动的研究。他们让参与研究的受试者依次回忆日本的一座著名寺庙、十二星座的对应符号和一段个人的谈话。在整个过程中，研究人员对受试者的神经活动进行同步测量。他们发现，"一个人主观视觉想象的'生动性'与其大脑视觉区域的活跃性紧密相关"。脑磁图（MEG）显示视觉思维者会在执行任务的过程中生成图像，而语言思维者则更多地依赖自说自话。这项技术可以测量被激活的大脑区域的快速变化。

其他的研究似乎将视觉思维和语言思维这两种不同的思维方式与大脑的左右半球联系了起来。2019 年，来自中国重庆的西南大学、研究创造性的认知神经机制的陈群林教授与一位同事一起给 502 名受试者分配了 4 项任务：让一只玩具象变得更好玩、画出 10 个图形、想出一个罐子的其他用途、观看模糊的图像并列出从中得到的想法。在整个实验过程中，他们对受试者的大脑进行了磁共振成像扫描。脑部成像显示，那些能够轻松完成任务的视觉思维者的大脑右侧的活动更集中，而那些难以完成任务的语言思维者的大脑左侧的活动更集中。这些发现后来推动了日趋流行的右脑思维与左脑思维的说法。右脑与创造力相关，而左脑与语言和组织能力相关。美国神经心理学家和神经生物学家罗杰·斯佩里（Roger Sperry）因其对裂脑人的研究而获得了诺贝尔生理学或医学奖。他认识到人们对左脑思维的偏向，同时承认我们总是倾向于"忽视非语言类表达的智力模式，其结果便是在现代社会中普遍存在的对右脑思维的歧视"。

随着科学研究开始验证视觉思维的存在，我也开始意识到将视觉结构与语言结构二元分离的方法过于简单了。视觉思维与语言思维并非非此即彼、二元对立的关系，相反，它只是在描述我们每个人都落在其中的谱系的端点位置，一些人比起另一些人更靠近谱系的这一端而非另一端。事实上，陈群林的研究突出了大脑区域间的"半球平衡"对语言思维的关键作用。在不同类型的思维模式间清晰划定界限并不容易，不论是针对大脑本身还是针对不同大脑所擅长的技能。你可能是一个擅长数学的语言思维者，也可能是一个爱写诗的火箭科学家。

脑科学中的遗传学研究则更为复杂。一些研究者假设让脑容量变大的基因与导致孤独症的基因相关，这暗示着基因组的取舍：高智商的代价就是一些社交和情感能力的缺失。近来的基因测序研究表明，的确有很多基因都与孤独症有关。北卡罗来纳州的儿童精神病学家卡米洛·托马斯·瓜尔蒂耶里（Camillo Thomas Gualtieri）博士将这些基因称为"微效基因"。这或许可以解释为什么孤独症的症状范围会如此之大，从有某些轻微特征到严重的人身残疾。人类基因构成的复杂性让人类具备了广泛的环境适应能力。然而，人类为之付出的代价就是少数人会有严重的残障问题。

我们可以在天生失明者身上观察到类似的基因组取舍现

象。所有珍贵的大脑区域都会被重新用于执行其他功能。约翰斯·霍普金斯大学的拉什·潘特（Rashi Pant）及其同事的一项研究发现，先天失明者会使用部分的视觉皮质来回应数学方程式、简单的是非题以及语义判断，而后天失明者则不会。这一研究表明视觉系统和语言系统之间存在沟通渠道。

我发现能够描述视觉思维如何运作的最佳例证之一，就是一些盲人通过回声定位系统学习导航的过程。蝙蝠是回声定位的高手。它们会发出高频的尖锐叫声，继而通过周围传来的回声来探测飞行途中的猎物和其他障碍物。回声定位得以让蝙蝠通过声音"看"到物体。大约25%的盲人学会了通过嘴部发出碰击音、打响指或敲击手杖的方式进行回声定位，而后运用自己的听觉皮质和改变了用途的视觉皮质来"看"到周围的物体。娴熟的回声定位者能够探测出大型物品的形状、运动轨迹和位置。大脑似乎可以适应使用声音这一非视觉信息来执行视觉感知任务。对非常年轻的人来说，大脑在改变用途方面体现出了极大的灵活性。另一项有意思的研究表明，当先天失明者进行代数运算时，他们的大脑会使用早期从未通过眼睛接收过信息的视觉皮质。这一点在视力正常者的身上不会出现。换句话说，大脑一开始有相当大的一部分专门用于视觉思维，但是如果未获使用，其他功能将取而代之。大脑是不会让具有价值的功能区域闲置不用的。这项研究还表明大脑是为创造图像而设计的。当我们的眼睛停止提供信息时，我们的大脑就会学习运用其他感官来创建图像。

其中一个极端的例子就是马修·惠特克（Matthew Whitaker）。我第一次看到他是在电视新闻节目《60分钟》上。在第24周便早产出生的马修原本预计无法存活。然而，他顽强地活了下来，但因一种被称为伴随性视网膜病变的疾病而双目失明。在他3岁那年，祖父送给他一架小小的电子琴。马修很快便能上手弹奏，并能轻松唱出自己听过的歌曲，譬如《一闪一闪小星星》。5岁那年，马修成为纽约市菲洛缅·M.达戈斯蒂诺·格林伯格视障者音乐学校历史上年龄最小的学生。他的老师在报告中指出，在聆听音乐会上她参与演奏的德沃夏克钢琴五重奏之后，第二天早上，马修不仅能演奏出曲目的钢琴声部，还能演奏出其余4个弦乐声部。马修的足迹如今遍布全球，他专业演奏爵士乐。

研究艺术家与音乐家神经网络的查尔斯·利姆（Charles Limb）博士分别在马修弹奏钢琴、聆听喜欢的音乐和聆听一场沉闷的演讲时，对他的脑部进行了扫描。当马修聆听演讲时，他的视觉皮质毫无反应，而当他聆听自己喜欢的音乐时，他的整个视觉皮质便开始活跃。利姆发现："就好像他的大脑正在利用从未被视觉刺激过的那部分组织，或者说用那部分组织来帮助他感知音乐。"

过去几年间，至少有12项新的脑部扫描研究将重点放在了视觉思维及其如何在大脑的不同区域被激活上。新一代扫描仪能够更快速、更准确地检测到被激活的大脑区域。话虽如此，由于检测方法的不准确或不完整导致重复实验变得困难，新一代的磁共振成像依然会产生偏差性结果。在我自己的研究领域，我也看到了一些重要的细节在研究方法部分是被遗漏的，譬如如何选择受试者、如何挑选猪的品种或饲料的成分。就像在倾斜的滑槽中能看到斜射的阳光一样，那些令人不安的细节会突然出现在我的脑海中。磁共振成像研究中出现的自相矛盾的结果也许就是由一些看上去微不足道的细节决定的，例如受试者得到提示的时机或被持续观测的时间。此外，这种矛盾性也可能来自我们在研究工作中已经看到的确认偏差，即大多数视觉测试是由心理学家设计进行的，而他们大多是语言思维者。当研究结果取决于究竟是谁在分析实验的时候，结果自然会出现矛盾或偏差。一如我们将要探索的，空间可视化者与对象可视化者在以不同的方式看待这个世界。

对象可视化者与空间可视化者

　　一如我所说的那样，发现视觉思维与语言思维之间的差异的确会让人震惊不已，而认识到视觉思维和语言思维是一个连续的统一体又是一个重大的突破。而我对玛丽亚·科热夫尼科夫开创性工作的了解则进一步改变了我对视觉思维模式的看法。
　　科热夫尼科夫是哈佛大学医学院的讲师、马萨诸塞州总医院视觉空间认知实验室的研究员。她是最早对对象可视化者与空间可视化者这两种视觉思维者进行区分的科学家之一。在2002年具有里程碑意义的一项研究中,她设计开发了一系列问卷和技能测试。这些问卷和技能测试后来成了进行对象可视化与空间可视化研究的黄金准则。科热夫尼科夫运用她设计的视觉思维者-语言思维者认知风格问卷(VVCSQ),确认了17名来自加利福尼亚大学圣巴巴拉分校的本科生是高度视觉思维者。接着她对受试者进行了一系列视觉测试,其中包括最早于1976年作为认知测试的一部分被开发出来用于美国海军新兵招募的折纸测试。在这项测试中,研究人员向受试者展示一张被打孔的折纸图,继而要求受试者运用空间推理能力从5幅图中选择1幅来表示折纸展开后有可能的样子,也就是推断打孔在展开的纸张上的具体位置。在另一项测试中,研究人员向受试者展示了一幅表示物体运动的示意图。当我看到图片时,我会看到逼真的实况图片,就像是我正乘着雪橇从山上滑了下来。但是,更具有数学化的视觉空间能力的思维者会将图片看作抽象的动作示意图。他们的脑海中不会出现具体的画面。根据受试者在这项测试及其他测试中的表现,科热夫尼科夫对受试者在处理、理解、编码和心理掌控空间形式的过程中所展现出来的空间可视化能力进行衡量。

在绝大多数情况下,参与测试的优秀艺术家和室内设计师都是对象可视化者,而参与测试的科学家都是空间可视化者。

具体来说,低度空间可视化者会将图形理解为图片,而高度空间可视化者会将图形准确理解为对空间关系的抽象表达。语言思维者则没有表现出对视觉或空间想象的明显偏好。

科热夫尼科夫的研究成果阐明了我一直以来怀疑的东西,即视觉思维者不能笼统地一概而论。用最基本的术语来说,有两种类型的可视化者。一类是和我一样的"对象可视化者",我们会以一种逼真的图像视角来看待这个世界。我们是平面设计师、艺术家、技术熟练的商人、建筑师、发明家、机械工程师和设计师。我们中的很多人都学不好过于抽象、没有可视化对象的代数。另一类是"空间可视化者",他们以模式和抽象的方式看待这个世界。他们具备数学和音乐的天分。他们是统计学家、电气工程师和物理学家。你会发现这一类视觉思维者大多擅长计算机编程,因为他们会在计算机代码中看到模式。我们可以这样来做一个类比:对象思维者搭建计算机,而空间思维者编写代码。

一支由西班牙维哥大学的玛丽亚·何塞·佩雷斯-法贝洛(María José Pérez-Fabello)领导的科学家团队测试了125名美术学、工程学和心理学学生在语言、空间及对象方面的思维能力。他们的独立研究结果再次证实了科热夫尼科夫提出的论点。科热夫尼科夫随后对同一批受试者的不同类型的可视化能力进行了测试与评估。研究表明,有些学生具有较高的对象可视化能力,而其他学生则具有较高的空间可视化能力,但是没有一位学生在这两方面同时表现出色。一位可以同时具有出色的空间及对象可视化能力的人一定是一位超级天才。想象一下莫扎特研究火箭。

在最近的一项研究中,德国杜伊斯堡大学的蒂姆·霍夫勒(Tim Höffler)及其同事分析了对象可视化者、空间可视化者和语言思维者的眼睛注视模式。他们通过一项问卷调查来确定受试者的认知过程,而后再进行折纸测试。测试信息以详细的图片和文字形式一一呈现,主题范围从打结到马桶水箱的工作原理。对象可视化者会花更多的时间来观看图片,而语言思维者则会花更多的时间来阅读文字说明。

从我接触到科热夫尼科夫对于视觉思维者进行新型区分的那一刻起,我就意识到自己属于对象可视化者。作为一名初学者,我在折纸测试中的表现很糟糕。在机械方面,我表现不错,会用细节丰富的具体图像来进行思考。与我共事过的机械工程师、焊工、机械师和设备设计师,以及所有一心制作和建造东西的人,都具备这个特点。而模式思维者,即"空间可视化者",能够从一组对象或数字之间的关系中提取出某种原理和模式。尽管对象可视化者与空间可视化者存在着重大差异,但是在视觉思维和语言思维这两个更大类别的脑科学研究中,他们的差异性往往被忽视了。在搜索有关对象思维和机械能力方面的科学文献时,除了科热夫尼科夫的研究论著,几乎很难再读到其他文章。

科热夫尼科夫后来又设计开发了另一项测试来仔细测量视觉思维和感知能力，或者说一个人究竟是如何获取并处理信息的。这项测试被命名为"颗粒分辨率测试"。首先，受试者会听到两种不同东西的名称，例如一堆盐和一堆罂粟籽，或者一串葡萄和一堆网球拍弦。然后，他们需要说出，对他们而言，哪种东西颗粒感更细小，哪种东西更致密。在评估一个人如何使用画面感来解决问题时，科热夫尼科夫发现对象可视化者表现得更快速、更准确，因为他们会在大脑中创建出"针对单个对象形状的高质量图像"。空间可视化者则更擅长对物体之间的关系进行抽象的想象。我在颗粒分辨率测试中取得了优异成绩。在分析网球拍弦时，我会在脑海中清晰地看到葡萄由于颗粒过大无法穿过网球拍弦之间的空间而被压扁的样子。我在颗粒分辨率测试中所取得的成绩比《孤独症大脑》(*The Autistic Brain*)一书的合著者理查德·帕内克(Richard Panek)高出很多，但是他在折纸测试中的成绩又远高过我。这些结果说明他是一位空间可视化者，而我是一位对象可视化者。

我还纯粹出于好玩在网络上参加了一项机械能力测试。这项测试使用限时的问题来衡量受试者理解常见机械问题的能力。作为一名视觉思维者，我盼着自己能拿到高分。测试一开始要求我在一组组图像中识别出有优良构造物体的图像，譬如有长柄断线钳或短柄断线钳的图像。我能够立即在想象中看到两把断线钳的性能对比,犹如大脑中播放了一段视频。根据经验,我也能判定出长柄断线钳能发挥更大的杠杆作用,也更易于切穿螺栓。另一个测试画面有两辆停放在桥上的汽车,一辆靠近桥梁的支撑点,另一辆则停放在桥梁中间。问题是:如果桥梁施工有缺陷,那么哪一辆车会对桥梁结构造成更大的损坏?我可以很容易就想象出承重负载会分布在桥梁结构的什么位置,由此迅速判断出停放在桥梁中间位置的汽车会更危险。接下来是一些有关不同物体的力学方面的多项选择题。不过,在这个部分,我只答对了10道题中的7道。

我的测试结果反映出对象可视化思维者的一个面向,即像我一样的对象可视化者需要更多的时间来处理信息,因为我们首先需要访问大脑中写实的图片库,继而再来处理信息。换句话说,我需要在大脑中进行一个类似谷歌搜索的操作,在成功搜索到图像之后才能解决问题。不同类型的思维方式会在某一个领域表现突出,但在另一个领域不尽如人意。我的思维方式速度慢,但准确性高。快速的思维方式有助于一个人在社交场合更好地表现,但是缓慢而仔细的思维方式会促进艺术创作或机械设备制造。

对像我这样的对象可视化者来说,处理快速传递的语言信息具有很大的挑战性。我很难跟得上脱口秀演员快速移动的套路动作。当我还在对听到的第一个笑话进行可视化处理时,对方可能已经又讲了两个甚至更多个笑话。因此,当语言信息传递速度太快时，我会完全跟不上。可以想象一下，对一个视觉思维者来说，当老师快速讲完一节课时，他坐在教室里会是什么样的感觉。

新常态

如今，"神经典型"已经取代了过去的"正常"一词。神经典型者通常用来描述在可预知的时间内按照可预测的方式稳定发展的人群。但是，我有意回避这个术语，因为定义什么是神经典型就像询问狗的平均体型大小一样毫无意义。什么是典型呢？吉娃娃还是大丹犬？一个看上去有点"极客"[①]或者木讷的孩子什么时候会被认定患有孤独症？注意力不集中什么时候会被诊断为注意缺陷多动障碍（ADHD）？或者什么时候喜怒无常会变成躁郁症？所有这些其实都是连续的特征。

最近，出现在情景喜剧《生活大爆炸》中的物理学家谢尔顿·库珀给大家展现了一个单调的科学家的刻板印象。谢尔顿的说话方式是使用一连串不加修饰的句子，他处理感情时犹如抹刀一般。不过，与他的怪胎室友相比，他的智商完全可以拯救地球。他们都很聪明，但他又在一帮聪明人中鹤立鸡群。在这部电视作品中，谢尔顿的典型特征被用来制造喜剧效果。事

[①] "极客"是英文"Geeky"的音译语，用来形容一个不爱社交但智商很高，对自然科学尤其是计算机技术特别痴迷狂热的人。——译者注

实上，现实生活却并非如此。数学天才往往是被同伴欺负或孤立的对象。只有当这些"怪胎"成为出色的编程员、数学家、企业家和火箭科学家时，我们才会欣赏他们看待这个世界的方式。

埃隆·马斯克就曾经在学校里备受欺凌。在一群恶霸学生将他推下楼梯后，他不得不接受手术治疗。他自学编程，并在12岁那年以500美元的价格售出了自己的第一款电子游戏。根据他的传记作者阿什莉·万斯（Ashlee Vance）的说法，马斯克将学校图书馆和当地图书馆里的所有书都读完了，接着又翻阅了两套百科全书。他过目不忘的本领和乐于分享的性格并没有为他赢得朋友或影响力。相反，他在别人眼中只不过是个"百事通"。可以说，马斯克非常优秀。不久前，他在参加综艺节目《周六夜现场》（*Saturday Night Live*）时透露自己患有阿斯伯格综合征。

我也是一个别人眼中的"怪胎"，在中学时常被人欺负。直到开始参与建筑项目，我才找到了自己的同类。与我共事的工程师和焊工都是和我一样的视觉思维者。这也解释了为什么我们能合作愉快且相处融洽，因为我们在使用同一种语言。在那样的一个舞台，真正重要的是我们的技能，而非我们的外表、背景、大学教育等其他东西。他们一旦看到了我的作品，我是否"古怪"就不再重要了。

我在职业生涯早期因绘制蓝图精准而赢得了他人的尊重。

大家对我的工作赞叹不已，但我没有上过一节绘图课。有些人觉得我在这方面天赋了得。不过，对我来说，所谓天才是指那些能够创作出一段音乐、背诵出令人难以置信的长篇文章或看一次就记住数学序列的人。（在有关天才与神经多样性的章节中，我会对此多加讨论。）弄清楚如何起草蓝图曾花费我好几个星期的时间。我仔细观察了一位同事起草蓝图的过程，而后再逐一复制，细致到他使用的是哪种铅笔、哪种铜版纸。草图出炉后，我会带着它来到工厂，走过工厂的每一寸土地，将图纸上的每一条线与工厂里的实物一一对应。现在回头看，我的工作方式表现出了一种纯粹的视觉思维。除非我将图纸与实物联系起来，否则我将无法理解蓝图。

当我踏进泥泞的牛栏，手里拿着的蓝图在微风中轻轻飘动时，养牛场的人又一次觉得我就是个疯子。但是，唯有如此，我才能将工厂平面图上的抽象图形与养牛场的结构特征联系起来，譬如将正方形与支撑柱联系起来。或许，空间可视化者通过阅读蓝图就能够实现思维的直接飞跃。可是，对我来说，只有通过实地考察才能在脑海中完成视觉模拟，从而准确地绘制出最终的效果图。这个过程就好像是我把脑海中的图形画到了草稿纸上一样。

我这一辈子一直在和这个世界上的"谢尔顿们"一起工作。他们才华横溢，却也因自己的与众不同而备受排挤。我之前有位同事，"社恐"且没有大学学位。如果他出生在现在，一定会被诊断为孤独症患者。作为一个成年人，他开发了20项专利，拥有一家自己的五金店，并为客户研发和定制设备。他做事时头脑清晰，胸有成竹。我还曾和一个有阅读障碍且口吃的人一起工作过。他后来将自己研发的专利设备销往了世界各地。我有时忍不住会想，如果他是在今天的教育体系中长大的，他又会经历些什么呢？毕竟他成功的职业生涯最早源于当时学校里的焊接课。我还和一些可以自动将二维图片转变成三维结构的人一起工作过。他们就像是电影《钢铁侠》中的托尼·斯塔克，当触摸车库车间的屏幕时，他们的脑海中会自然地浮现出三维画面。

韩国庆熙大学的赵智英（Ji Young Cho）和辛辛那提大学的徐珠里（Joori Suh）专门研究这些视觉思维技能。她们通过衡量数学视觉空间技能对室内设计项目的影响来评估其作用。学习室内设计的学生会先接受一项评估他们视觉空间技能的相关测试。而后，他们会按要求用废弃的材料设计出一款三维防晒霜。最终的设计作品会交由一个独立小组进行评审。研究发现，在更为抽象的数学视觉空间技能上得分较低的对象可视化者反而会在比赛中轻松获胜。这就说明缺乏抽象的数学视觉空间技能并不会妨碍他们做出好的设计。这一结论完全印证了我在每一家曾经合作过的焊接及建筑公司中所观察到的情况。赵智英和徐珠里的独立研究再次印证了科热夫尼科夫的研究成果。

那么，语言思维者在视觉思维方面又会有怎样的表现呢？

根据科学文献的说法,一些位于视觉-语言思维谱系最远端的语言思维者根本不知道如何处理图片或表格。在科热夫尼科夫的一篇原创论文中,参与测试的学生们拿到了一幅看上去像是一座山的图形图片。对对象可视化者和空间可视化者来说,山丘压倒性地呈向下运动的趋势。但是,语言思维者丝毫没有提及山丘向下的运动状态,相反,他们的反应很随机。例如,一位受试者表示有一个小女孩在街上推着手推车,而后将手推车停在了那里;另一位受试者则想起了一辆停下来的汽车。最近发表在《人类行为中的计算机》(Computers in Human Behavior)上的一篇文章记录了研究人员对视觉思维者和语言思维者进行的一项测试。这项测试要求两种不同类型的思维者通过文本和图片学习新东西。一点儿也不令人意外的是,眼动追踪表明视觉思维者专注于图片,而语言思维者专注于文字。当语言思维者观看图片时,他们往往只会看到图片四周对获取新信息毫无帮助的区域。

在阅读科热夫尼科夫及其同事奥列夏·布拉任科娃(Olesya Blazhenkova)在2016年发表的一篇论文时,我遇到了另一个难题。她们的这项研究没有大脑扫描仪、对照组和调查问卷,而是让几组6~8名分别在艺术、科学和人文方面颇有天赋的初中生和高中生画出一个未知的星球。这是受试者接收到的唯一要求。研究人员想观察他们的创作是否会反映出不同类型的创造力。学生们的绘画作品会交由对这项研究一无所知的其他专业人士进行评估。

有艺术天赋的学生（对象可视化者）会创作出一个个生动、奇幻的星球。有一幅作品表现的是一个方形的星球，上面绘有从金字塔到企鹅等各种地球上物体的图案。还有一幅作品展现的是一个独特的水晶星球。在另一幅作品上，你会看到一座奇妙的建筑跃然纸上。具有科学家潜质的学生（空间可视化者）则对星球质地有着更加清晰的想象，他们画出来的星球都是圆形且无色的，更像是一种传统的表达。来自人文领域的学生（语言思维者）则普遍缺乏想象力，他们的作品看上去像是斑斑点点的抽象画，但是他们会配上文字。因为他们觉得不应该在纯粹绘画的表现形式中加上文字，所以还对文字进行了涂色处理。（语言思维者通常都会循规蹈矩。）

科热夫尼科夫和布拉任科娃又将她们的工作往前推进了一步。她们想要探究不同类型的思维者在接收到要求后究竟是如何产生想法的。具有艺术和科学天赋的学生在项目一开始就形成了他们的关键创意，不同类型的思想家组成的混合团队也是如此。擅长对象可视化的艺术生讨论的是星球的外观，而擅长空间可视化的理科生会讨论星球的重力、化学物质和生命形态。擅长语言思维的文科生则会对他们画出来的物体进行命名，但无法描述他们的绘制计划。这三种类型学生的创作方式以及他们之后对作品的描述完全符合我们一直在谈论的三种思维方式的特征。

心盲症的奇异世界

在视觉-语言思维谱系两端的是人们所描述的超幻症患者与心盲症患者。心盲症患者没有或者几乎没有任何视觉想象力。这个名称最早是由英国埃克塞特大学的神经学家亚当·泽曼（Adam Zeman）提出的。一天，一个人走进了他的办公室，声称自己丧失了视觉记忆能力：他再也看不见自己的家人、朋友和去过的地方的样子。当被问及一片叶子的颜色与一根松针的颜色相比，哪一种绿色更浅时，他能够凭记忆给出答案，但他实际上已经无法在大脑中看到颜色的区别。后来，他被称为患者MX。他的心盲症可能是由中风造成的。在此之前，他可以生动地描绘出他看到的人和事。然而在此之后，功能性磁共振成像显示，当他被要求对某个物体进行视觉成像时，他大脑中与视觉成像相关的区域已不再"亮起"。

泽曼及其同事使用D.F.马克斯在1973年研发（于1995年更新）的视觉表象生动性问卷（VVIQ）继续研究心盲症。他们对近700名受试者进行了测试。调查问卷包含16个检查心理意象的问题，涉及记忆、空间推理和将不在一个人的直接视线范围内的物体可视化的能力。测试以5分制评分，从1分（没有图像）到5分（生动）不等。最后，总共有2%的受试学生被认定患有心盲症。（如果你想要知道自己的所属范围，可以在线获得视觉表象生动性问卷。）

泽曼的研究团队还探究了心盲症患者和那些与他们截然相反的超幻症患者（即视觉想象极其丰富的人）之间的区别。认知神经外科医生乔尔·皮尔逊（Joel Pearson）在发表于《纽约时报》的一篇文章中，将超幻症症状描述为"像是在做一个非常生动的梦，你都无法确定它是不是真的"。受试者被要求描述头脑中想象出来的三个地方：美丽的热带海滩、博物馆和熙熙攘攘的街市。超幻症患者会提供特别详细的描述。

对功能性磁共振成像脑部扫描的进一步研究表明，具有超幻特点的视觉思维者的前额叶皮质和枕叶视觉皮质的区域有更多的大脑活动。卡尔·齐默（Carl Zimmer）在《纽约时报》发表了一篇题为《很多人都有一只生动的"心灵之眼"，而另一些人则完全没有》（"Many People Have a Vivid 'Mind's Eye,' While Others Have None at All"）的文章。齐默在这篇文章中描述了研究人员对导致这两种极端情况的大脑神经回路的观察。"到目前为止，这项工作表明心理意象是从相互交流的大脑区域网络中产生的，"他写道，"这些大脑特征可能与创造力和解决问题的新颖方法紧密相关。"

所以，心盲症患者更倾向于在科学和数学领域发展，而超幻症患者更倾向于从事具有视觉创意的工作也就不足为奇了。不过，令人感到矛盾的是，根据泽曼的说法，心盲症患者会做带有图像的梦并不罕见。他还因此区分了睡眠状态下的思维方式和清醒状态下的思维方式。他解释称做梦是一个来自脑干的

"自下而上"的过程，而人在清醒时大脑皮质会"自上而下"地观察图像。换句话说，"大脑在清醒时和在做梦时所做的事情是不一样的"。泽曼认为，63% 的心盲症患者会做有图像的梦，而 21% 的心盲症患者不会。

我做梦的方式与我的思维方式一样，内容总是犹如生动的彩色电影，很少出现文字。它们大多涉及某种与平衡相关的恐惧或焦虑，譬如在陡峭的屋顶上、山坡上开车或骑自行车。我还会经常做同一个梦，梦见自己想去机场，但每每都会因为一些事情迟到，譬如在州际 25 号公路上遇到了一个陨石大坑。事实上，我几乎从未迟到过。和大多数人一样，我偶尔也会梦见自己在公共场所赤身裸体。

有两项关于超幻症的研究着眼于超生动性与创伤后应激障碍之间的联系。在某些情况下，有一些士兵或创伤受害者无法停止在脑海中回放那些令人恐怖的画面。由于那些画面过于生动逼真，他们甚至觉得脑海里的画面或闪回就是正在真实发生的事情。根据心理学家克里斯·布鲁因（Chris Brewin）的说法，闪回现象是一种适应性机制，它能够在危险过去后对相关信息进行存储直至它们被消化处理。研究人员理查德·布赖恩特（Richard Bryant）和艾莉森·哈维（Allison Harvey）对 81 名摩托车事故幸存者进行了一项有关视觉想象和创伤后应激障碍的研究。他们认为视觉想象（包括闪回现象和噩梦）在创伤后应激障碍中起到了核心作用，哪怕是很小的创伤也会触发一再重复的视觉记忆。

新南威尔士大学的研究员丽贝卡·基奥（Rebecca Keogh）和乔尔·皮尔逊在《心盲》（"The Blind Mind"）一文中指出，不借由图片思考的人通常依赖语言来回忆图片。还有一些研究称，心盲症患者由于无法将过去视觉形象化，所以对过往的记忆力较差。当心盲症患者被要求回忆一下自己的客厅或办公室时，他们通常会使用上、下、左、右等方位词，而非具体的场景图像来进行描述。视觉思维者也许会说自己的办公室就在马蒂斯海报的对面，而心盲症患者会说自己的办公室就在右手第三个门内。他们让我想起了一位言语治疗师，她能听到教堂的钟声，却无法想象出教堂尖顶的样子。用她丈夫的话说，她脑子里的摄像头是关闭的。

当我回望自己的童年时，我会对自己乘坐雪橇或飞碟从白雪覆盖的山丘上一跃而下的场景有着特别清晰的画面记忆。我的脑海中会呈现带有感官记忆的三维图片和视频。我甚至能感受到飞碟在雪地中上下颠簸。我在上幼儿园和小学一年级时都有一个非常喜欢的秋千，可以沿着头顶的单轨吊来回摆动。每到课间休息时，我都会在上面荡很久。就在我写下这几句话的时候，我甚至能看到、听到和感受到自己当时的样子。我上小学时还喜欢刺绣课，课上会使用一种叫作绣花丝的特殊用线，它们通常由三股线制成。当我回忆起这些细节时，很多人都会问我："你怎么会记得那么清楚？"为了保证我没有说错，我还专门上网进行了搜索，结果发现我的记忆毫无差池，刺绣用线果然是三股的。如果我不能在脑海中"看到"那些线，我就无法回忆起这些细节。我甚至会看到绣花针在即将穿过织物的那一瞬间在织物表面鼓起的那个"小帐篷"。

我很欣赏齐默在文章中引用的泽曼的一句话，他说："对我来说，心盲症不是什么疾病，它只是人类经验中一个有趣的变化。"

视觉思维的优势

我在动物行为学研讨会和动物学教学研讨会上的演讲总是以问答环节结束。听众通常会提出两类问题：一般性的问题和具体的问题。具体的问题像是我多大开始说话这样很容易回答的问题。但是，就一般性的问题而言，如果没有更多的信息，我往往不知要如何回答。语言思维者倾向于运用自上而下的思维方式，就好比使用关键词进行网络搜索一样。使用一个关键词会搜索到很多内容，因此你越是细化搜索的范围，你就越有可能找到自己想要的东西。劳伦特·莫特龙发现孤独症患者较少依赖大脑的语言区域。他的同事、研究人员米歇尔·道森（Michelle Dawson）就是一位孤独症患者。他将道森描述为自下而上的启发式的思维者，也就是说她只会从可获得的事实中产生想法。"因此，她的想法不会无边无际，而且非常准确。"

相比之下，他将自己描述为自上而下的思维者："我会从很少的资源里归纳出总体思路，紧接着使用模型将这些想法进行表达。在此之后，我才去找可以支持或者证伪这个模型的事实。如果一个研究小组能同时拥有这两种不同类型的思维者，那么它一定会产出惊人的成果。"

我的自下而上的思维方式有点像是小时候玩的那种"20问"游戏。例如，每当我被问及不说话的孤独症儿童在干预治疗后的效果怎么样时，我就会用到自己的这种思维方式。这个问题是我在会议上经常会被家长问到的一般性问题。为了帮助他们，我需要非常具体的信息，而使用消除法可以让我找到对他们来说最好的选择。我通常会反问一系列问题来将可能性的范围逐步缩小。就不说话这种情况而言，我会询问孩子不开口说话的可能原因。首先，我会问及孩子的年龄。教一个迄今为止不会说话的3岁孩子说话和教一个年龄大一点儿的孩子说话是完全不同的。我还会通过问父母是做什么的来辨别他们是否也在孤独症谱系内。他们是程序员、科学家，还是数学教授？家族成员有相关病史吗？这时候就会有人回忆起一位"怪叔叔"或有认知问题的表亲。我想要知道孩子的上学经历、测试经历。我还想知道孩子是否有餐桌礼仪，是否懂得要轮流玩耍，并且通过他们对一些问题的回答来了解他们的一些行为。我不是医生，但是通过询问一系列问题，我会得到有关这个沉默不语的孩子的一个大致画像。这对于帮孩子找到一种沟通方式至关重要。沟通的方式有很多选择，像是打字、画画、用手语和使用电子通话设备等。有时候，我会建议进行干预。作为一个自下而上的思维者，我始终立足于事实，而我的孤独症也会防止我的判断受到情绪影响。

最近，耶鲁儿童研究中心的卡西娅·查瓦尔斯卡（Kasia Chawarska）博士及其同事展示了使用提线木偶与孤独症儿童交流的功效。这一点在2016年上映的纪录片《生活，动画》（Life, Animated）中得到了美好的呈现。在这部影片中，小男孩欧文·苏斯金德在3岁时丧失了语言功能并被诊断出患有孤独症。在欧文的父亲发现他极其痴迷于迪士尼电影之后，一家人找到了一个突破口。父亲开始使用《阿拉丁》中伊阿古的提线木偶和欧文交流，欧文第一次有了口头回应。就这样，他们打破了沉默的监牢。

我知道我可能会错过某些带有情感的经历。但是，对我来说，较少受到情感影响的思考会让我更专注于解决具体的问题。大多数孤独症患者，无论他们用的是什么样的思维方式，都更多地依赖逻辑而不是情感。这可能是另一种基因组取舍。我也因而不会在任何情况下背上太重的情感包袱。我不会沉浸在情绪里，相反，我会思考如何解决问题。这是我的一个优势。

在某些方面，可以说是视觉思维拯救了我的生命。25年前，我在《用图像思考》一书中首次提及了我姨妈家的牧场。即使在那时，我也无法完全理解十几岁的我为何对奶牛如此着迷。现在看来,这是我患有孤独症的一种表现。这种着迷最后使我成为一名设计师和动物行为学教授。当我40岁时,我发现与20岁的自己相比,我能更清晰地思考问题。当我回看自己在20世纪70年代写的日记时,我对自己当年混乱的思维方式深感诧异。我发现我的很多联想都毫无意义。这是我大脑中视觉数据库里的图像不足造成的。随着我的视觉数据库日益扩充,我能建立起越来越多的联系。我的视觉数据库就像一个开放式的折叠文件夹一样。随着年龄的增长和经验的累积,我也可以更轻松地解决问题,因为我的记忆里包含了更多的视觉数据。我的世界已经变得越来越大。

用视觉思维思考问题通常意味着我会寻找视觉类比来理解接触到的新情况。至今,我依然如此。最近,因为我属于高危老年人群,所以对新冠疫情多有担心。疫情之初,为了能掌握情况,我采用了一直以来的方法:自下而上地进行思考。首先,我收集了许多针对新冠病毒的医学论文。其次,我对临床治疗的方法进行了分类:抗病毒和消炎。最后,我的大脑中产生了一个视觉类比。我将身体想象成一个军事基地。如果免疫系统中的士兵能够成功出击,病毒就会被击退。如果军事基地被彻底占领,就会发生"细胞因子风暴",免疫系统中的士兵也会因此发疯。细胞因子风暴会破坏病人的肺部及其他身体系统。到时,在整个军事基地着火之前,我们需要消炎药。

我经常要与文字隐喻做斗争。我的大脑就像一台视觉类比的制造机器。有时，人们问我视觉思维是否就像是拥有了X光视觉一样。其实不是。视觉思维是指你从自己的"视觉记忆文件"中看到相关图像的能力，以及用不同的方式触及这些图像来解决问题、进行导航和理解世界的能力。这就是对象可视化者通常会是设计师、建筑工、建筑师、机械师和艺术家，而空间可视化者大多是数学家、程序员、作曲家、音乐家、科学家和工程师的原因。我们往往对视觉思维者没有认知，例如对于本书中提到的很多人，我们不一定会将他们的技能归因于他们是视觉思维者。我们可能会说他们动手能力很强、很精通计算机或者心算了得等。我们不会将他们解决问题的能力与视觉思维联系起来。

在一个名为"创新训练营"的项目中，海军陆战队的成员充分展示了他们即兴发挥的卓越能力。布拉德·哈尔西（Brad Halsey）是这个项目的创始人。他打造了地狱般的一周来淘汰那些在高压之下无法做出贡献的科学家和工程师。通过这个项目，他发现海军陆战队里的卡车技师和无线电修理工比毕业于斯坦福大学或麻省理工学院的工程师更擅长即兴快速地解决问题，譬如用一堆垃圾打造出一台车辆雏形、制造汽车跟踪装置和设计手榴弹传感器。哈尔西解释称，在需要快速确定创新的解决方案时，"工程师往往会因想得太多"而表现不佳。"他们不喜欢走出自己的舒适区……他们会在自己擅长的领域表现优异，但执行力不够，也就是说，无法将想法有效地转变为实际行动。"我的解释是，卡车技师更有可能是对象可视化者，具有观察、建造和修理东西的能力。当我们说某个人动手能力很强时，他实际上展现的是各种技能的完美结合，就好像他们的手能看到东西一样。工程师是抽象的空间思维者，对于开发某些系统至关重要，但绝对不是和你一起共享庇护所的最佳人选。

有时候，一个视觉类比会解开一个谜题，其中一个著名例证来自化学家奥古斯特·凯库勒（August Kekulé）的经历。他梦见一条蛇用嘴巴叼住尾巴形成了一个圆环。这个画面为他深入了解有机化学中苯环的结构提供了思路。科普作家迈克·萨顿（Mike Sutton）解释称，凯库勒在脑海中能保存复杂视觉图像的能力对他理解分子结构有非常大的帮助。牛津大学的金·内史密斯（Kim Nasmyth）近期也产生了一个视觉类比。遗传学家早就确知基因组可以形成一个环，但是他们一直试图弄清楚 DNA（脱氧核糖核酸）在细胞内折叠时如何能够保持组织有序。内史密斯酷爱登山，有一天，他在摆弄登山绳索和登山扣的时候，突然有了一个视觉上的直观想象。将绳子绕成环状穿过登山扣让他想起了连接染色体的长链 DNA。这是一种纯粹的视觉关联。它就像波洛领带上的绳子，或者我在三年级绣雏菊图案时绣的多个圈。

拉菲·哈查杜里安（Raffi Khatchadourian）在《纽约客》上发表了一篇题为《太空垃圾难以捉摸的危险》（"The Elusive Peril of Space Junk"）的文章。他提到宇航员在太空行走时，惊恐地发现哈勃太空望远镜的圆柱形表面上布满了细小的碎片，就像高速路上卡车表面凹陷处的细沙一样。宇航员德鲁·福伊斯特尔（Drew Feustel）说："这样的碎片可能随时从任何地方袭来。"一项名为"清除太空碎片"的卫星研究计划旨在研发出可以防治星际碎片的技术。工程师们建造了一个装有弹道仪器的卫星，上面配备了钛鱼叉和凯夫拉网。这个用来捕获太空漂浮垃圾的方法让我想起了早期的捕鲸方式。在观看卫星的视频时，其中一位工程师说："作为工程师，它们在我们眼中是图表、图形和时间表。我们并不关心卫星的样子。"工程师出色的空间可视化能力让他们得以进行复杂的抽象模拟。但是，如果团队中有对象可视化者，那么团队的整体表现一定会再上一层楼。我一眼看出，想要清除太空碎片其实是徒劳无功的。这就好比你试图清除地球上的岩石一样。这是人类的一小步，但对对象可视化者来说是一大飞跃。

第二章

淘汰出局

回到 20 世纪 60 年代我上学的时候，实践课十分普遍。我至今仍对五年级的实践课记忆犹新。我上课的地方是一间带有卷帘车库门的工业风的工作室，里面有一个木制工作台和一个专门用来放置胶合板、木屑的大垃圾箱。圆顶锯、锤子、钳子、螺丝刀和分孔钻头按照从大到小的次序整齐地挂在钉板上。正是从那里开始，我学会了如何使用工具、制作东西。（我的第一件作品是一艘木船，可惜，它没能在水上漂浮起来。）

我还记得自己对实践课发自内心的喜欢和尊重，每次上课都专心致志。每节课结束前，我们都会将工具放归原处，然后把散落在地上的、像是理发店地板上的卷发一样的木屑打扫干净。在家里，我的房间却总是个"重灾区"。妈妈每次都会以不准我看电视或是克扣零花钱作为威胁来让我清扫房间。可是，我只在实践课上非常配合，听从老师帕特里亚尔卡先生（Mr.

Patriarca)的指令：要收拾得比你进来前还干净。我喜欢帕特里亚尔卡先生，不仅因为他同意了我和另一个对此感兴趣的女孩的上课申请，而且因为上他的课是我一天里的高光时刻。

与此同时，学校会为女生开设家政课。从19世纪开始，这类课程旨在教授女生掌握家政艺术，譬如烹饪、缝纫、园艺、养育孩子和平衡家庭收支。很多人可能以为我讨厌这类课，毕竟我那时是个喜欢车间实践课的假小子。其实不然，只要是动手的事情，我都喜欢。

到三年级，我们有了刺绣课，学习如何使用针线。今天，有些孩子已经不知道如何穿针引线或是缝纽扣了。四年级时，妈妈送给我一台可以缝制东西的玩具缝纫机。缝缝补补成了我最喜欢做的事情之一。我还用它缝制过学校戏剧表演的演出服。到七年级，我们开始使用真正的全尺寸缝纫机。这可真是激发了我的技术头脑。我们在一间每张桌子上都放着一台缝纫机的特别教室里上缝纫课，我每一次都迫不及待。伊莱亚斯·豪（Elias Howe）是我最喜欢的发明家之一，正是他获得了平缝缝纫机的首项专利。他设计的缝纫机可以将线从针头连接到下方的梭芯。对那些杰出的发明家和可视化者，无论他们从事什么行业，我都有一个特定的称呼：纯粹的"聪明的工程部门"。我喜欢描摹图案、测量布料、准确裁剪以及最后的缝制过程。后来，我将在这门课上学到的技能运用到了组装牲畜处理系统上。可以说，我到今天仍在使用的一些技能可以一直回溯至当年的缝纫课。烹饪课也一样。我们在烹饪的过程中学会了如何称量和添加配料。测量液体体积更是不在话下，无论是一杯牛奶还是容积为 3 800 加仑①的浸渍槽中的浸渍液。

我上学时还参加过戏剧课，选的是我擅长的幕后工作。高中期间，我每一年都会进入剧组服务，后来还参与制作了吉尔伯特和沙利文②在 1857 年创作的喜剧作品《陪审团的审判》（Trial by Jury）。舞台上的陪审团包厢和法官席都是我用硬纸板和胶合板搭建的。我给它们涂上稀释过的颜料，并用墨水勾上黑线，让它们呈现出了一种木头的质感。这类课程为那些具备技术技能的孩子提供了展示自己的机会，同时也为像我一样喜欢照明设计和布景搭建的"怪孩子"们提供了彼此认识的机会。

如果你在 20 世纪 90 年代或之后的美国公立学校读书，那你肯定不记得有这类课程，因为它们基本上从那时起就被取消了，连带被取消的还有艺术、戏剧、焊接和汽车机械等课程。当然，各个地区会稍有差异。这种政策的高峰期出现在 2001 年。尼基尔·戈亚尔（Nikhil Goyal）在他的著作《受审的学校》（Schools on Trial）中曾对此多有批判。他指出当时号称

---

① 1 加仑 ≈4.55 升。——编者注
② 吉尔伯特和沙利文是指英国维多利亚时代的剧作家威廉·吉尔伯特（William Gilbert）和作曲家阿瑟·沙利文（Arthur Sullivan），他们合作长达 25 年，共创作出 14 部轻歌剧。——译者注

"不让一个孩子掉队"的教育改革法案"像海啸一般彻底袭击了美国的教育业"。如今，学校不仅取消了动手学习的实践课，还切实拥抱了一种教育理念，即学习是为了参加考试。如今，这种"为考而教"（drill, kill, bubble fill）的教育方针已大行其道。美国联邦教育体系过去20年累积的遗产，从"不让一个孩子掉队"到"让每一个学生成功"，已经塑造了一种过度强调应试教育、剥夺学生参与多方位课程权利的文化。

通过以提高全美学生成绩为目标的综合测试，美国的教育体系将那些不适合标准化测试的课程逐一精减。戈亚尔写道："艺术、音乐、科学和历史的教学时间从三年级开始缩减，因为可用于标准化测试的内容基本上教授完了，而这些科目往后是无法进行整齐划一的标准化测试的。"2015年，美国全国教育协会主席莉莉·埃斯克尔森·加西亚（Lily Eskelsen García）和全国家长教师协会主席奥莎·桑顿（Otha Thornton）在《华盛顿邮报》上撰文指出："资源极度有限的学校往往最有可能删减历史课、艺术课、音乐课和体育课，仅仅因为它们不是综合测试的必考科目。"

在我职业生涯的头20年里，所有的工程及建筑图纸都是手绘的。从20世纪90年代中期开始，整个行业开始转向计算机制图。我也因此在图纸上看到了各种各样的问题，譬如圆心位移了，或者用于加固混凝土的钢筋被遗漏。图纸开始普遍缺乏细节，变得更像是示意图。许多在计算机上学习设计的人从未拿起过一支铅笔,从未亲手触摸过一张绘图纸,也从未亲手搭建过一样东西。

我曾经与一位实习医生有过一次令人不安的讨论。他说他们中的有些人因从未使用过剪刀而很难掌握切口缝合技巧。伊利诺伊大学的移植外科医生玛丽亚·西米奥诺(Maria Siemionow)博士曾带过不少的外科实习医生。她将他们灵巧的双手归功于早年的动手操作。然而,很多孩子已经没有动手操作的经历了。西米奥诺博士本人从小就喜欢钩编,还会用从杂志上剪下的图片制作精美的拼贴画。《纽约时报》的记者凯特·墨菲(Kate Murphy)介绍过一位脑外科医生,她在文章中表示对方灵活的双手也许得益于早年的钢琴训练。考试成绩也许并不是用于挑选出擅长复杂手术的医生的最佳方式。

在与诸多父母的交谈中,我发现动手能力差的孩子大多在地下室里玩电子游戏。说实话,如果我晚出生30年,我也可能成为电子游戏迷。快速的视觉刺激确实令人难以自拔。研究表明,孤独症患者可能更容易沉迷于电子游戏。想要让一个玩游戏上瘾的年轻人"戒瘾"就需要具备同等吸引力的替代品。我知道两个因学习汽车修理而成功"戒瘾"的案例。修理真车、学习发动机知识远比虚拟的赛车游戏更有趣。很多父母都抱怨无法让孩子离开电子屏幕,其中的部分原因可能在于父母本身就是"屏幕迷"。他们的沉迷使其在行使父母的权威时不是那么有底气。我的母亲将我们每日看电视的时间严格限制在一小时之内。看电视在我们家是写完家庭作业或干完家务活的一种奖励。如今，一些父母想尽办法避免孩子情绪失控，情绪失控的确很可怕，但是孩子需要有机会发现自己的擅长之处，进而找到对自己来说有意义的工作。如果不离开电子屏幕，不多方接触、多去尝试，那么孩子可能永远也不会发现自己的兴趣点。对我来说，让我发现自己兴趣所在的地方就是姨妈的牧场。

我经常出差，可是无论去哪儿，我都很少看到有人读书、看杂志。无论是父母还是孩子，大家都是"手机一族"。孩子大多在玩电子游戏。我当然不是第一个留意到这一点的人。只不过从我的角度来说，我认为这种沉迷与美国教育体系的失败紧密相关。我们失去了训练有素的工人，失去了动手能力强的人，而他们往往是视觉思维者。在电子游戏上每花一分钟都意味着我们的孩子在失去接触汽车、飞机、各种工具和大自然的机会。大多数学生根本没有机会发掘自己的擅长之处。将实践课、艺术课、音乐课和家政课重新纳入学校教育体系或许会有助于改变现状。

另一个能够让孩子接触到不同的想法、探求未来职业方向的好方法就是实地考察。在我长大的过程中，实地考察可是一件大事。我第一次参观汽车厂还是在上小学的时候。我至今依然清晰地记得自己看到气动扳手同时拧紧车轮上5个螺栓的情景。我也对父亲费力地用单向扳手更换轮胎的过程记忆犹新。我对螺丝扳手、千斤顶和杠杆充满好奇。这说明我的机械才能在当时已发挥作用。我会盯着看好几个小时，惊讶地发现机器瞬间就能完成父亲需要花很长时间才能完成的事情。我内心那个蠢蠢欲动的聪明工程师上线了。

然而，学校组织的实地考察成了"应试教育"的另一个牺牲品。在一份题为《实地考察为什么很重要》("Why Field Trips Matter")的报告中，作者援引了美国学校管理者协会发布的一项调查结果，该调查发现早在 2010 年，一半以上计划中的实地考察就被取消了。这份报告还指出，参观博物馆会促进学生的批判性思维，引发历史共鸣和艺术兴趣。尤其是对那些家庭背景不具备优势的孩子来说，这些活动会带来 2~3 倍的好处。实地考察次数的减少常常被归咎为资金缺乏。然而，《纽约时报》的记者迈克尔·瓦恩里普（Michael Winerip）报道了纽约市的一位老师。她带着幼儿园的小朋友去"人行道上实地考察"。她在大街上现场教学，让孩子们生动学习数学和单词，例如带着他们一起观察和研究政府设立的停车付费器，认识诸如停车和违章这样的新单词。她还带着孩子们参观了汽车修理厂、市政车库、地铁、市场、桥梁和医院的急诊室。整个过程奇妙且美好。所以，不一定非要去知名博物馆或者纪念碑。我们需要的只是好奇心和愿意让老师带着学生在日常生活中捕捉学习机会的学校管理层。

学校的负责人曾感叹道如今没有多少老师愿意这样做，因为"考试压力实在太大了，实地考察不会对提高分数带来立竿见影的效果……带孩子实地考察是需要有长远眼光的"。实地考察可以让学生接触到工厂、农场、磨坊、配送中心、专业厨房等不同的工作环境,让他们直面此前可能从未考虑过的职业选择,以及让他们了解日常事务的运作和形成方式。

我们时常会问孩子一个最没有意义的问题:"你长大后想做什么?"这是模糊的语言思维者的众多提问之一。真正有意义的问题是:"你擅长什么?"它才是激发兴趣的起点。孩子需要广泛接触和尝试才能发现自己的才能。我对此深表关切,原因有二。第一,我们剥夺孩子实地考察的机会,实际上是在让他们走向失败;第二,在这个过程中,我们也在瓦解这个国家需要的健康且多样的劳动力。

在我看来,取消实践课是迄今为止美国教育界的一大败笔。无论是否有意为之,漠视动手能力的培养是在将整整一代的视觉思维者淘汰出局。他们的能力原本有望在实践活动中得到蓬勃发展。对孩子来说,尤其是对那些是对象可视化者的孩子来说,整日坐在课桌后根本无法让他们发现自己的特长。此外,对像我一样的孩子来说,这也是一种折磨。我们未释放的精力原本可以用来做事情和造东西,而这方面的技能是需要从小培养的。没有了实践课,我们丧失了培养出出色的建筑师、工程师或厨师的能力。我们在将设计师、发明家和艺术家淘汰出局。面对未来,我们实际上需要有人建造和维修基础设施,改造能源业和农业,创建应对气候变化和流行病的工具，开发机器人和人工智能。我们需要有想象力的人创造出属于下一代的解决方案。

本章讨论的是将部分孩子淘汰出局所带来的高昂代价，其结果实际上是在剥夺他们的未来。他们无论是被分流到特殊教育，还是在"一刀切"的标准化教学模式下丧失前进的动力，我们实际上都是在剥夺他们走向成功的机会。看一看坐在教室里的每一个孩子，问一问每一位老师，基于标准化的"一刀切"显然不适合所有人。

我在意这个问题的另一个原因是非常个人化的。作为一名孤独症患者，我从小在接受教育时就需要面对从个人发育到行为再到学业等各种层面的挑战。然而最终，无论是在工业界还是在学术界，我都实现了自己与动物打交道的梦想。我成为动物科学方向指导研究生的教授，并始终与学生们一起不断提高我们对动物行为的理解。具有讽刺意味的是，虽然我现在教授兽医知识，但是我当时无法进入兽医学院。为什么呢？因为我在学校教育体系中早已被淘汰出局。

学习数学

我之所以会被淘汰出局是因为数学不好，这个原因听上去也许过于简单了。在低年级的时候，我能理解传统的算术知识，因为我可以将抽象的数字与现实生活中的事物联系起来，譬如通过比萨切块来理解分数概念。依照20世纪50年代的教学方式，我的算术成绩一点儿也不差。四年级学习使用量角器测量角度时，我也觉得很有趣。六年级时，我学会了如何将复杂的空间分成正方形、圆形和三角形来计算它的面积。我后来从事了设计畜牧设施的工作，这项工作证明，掌握具有实用性的数学知识是完全必要的。

在开始学习设计以后，我擅长求圆的面积。这对于确定诸如液压缸和气动缸的尺寸等至关重要。可是，我的代数一直学得不好。同许多对象可视化者一样，我无法掌握抽象概念，而代数恰好是关于抽象概念的。我上高中期间，老师曾一度试图帮助我，可惜因为没有能够将这些抽象概念可视化的图像，我始终也未能掌握。我理应直接跳过代数去学习几何学和三角函数。如果一个问题可以转化为视觉图像，我就能理解。我正是通过将三角函数的概念视觉化来学习它的，譬如将其对应成吊桥上的线缆。换句话说，我需要看到每一个方程式在这个世界上可以真实对应的东西。

结果是我被淘汰出局。我因数学不好而不得不放弃一门物理课和一门生物医学工程课，如此一来，也就丧失了进入兽医学院和工程学院的机会。我不得不选择对数学成绩要求相对较低的专业，譬如心理学和动物科学。如果是在今天，估计所有的专业我都无法申请，因为它们对数学成绩的要求更高了。我最近收到一名学生的电子邮件，他告诉我申请生物学本科专业需要微积分成绩。说实话，要是我，根本不可能越过微积分这样的障碍。微积分在我上大学的时候并不是生物学专业的必修科目。我在高中就喜欢生物，而且还学得不错。

幸好，进入大学以后，我可以选修概率、矩阵和统计学方面的课程来避免学习代数。即便如此，我还是在第一次数学测验不及格之后立即得到了学校提供的辅导。成为教授之后，我在工作中发现学生容易犯的最大错误就是总会等待太长的时间才寻求帮助。我大学时曾经每周约有两个小时在数学教授的办公室里接受辅导。读研期间，我还曾付费给另一位同学来辅导我。如果没有这些额外的学习，我真怀疑自己能不能顺利通过考试。为了避免读博期间的统计学必修课不及格，我为每种类型的统计测试创建了真实研究项目的具体示例。这些示例必须是我能够可视的东西，譬如比较两种饲料对牛增重的影响、环境丰富性对猪行为的影响等。我相信只要消除代数这个障碍，用几何、三角函数和统计学等其他数学形式来代替，许多学生被淘汰出局的问题将会得到解决。

2012年，政治学家安德鲁·哈克（Andrew Hacker）发表了一篇题为《是否需要代数》（"Is Algebra Necessary？"）的专栏文章。这篇文章就像是一枚投进教育界的重磅炸弹。哈克批评了学校对代数这个科目的坚持。他指出，学校所教授的数学与人们在日常工作中所运用的数学知识严重脱节。他因此质疑为什么要让学生接受这样的"考验",更何况很多人还会无法过关。他表示大多数与他交谈过的教育工作者"将代数列为"了很多孩子无法完成高中学业的"主要原因"。

"强制要求数学成绩,"哈克写道,"会阻碍我们发现和培养年轻人才。为了满足严苛的要求,我们实际上在消耗他们的脑力。"哈克并非在提倡放弃基本的或标准的技能培养。在这一点上,我和他意见一致。作为一名与众多的工程师、软件开发人员、焊工、首席执行官和其他专业人士共事过的视觉思维者,我理解数学的重要性。但是,有不同种类的数学、不同类型的学习者以及在现实生活中的不同应用。问题是什么有助于学生在职业道路上的持续发展。

2017年,埃米莉·汉福德(Emily Hanford)在《纽约时报》发表了一篇题为《尝试解决更大的数学问题》("Trying to Solve a Bigger Math Problem")的文章,其中列出了一组惊人的统计数据:将近60%的社区大学生需要补习数学,是需要补习英语的学生的两倍多。对四年制公立大学的统计数据也与之接近,有40%的学生至少需要补习一门课,33%的学生需要补习数学。也许,学生成绩下降的原因并不在于知识掌握不充分,而在于教育体系的要求设置。两年制的学院学习也要求代数成绩。汉福德声称,一些教学方针的制定者开始质疑其中的逻辑。

哈克说:"没错,无论年轻人是否愿意,他们都应会读、会写和会算长除法。"的确，学生需要掌握最基本的技能，譬如写作清晰，这很重要。然而，我最近发现我的一些研究生写作能力很差，询问过后才得知他们之前甚至不被要求写学期论文。与此同时，之前的老师也从未纠正过他们的语法或是针对他们的文章给出详细的评语。这显然是不可接受的。无论在什么行业，一个人都必须具备将事情写清楚的能力。为了提高他们的写作能力，我帮助学生修改期刊文章中的语法错误并要求他们重写。一如哈克所说，没有理由强迫学生"掌握向量角和不连续函数。我们不能将数学想象成每个人都应拉动的一块巨石，而从来不评估其中包含的痛苦"。

加利福尼亚大学伯克利分校法学院前院长小克里斯托弗·埃德利（Christopher Edley Jr.）肩负起了搬动这块巨石的使命。他希望取消对非理工科学生的代数要求，以此缩小差距，提高毕业率。埃德利指出："罪魁祸首是中级代数，这是一门高中水平的技术程序课程。大多数学生，无论是在学校还是生活中，永远也不会用到它。"埃德利称有 17 万名加利福尼亚州社区大学的学生因标准化考试成绩不合格而需要补习数学，超过 11 万名学生无法按要求获得副学士学位或升入加利福尼亚大学。不过，加利福尼亚州立大学开设了一个试点项目，允许学生用统计学课代替代数课。结果，学生数学课的完成率大幅提升。埃德利希望这个试点项目能得到推广。"不公平性以及法律问题依然存在，其根源在于对数学科目的要求有一个见不得光的秘密：要求设定在很大程度上是任意的。"

数学家保罗·洛克哈特（Paul Lockhart）在《数学家的哀歌》（"A Mathematician's Lament"）一文中对现代数学的教学方法多有诟病。当然，他是为那些听到"数学"一词就畏缩不前，坚称自己不擅长数学、讨厌数学的人以及像我一样擅长某一个数学分类的人说话的。我们大多数人要在高中时期上三四年的数学课，从几何、代数 2 到三角函数、基础微积分，再到微积分。洛克哈特写道："如果不得不设计出一种机制来破坏孩子天生的好奇心和对制图的热爱，那么我不可能比现在的机制做得更好。说实话，我实在缺乏设计出当今毫无意义且令人沮丧的数学教育所需的想象力。" 2014 年，《纽约时报》的一篇报道援引了一位纽约市中学校长的原话："我担心我们正在培养一代讨厌数学的年轻人。"

爱丁堡大学发展心理学教授玛格丽特·唐纳森（Margaret Donaldson）在她的论文《学校教育与儿童思维之间的不匹配》（"The Mismatch between School and Children's Minds"）中研究了教与学之间的脱节问题。她在文中探讨了一个问题：为什么幼儿园和一年级的孩子能感受到学习的快乐，而很多人在进入高中之后会觉得学习无聊且反应迟钝？"上学之初，几乎每个孩子都有强烈的学习愿望。然而，美好的开始却走向了一个糟糕的结束。为什么那么多的孩子会产生厌学的问题？"

唐纳森的研究与颇具影响力的思想家、儿童心理学家让·皮亚杰（Jean Piaget）的背道而驰。皮亚杰认为，儿童在7岁前对世界的认知理解是有限的。这个信念部分地促成了一个名为"保护任务"（The Conservation Tasks）的著名研究项目。它通过向儿童展示两张图片，观察他们如何理解"相同"与"不同"这样的概念。在第一张图片中，受试儿童会看到两行大小和数量完全相同的物品；在第二张图片中，经过重新排列的第二行物品数量与第一行相同，但物品之间的距离更紧密。大多数的孩子直到6~7岁才能理解第二张图片中的两行物品的数量是一样的。

唐纳森及其同事詹姆斯·麦加里格尔（James McGarrigle）却对皮亚杰的研究方法提出了质疑。他们认为并非儿童的理解能力不足导致了这一结果。他们设计了一项类似的测试，让4~6岁的孩子看到一只顽皮的泰迪熊重新排列了第二行的物品。借由"真实的演绎"，相当高比例的孩子给出了正确答案。两项测试的对比结果是：前者的80人中有13人回答正确，后者的80人中有50人回答正确。唐纳森从理论的角度指出，两项测试的差异就在于后者通过一只顽皮的泰迪熊让孩子们看到了具体情景，物品不再只是冷冰冰的测试用品。唐纳森认为，"让人类感到有意义的语境或情景"会影响我们的思维能力。想法或观念需要经由与现实世界的具体联结而被掌握和加以运用。

弗吉尼亚大学的安杰琳·利拉德（Angeline Lillard）对学

龄前儿童的"玩耍"进行了研究。她发现"孩子们更喜欢做真实的事，因为他们想要在现实世界中有自己的角色"。利拉德的研究表明，即使是4~6岁的孩子，也喜欢真实的活动甚于假扮的活动。因此，如果老师在教授数学时，能够将数学与现实世界中的工作或个人兴趣如运动、购物甚至电子游戏联系起来，那么孩子们或许会明白学习的意义。

对空间可视化者来说，几乎任何以计算、计分和概率评估为基础的运动或游戏都可以作为教学工具。一个很好的例子就是国际象棋。下国际象棋就是一个动态的数学思考过程。想象有一个班级的小学生在玩了近一年的国际象棋（在有指导的情况下）后参加数学考试。这正是丹麦研究人员迈克尔·罗斯霍尔姆（Michael Rosholm）及其同事所做的一项实验。他们将一至三年级共482名学生每周4节数学课中的1节改为了国际象棋课。结果学习国际象棋的学生的数学成绩普遍有所提高。对其中一些孩子来说，国际象棋显然是他们掌握数学知识的一种途径。佩佩·昆卡（Pepe Cuenca）是一位拥有应用数学博士学位的专业国际象棋手。他认为国际象棋可以促进人们掌握计算、视觉记忆、空间推理、预判过程、预测后果以及几何学的能力。但是，国际象棋对某一类孩子来说毫无帮助。我肯定属于玩不了国际象棋的一类学生。对像我一样的对象可视化者来说，我们无法记住过于抽象的模式，尽管我们可以很容易地想象出建筑物改造后的样子。如前所述，如果找不到相关的视觉对应物，我是无法真正理解它的。因此，我们需要多种方法来为不同的人群提供发展技能的匝道。

无论你属于什么类型的学习者，问题的关键还在于大脑的发育程度。儿童的认知能力究竟在什么时候发展到可以应对复杂抽象的推理呢？皮亚杰认为，儿童要到11~12岁才会具备逻辑推理的能力。萨格勒布大学的安娜·苏沙茨（Ana Sušac）及其同事提出，从具体思维到抽象思维的转变发生在青春期后期，因为与抽象的数学推理相关的前额叶皮质在这一阶段才会发育得更加成熟。他们的研究至少表明，如果我们过早过快地教授代数，那么孩子从具体思维转向抽象推理的道路反而会被拉长。换句话说，它不是你在七、八年级衔接的那个夏天就可以打开的开关。堪萨斯大学的一位研究人员提出，我们可以通过实际操作的经验来发展抽象推理的能力。这一点恰好是保留和开展课外活动的一个有力论据。

阿巴拉契亚州立大学的教授、研究员特蕾西·古德森-埃斯皮（Tracy Goodson-Espy）问道："为什么一个求解者可以用算术方法解决问题，却不能用代数方法来思考问题呢？"她的研究包含9项学习任务，而且具体问题都来自现实世界。一如唐纳森使用泰迪熊，古德森-埃斯皮从汽车租赁、员工福利等日常生活场景中提取示例，让受试者理解这些问题出现的情景及意义。她先对每位学生解决问题的内在过程予以评估，而后通过广泛的采访和录像来跟踪记录他们解决问题的心路历程。

受试者最终可以被归为三类：第一类，使用不基于图像的算术方法的学生；第二类，依赖图表方法的学生；第三类，使用代数方法的学生。古德森-埃斯皮的研究清楚地表明了每一组学生解决问题的方法，但是没有说明背后的原因。

我对古德森-埃斯皮研究发现的理解是：第一类，不使用任何视觉工具的语言思维者；第二类，将问题转化为视觉图表，但是同我一样无法实现代数飞跃的对象可视化者；第三类，使用代数方法的空间可视化者。古德森-埃斯皮最后总结指出，学生要想成功地从算数过渡到代数，就需要具备反思抽象能力。"图像化或意象化，"古德森-埃斯皮写道，"是从一个层次的反思抽象发展到另一个层次的反思抽象的内在要素。"这就是视觉思维。

然而，现有的数学教育一直采用的是抽象法。唐纳森使用"脱离"一词来描述这种毫无情景或直接经验基础的教学方式。她写道，抽象能力"成了我们学习数学、科学、哲学的基础。与人类的其他技能和品质相比，我们可能过于重视它们。我们不大可能会放弃它们，因为我们已经对之过度依赖"。唐纳森接着指出，现有的教育体系在奖励掌握抽象能力者的同时，也让其他人产生了强烈的挫败感。事实证明，这种挫败感远比我想象的更为普遍。

2019年的全国教育进步评估（也被称作"国家成绩单"）显示，"十二年级（即高中毕业班）的学生中，只有37%的人具备了大学入门课程所需的数学技能"。教育评估国家委员会主席戴维·德里斯科尔（David Driscoll）在介绍这一令人沮丧的数字时说："这显然是不可接受的……我们眼睁睁地看着我们的孩子正在失去机会……我们理应让他们达到更高的标准。"然而，更高的标准很可能意味着用"填鸭式"（bubble filling）的教育取代获得实际生活经验的机会。

奥巴马政府当年推出了"力争上游"（Race to the Top）的基金支持计划。它旨在通过发放43.5亿美元的奖金促进从幼儿园到高中的学生的创新能力和学业成绩。即便如此，美国理工科教育的前景依旧暗淡。克里斯托弗·德鲁（Christopher Drew）在《纽约时报》上发表了一篇题为《为什么理工科学生会改变他们的想法》（"Why Science Majors Change Their Minds"）的文章。他在文中写道："大一新生不得不跋山涉水，步履艰难地穿过微积分、物理和化学的暴风雪。他们中的很多人就这样被淘汰了。"有40%的工程学和科学专业学生申请转专业或退学。如果将医学预科班的人数再算进来，那么这个百分比就会提升至60%，"是所有其他专业学生流失率的两倍"。人们引述伊利诺伊大学厄巴纳-香槟分校工程学名誉教授戴维·E. 戈德堡（David E. Goldberg）的原话，将整个教育体系称为"数学和科学的死亡行军"。

而后，每隔三年，一份名为《国际学生能力评估计划》（PISA）的报告就会像彗星过境一样突然冲击美国人的认知。

尽管一些教育工作者和政策制定者认为这个评估项目存在巨大缺陷，但是有关它的新闻标题总会引发震动，譬如《美国学生的数学成绩烂透了》《刻不容缓》。2018 年，来自全球 79 个国家和地区的 60 万名学生参加了一项时长两小时的测试。这项测试旨在评估学生解决问题而非死记硬背的能力。它就像是中等教育的奥运会。美国从未在这一测试中夺得过金银铜牌。事实上，如果它真的是奥运会，美国甚至连参赛资格都没有。在数学方面，美国学生的表现不及其他发达国家的同龄人，甚至比不上发展中国家的同龄人。在最近的国际学生能力评估计划测试中，中国学生的数学和科学成绩最好，且遥遥领先。

2016 年，阿曼达·里普利（Amanda Ripley）在《纽约时报》发表了一篇题为《美国可以从其他国家的智能学校中学到什么》（"What America Can Learn from Smart Schools in Other Countries"）的文章。她写道："目前，国际学生能力评估计划测试揭示了有关美国教育体系的残酷真相，那就是数学作为一门能够可靠预测孩子未来收入的学科，一直都是美国各个收入水平阶层的短板。"里普利总结指出，有将近 1/3 的 15 岁学生无法达到数学的"基本能力水平"。

在这些报告出炉之后，有一种趋势是继续使用与之前同样的方法来解决问题。学生数学成绩越不理想，数学学习时间就越长，考试次数也就越多。这就是过去 20 年来的荒谬逻辑。

1983 年，发展心理学家霍华德·加德纳（Howard Gardner）出版了他颇具影响力的著作《智能的结构：多元智能理论》(*Frames of Mind: The Theory of Multiple Intelligence*)。他的理论源于他对患有脑损伤的儿童和成人的研究工作。这些人遭受损伤后的能力和缺陷为研究提供了丰富的背景和土壤。加德纳还观察到没有两个人具有相同的智力，哪怕是双胞胎。然而，我们对人的测试却是统一化、标准化的。对那些个人优势同测试方法不合拍的人来说，结果自然是不利的。目前的测试方法更偏向具有数学和语言优势的人。

加德纳查阅了有关大脑、人类发展、进化和跨文化比较的研究成果，进而提出了自己的八大智能类别：音乐智能、逻辑-数学智能、语言智能、空间智能、人际智能、自我认知智能、博物学家智能和身体-动觉智能。他敦促我们，要扩展我们对智能的定义。"对我们来说，至关重要的是认识和培养人类不同的智能以及它们的各种组合。我们之所以会如此不同就是因为我们拥有的智能组合不同。"他希望我们停止用同一标准去评估不同的孩子，并且找到新的切入点来帮助他们。即使有人坚持要教授代数，他也表示，"教授的方法可以有 3 种，甚或 30 种"。尽管加德纳没有将视觉思维者（更不要说不同类型的视觉思维者）视为独立的智能类别，但是我和他一样都认为我们的教育系统未能认识到存在着不同的智能类型。"如何将教育个性化，使每个人都能充分发挥出自己的潜能，至今仍然是个谜。"他写道。但是，他确信，"我们不能再浪费人才了"。

学习的快与慢

我 8 岁时依然不能阅读。如果我继续在学校里读"迪克和简"[①]，继续看图识字，很难讲我还要在阅读上挣扎多久。好在我的老师和妈妈在我三年级时制订了一个计划，让我在家跟着妈妈学习阅读。因为她几乎每天都会给我和姐姐读书，所以我的积极性很高。她有时会给我们读查尔斯·狄更斯的作品《雾都孤儿》中的段落。我记得奥利弗住在一个救济院里，他想要得到更多食物的那个段落至今让我难以忘怀。

每天下午放学后，我的妈妈都会花一个小时教我自然拼读法，教我将声音和字母对应起来，让我能够"读出"音节。我们不再读"迪克和简"，转而读起了《绿野仙踪》。她会先读一段，而后在精彩的地方停下来，激发起我想要接着往下听的强烈兴趣。在继续阅读之前，妈妈一开始会要求我将她贴在墙上的每一个字母大声读出来。再后来她让我拼读出一个词、两个词、三个词，以此类推。渐渐地，她读得越来越少，而我能读出来的完整句子越来越多。自然拼读法、一对一的辅导以及母亲选择的那些让我着迷的故事都是我学会阅读的关键。就在几个月之内，我的阅读水平突飞猛进，一下子跃升到了六年级的水平。我想如果没有妈妈的这种干预，我在学校的学习将一败

[①] 迪克（Dick）和简（Jane）是 20 世纪 40 年代至 60 年代中期美国公立学校的学生普遍阅读的系列丛书中的两个主人公。——译者注

涂地。

妈妈教我阅读的过程实际上相当于为我创建了一个个性化的教育计划。这类计划的目的是给在公立学校就学的残障儿童提供特殊帮助。当我上学时，国家还没有提供这类特殊服务。我所得到的特殊帮助和强化辅导都来自我的母亲。我上高中时，传统的学校教育对我来说简直就是一场灾难。我在学校备受欺凌与嘲笑。我的父母有能力让我入读一所专门为有学习障碍的孩子开设的寄宿学校。可是，我并不开心。后来事实证明，那是对我一生影响至深的经历之一。其中，有两件事尤为重要：首先，我遇到了一位特别好的科学老师；其次，我学会了如何照顾学校的马匹。我也因此找到了毕生的追求，并培养出了强烈的职业道德感。

在一篇题为《孤独症儿童面临被低估的风险》（"Autistic Children at Risk of Being Underestimated"）的论文中，瓦莱丽·库尔谢纳（Valérie Courchesne）及其同事重点研究了语言能力较弱的孤独症儿童的认知能力。通过使用儿童嵌入式图形测试（Children's Embedded Figures Test），研究人员对 30 位语言能力低下的孤独症儿童和一组年龄相当的对照组儿童进行了 4 项独立的认知和智力评估。虽然孤独症儿童中没有人能够完成标准的智力测验（韦氏智力测验），但他们中有 26 人完成了嵌入式图形测试，而且比对照组的孩子完成得更快。劳伦特·莫特龙在《自然》杂志上发文称，孤独症患者大脑中的视觉处理网络比语言处理网络更活跃。他写道:"这种大脑功能的重新分配可能与卓越表现有关。"

我们面对的挑战在于如何为视觉思维者提供一个有效的评估和教育体系。问题是数学成绩不好的孩子在现有体系中可能被低估了,我们因此正在失去他们拥有的且我们需要的技能。有一些孩子可能会选择在家求学。这也是孤独症家庭时常会问及的一个问题。

根据美国国家教育统计中心(NCES)的数据,大约有177万名美国儿童在家接受教育。其中,16%的儿童有特殊需求。选择让孩子在家求学的常见原因包括学校霸凌、孩子的行为管理问题、孩子的幸福感和健康发展以及对学校支持力度的不满意。然而,选择让孩子在家求学并不是任何人都可以轻易做出的决定,因为它通常会给整个家庭带来巨大压力。在之后有关神经多样性的章节中,我会谈及在家接受教育的托马斯·爱迪生。那是一个浪漫美好的故事。爱迪生的母亲曾是一名老师。她为爱迪生提供了各种合适的书籍来点燃他杰出的机械才能。这样的故事其实凤毛麟角。爱迪生的故事本身可能也有杜撰的成分。很多父母经常问我有关家庭教育的事情。问题是如果我对一个孩子不够了解,说实话,我就无法提供任何建议。我也一直强调如果选择让孩子在家求学,那么一定要确保孩子有机会与其他孩子接触、互动。许多孩子在家求学的家庭会形成一个彼此互动的群体,父母也会从中受益。俗话说,"养育一个孩子需要一个村庄的力量"，而养育一个患有孤独症的孩子则需要整个社区的支持。

为特定大脑和学习方式找到正确的切入口可以改变游戏规则。清晰写作对我来说是一大挑战。我成长的时代所采用的很多教学方法是毫无意义且令人费解的，譬如图解句子。然而到了九年级，我的写作能力比我现在指导的研究生都要好。写作对我而言就是用文字将我在脑海中看到的画面描述出来。我有三种提高写作的方法：第一，大声朗读，感觉用词是否准确；第二，仔细留意老师的批注和语法修改；第三，写读书报告，学习如何抓住文章重点。我所掌握的写作技巧让我发表了早期的论文，这些论文又让我找到了工作。我现在所写的文章大多是为了传递技术或实用信息。纵观我的职业生涯，我已经发表了100多篇科学期刊文章，出版了8部著作，其中2部为专著，6部为合著。

那么，为什么我的很多学生，无论是硕士研究生还是博士研究生，都无法用清晰的语言阐述他们的研究方法和结果呢？今天，当我回顾他们所接受的基础教育时，我发现如果少强调考试，转而加强基础数学和语法，那么他们会更顺利地踏上职业之路。

我们的学校教育同时还有另一种筛选淘汰的机制，即标准化的课程设置。它假定所有的学生都会匀速发展，即使对一些孩子来说，学校的课程不具有挑战性。这些孩子的父母发现老师还是坚持让孩子囿于所谓适合他们年龄阶段的学习材料。许多父母出于社交和个人发展的考虑，或者因担心他们逼得太紧而让孩子太辛苦，不愿意让孩子加速学习。1989年，夸张的情景喜剧《天才小医生》（*Doogie Howser, M. D.*）就将这种两难困境表现得淋漓尽致。主角是一名年仅14岁便从普林斯顿大学和医学院毕业的天才少年。这位天才小医生在治疗病人和处理粉刺之间找到了平衡。

正是由于来自学校的阻力和父母的担忧，全美国只有1%的学生有过跳级或跳科经历，尽管有研究表明适当的加速学习是有益的。格雷戈里·帕克（Gregory Park）及其同事在《教育心理学期刊》（*Journal of Educational Psychology*）上发表了一篇题为《当少即是多时》（*"When Less Is More"*）的文章。他们指出，加速学习的学生从长远来看要优于没有加速学习的同龄人，他们更有可能获得高学位、出版著作，在理工科领域获得专利并拥有成功的事业发展。

一方面，我们正在将不擅长数学的孩子淘汰出局；另一方面，我担心我们也正在阻碍在数学或其他科目上有天分的孩子往前发展，因为我们没有进一步挖掘和提升他们的潜力。解决方案之一就是让拥有明确热情和能力的孩子根据自身优势积极发展。让我们以凯瑟琳·约翰逊（Katherine Johnson）令人难以置信的故事为例。她第一次引起公众关注是因为根据其经历创作的非虚构类文学作品《隐藏人物》（*Hidden Figures*）及其同名电影。凯瑟琳从小喜欢数数、计算，后来爱上了计算机。她上小学时，老师就发现了她的过人之处，并让她成功跳级。她 10 岁入读高中，15 岁进入西弗吉尼亚州立大学并在 18 岁时以优异的成绩毕业。上大学期间，她选修了每一门数学课。毕业后，凯瑟琳成为一名教师，这在当时是为数不多的黑人女性可以从事的工作之一。

当美国国家航空航天局（NASA）因人才需求而向女性劳动力敞开大门时，凯瑟琳的天分获得了被检验的机会。在种族主义和性别歧视普遍存在的 20 世纪 50 年代，她作为一名黑人女性开始在美国国家航空航天局工作。当时，女性被戏称为"穿裙子的计算机"，而黑人员工则从工作区域到餐厅再到浴室都被区别对待。然而，在计算机发展到足以处理复杂计算之前，凯瑟琳以其惊人的数学计算能力使载人航天成为可能。她计算出了"水星号"和"阿波罗号"太空舱的轨道和再入路径。她的计算确保了宇航员能够安全返回。我能想象得出来，当凯瑟琳·约翰逊计算轨道路径时，她在自己聪明的头脑中看到了多维模式。

我们阻止明显超出同龄人水平的学生加速学习能有什么好处呢？如果我们形成一种惯例，让热爱数学的学生增加课程或去当地大学上课，又会发生什么？比尔·盖茨、史蒂夫·乔布斯、马克·扎克伯格和埃隆·马斯克都是从大学或研究生院辍学的学生。他们热切地想要在市场上检验和应用他们卓尔不群的能力。他们都直奔硅谷。不过，对乔布斯来说，促使他退学的一个因素是不想去上自己不感兴趣的课程。我敢打赌，对他们中的任何一个人来说，学校提供的课程都不够具有挑战性。

考试陷阱

"这个会考吗？"全世界的学生都在问。这也是我作为一名教授最感困扰的一个问题。你几乎都能听到他们内心的关门声，就好像所有不会考的内容都是不值得花心思的多余之物。我们是如何培养出了将学习等同于考试的一代人的？学习理应是为了学生日后的生活和事业做好准备的。

在我开设的牲畜处理课上，有一个作业是绘制比例图。与10年前相比，越来越多的学生觉得太难。他们中的一些人竟然从未接触过如何用尺子量东西。他们有时也会质疑做这个作业的必要性。我对他们说如果你们将来去买沙发，那么你至少需要测量沙发的大小来看它是否适合家里的客厅。

一味强调考试和考试成绩让我们陷入了不幸之地，大家偷工减料、作弊成风，同时还伴有强烈的挫败感。哈佛大学教育研究生院的丹尼尔·科雷茨（Daniel Koretz）教授表示，考试更多展示的是学生群体之间的不平等而非他们所掌握的知识技能。过去30年来，科雷茨一直对考试系统多有诟病。他在《考试游戏：假装让学校变得更好》(*The Testing Charade:*

Pretending to Make Schools Better）一书中指出了教育工作者在学生考试成绩不达标的情况下将会面临怎样的风险。一如之前的讨论，提高学生应试成绩的压力影响了老师们的授课方式，随之而来的危害也是巨大的：老师浪费了宝贵的时间为了考试而教学，随着提高分数的压力越来越大，一整套受到侵蚀的教育理念开始渗透教学课堂。非营利组织"公平考试"（FairTest）的公共教育主管鲍勃·谢弗（Bob Schaeffer）曾亲眼见证了对考试成绩的过分强调导致的各种作弊行为，包括冒名顶替、假装身体残疾以便获得额外的答题时间、付钱请人代考、贿赂监考人员等。

不过，与震惊全美国的舞弊丑闻相比，这些不过是小巫见大巫。两位知名美国女演员因巨额贿赂女儿的教练以操纵女儿的大学申请成绩而被指控并入狱服刑。另外还有超过 50 份起诉书被送到了公司首席执行官、房地产开发商和标准化考试官员的手中。科雷茨认为，作弊无处不在。在解释背后的原因时，他提到了坎贝尔定律。这一定律认为，任何用于做出社会决策的指标都会被想要影响这些决策的人破坏。

今天，美国入读大学的学生比例接近 70%，自 1975 年以来有了大幅提升。它听上去是个好消息，但是平均只有 41% 的学生能在 4 年后顺利毕业。埃伦·拉佩尔·谢尔（Ellen Ruppel Shell）在《纽约时报》上发表了一篇题为《大学可能不再值得》（"College May Not Be Worth It Anymore"）的文章。

谢尔表示，在美国高等教育的成本中，学生贷款已达到了惊人的 1.3 万亿美元。这个数字在过去 10 年内翻了一番多。她同时指出，仅有 40% 的大学辍学生的收入略高于高中毕业生，勉强可以支撑他们偿还大学债务。她写道："我们似乎正在接近一个时代，一个即使对出身于中产阶级家庭的学生来说大学学位的经济收益也将日渐萎缩的时代。"谢尔还在文章中引用了一个令人意想不到的统计数据："25% 的大学毕业生的收入水平不高于普通高中毕业生的收入水平。"

20 世纪 20 年代发展起来的美国学业能力倾向测试（Scholastic Aptituole Test，以下简称 SAT）最初只是智商测验的一个延伸。它于 1926 年首次亮相，旨在测试大学申请者的学习能力并将评估方式标准化。几十年来，尽管有人指责 SAT 存在文化偏见，它依然广受欢迎。如今，SAT 已经变成了一门大生意。每年有数百万学生参加 SAT，其产生的收益占据美国大学理事会每年 10 亿美元收入的一大部分。如今有充分的证据表明 SAT 歧视有色人种和低收入家庭的孩子，不仅仅是因为文化偏见，更是因为这些孩子的家庭无法负担辅导费用。在 SAT 的带动下，应试培训业得到了蓬勃发展。斯坦利·卡普兰（Stanley Kaplan）于 1938 年首次在位于纽约市布鲁克林区的一间地下室里开始辅导学生参加 SAT。大学的预科业务到今天业已发展为一个价值 11 亿美元的产业。当然，它的服务对象仅针对那些可以支付得起费用的人。

1959年，SAT的替代品和竞争者美国大学考试（American College Test，以下简称ACT）出现了。ACT和SAT极为类似，但是与SAT重在测试学生的认知及推理能力不同，ACT声称它的重点是学生学到的知识。ACT包括两个部分：科学知识测试和40分钟之内的一篇可选作文。因为缺乏学生被允许同时参加这两项考试的对比数据，我们无法确知学生究竟在哪项考试中表现更出色，但是ACT和SAT一样，都体现出了有色人种和低收入家庭的孩子在成绩上的落后。无论怎么说，同时参加ACT和SAT也绝对是奢侈之举，更不用说还有不少学生无力支付辅导或考试咨询费用了。

美国公立学校的每位辅导员平均负责的学生数量是478名。伊丽莎白·A.哈里斯（Elizabeth A. Harris）在《纽约时报》报道称，这个比例几乎是美国学校辅导员协会所建议数值的两倍。根据美国教育部民政办公室的数据，美国每5所学校中就有1所没有辅导员。也就是说，美国有800万名学生接触不到辅导员。美国学校辅导员协会指出："全美38个州对有色人种或低收入家庭的孩子，又或同时对这两种家庭的孩子存在欺骗行为。"根据教育培训机构"普林斯顿评论"（The Princeton Review）的说法，系统崩溃的另一个指标是留存率低。许多辅导员在工作几年后都会离开这个行业。

如今，互联网业已提供了我在读高中时根本无法想象的服务和资源。但是，互联网无法替代能够有效利用其服务和资源所需的个人经验和判断。一个家庭如果有能力，就会聘请昂贵的大学顾问来指导孩子完成大学申请，帮助孩子准备入学考试，甚至是代写论文。与此同时，顾问们还会针对课外活动安排以及令人眼前一亮的暑期实习提供咨询服务。目前，在教育咨询业，能够提供犹如凯迪拉克级别服务的顶级团队就是"常春藤智慧"（IvyWise）。这家公司会为学生的整个高中生涯保驾护航，而它收取的费用高达10万美元。在我看来，一切皆是生意。在这个过程中，大多数的孩子被淘汰出局，不仅仅是视觉思维者。

与任何体系一样，现实中的改变是缓慢的。不过，高等教育的变化正在到来。在加利福尼亚大学的带领下，一些大学宣布他们将不再采用SAT或ACT的成绩来选择申请人。根据苏珊·亚当斯（Susan Adams）为《福布斯》所做的调查报告，包括常春藤盟校在内的500多所大学都已表达了"考试可选"的立场。这是一种进步。

2021年2月，一篇发表在《纽约时报》上的文章指出，大学的申请人数，尤其是常春藤盟校的申请人数，随着考试要求的取消而激增。2021年4月，阿内莫纳·哈托科利斯（Anemona Hartocollis）在《纽约时报》上发表评论称："移民第一代、低收入家庭以及非洲裔、拉丁裔和美洲原住民家庭的学生提交考试成绩的可能性很小。"新冠疫情期间，650多所学校放弃了考试要求。那些原本会因为考试成绩被淘汰出局的学生现在有机会展示自己在社会公共服务、爱好、他人推荐、工作经验和个人论文方面的表现。这是一种进步，尤其是对视觉思维者而言。

具有诸多局限性的传统能力测试无法识别出对象可视化者。中佛罗里达大学的埃尔汗·哈西默罗格鲁（Erhan Haciomeroglu）所做的两项研究表明，高中生学习微积分的能力与他们是哪一类思维者有关。与视觉空间思维者相比，高度对象可视化者在微积分上表现不足。哈西默罗格鲁还考察了学生的语言表达能力，发现语言表达能力强的学生相比于高度对象可视化者在微积分方面的表现更好。这项研究清楚地表明存在两种类型的视觉思维者，而且他们在语言表达能力的评估中没有表现出差异。这些研究结果让我感到担心。他们证实了我一直以来的担忧，即学校教育和能力测试将那些富有才华的对象可视化者淘汰出局了。

为什么那些在传统标准化考试中得高分的学生反而在需要数学思考且情况更为复杂的"现实生活"中往往表现得不尽如人意呢？为什么那些在学校表现不佳的学生却往往在"现实生活中"表现出色呢？南丹麦大学的斯特芬·M. 艾弗森（Steffen M. Iversen）和印第安纳大学的克里斯蒂娜·J. 拉森（Christine J. Larson）在他们题为《运用复杂数学的简单思维与运用简单数学的复杂思维》（"Simple Thinking Using Complex Math vs. Complex Thinking Using Simple Math"）的研究论文中回答了这些问题。参与研究的受试者是来自南丹麦大学科学与工程系的200名大一新生。他们完成了中学阶段最高程度的数学课程，并且都是第一次在大学选修微积分课。他们先单独学习，接着分成小组解决一个所谓的"罚球问题"。在这个环节，受试者面对的挑战是根据手球运动员的数据，编写一个程序来找出最佳手球运动员进行罚球。找到解决这个问题的正确方式所需的技能包括整合定性和定量信息、运用多个公式、创建图表、识别数据中的模式以及理解游戏规则。

这项测试的一个目标是查看标准化考试是否因局限于某些类型的解决问题方式而忽略了某些学生。结果表明，得分低的学生对手球运动员运用了多阶段的排名系统，而得分高的学生则专注于一个较窄的调查领域，试图将数据拟合到预先存在的数学结构中。也就是说，在测试中得分低的学生在解决现实生活中的问题时会表现得更好，因为他们思维更灵活，而得分高的学生则因方法僵化而易于陷入困境。这项研究证实了学生在课堂上能够掌握的计算类型与他们在现实生活中为了解决问题而能完成的计算类型之间存在着差异。

在一篇题为《考试成绩能预测成年后的成就吗》（"Do Grades and Tests Predict Adult Accomplishment？"）的文章中，俄亥俄州立大学教育政策与领导力学的教授伦纳德·L.贝尔德（Leonard L. Baird）回顾了有关学业能力与高水平成就之间关系的研究文献。他仔细梳理一系列有关专业人才的研究，从科学家到中层管理人员，连同有关高中生、大学生（其中也包括天才学生）的研究。显然，学业表现好是进入好大学、获得高薪工作的敲门砖。大家认为，成绩优异的学生也会在生活中成就非凡，但贝尔德的结论是："出色的学业能力并不能保证日后会取得高成就。"

伊利诺伊州优等生计划对 81 名高中毕业生代表进行了为期 14 年的跟踪调查。波士顿学院的助理教授卡伦·阿诺德（Karen Arnold）想要看看高中阶段的成功是否预示着人生的成功。高中时期的出色表现的确与大学时期的成功相关，但是此后的情况就变得有些复杂了。阿诺德发现，"学业成绩充其量可以间接预测出学生未来的职业成就"。有 1/4 的高中毕业生代表日后有着顶级的职业表现，而 3/4 的人有着"坚实却并不出众的职业前景"。大多数人在诸如工程、医学、科学等传统职业领域发展，很少人从事具有创造性的工作。阿诺德写道："他们不是不破不立的开拓者，他们只是大众潮流中的佼佼者。"

工作上的成功可能与许多无法在考试中体现的个人素质有关，譬如韧性、创造力、协同合作的能力、良好的沟通技巧和职业道德。如果一个人整合资源并创造出人们需要或想要的东西，他就会获得成功。有一位出色的特色食品加工厂老板曾是一个在当今的教育体系中会被贴上各种标签的孩子，正如他和我一直在讨论的那样。他肯定会被贴上叛逆和挑衅的标签，更有可能会被诊断为孤独症。如今，白手起家的他已经 70 多岁。

他从清洗食品加工设备开始，很快就进入了设备维修领域，继而开始构建和创造新设备。他就是一个机械天才，将现成的设备和原创的专利设备两相结合，从而建立了自己的工厂。他的工厂看上去就像是用不锈钢做成的威利·旺卡的糖果工厂。今天，他拥有一个资产数百万美元的企业。最近，我搭乘他的私人飞机前去参观了他的工厂。因为我在参观前必须签署一份保密协议，所以我无法告知你我在工厂的参观细节。但是，我可以说他是一位才华横溢、异乎寻常的视觉思维者。

我仍然相信我在寄宿学校照顾马匹的工作帮助我培养了强烈的职业道德感。就像我在帕特里亚尔卡先生的工作室里一样，我会仔细地清扫马厩，这可是件辛苦事。我喂马、梳毛，得到的奖励是可以骑马。对一个十几岁的孩子来说，每天都这么做可是项大工程。即使我感到疲惫或忙于功课，我都无法旷工。这段经历培养了我的性格和责任感，也为我赢得了老师和校长的信任。

在我工作的行业中，很多经营成功的企业家仅有高中学历。然而，他们在现实中解决问题的能力远超拥有多个学位的人。许多雇用兽医与实地解决牧场和饲养场问题的人告诉我，许多成绩为 B+ 的学生通常都比成绩全 A 的学生表现得更好。这恰恰也是我观察到的结果。

残障的陷阱

我的主要身份标签是教授、科学家、畜牧业设计师和动物行为专家。直到今天，孤独症患者都只是我的次要身份标签。这一切要归功于我的母亲。她对我做的最重要的一件事就是不把自己看作一个残疾孩子的妈妈。这也可以解释为什么在我表现出明显的语言及运动控制障碍后，她带我去看神经科而非心理科的医生。接待我们的医生又将我们转介给了一位言语治疗师。言语介入治疗对我的发展来说至关重要。今天，我会在有关残障人的会议上遇到很多家长自称"残障人妈妈"。她们无法跳出固有的残障观念来思考问题。我曾经遇到过患有孤独症的 8 岁儿童告诉我，他们想成为孤独症患者权利倡导者。我告诉他们出去玩。我的母亲总是鼓励我要把努力看得比孤独症更重要。在我们家，孤独症始终都是次要的。这种心态为我的一生定下了基调。

如果有人为你大包大揽，那么你是不可能认识到事情的价值，也无法获得个人独立的。斯坦福大学的一位前新生和本科生指导主任兼负责本科教育的副教务长朱莉·利思科特-海姆斯（Julie Lythcott-Haims）在她 2015 年出版的著作《如何养育成年人》（*How to Raise an Adult*）中描述了一种"直升机"父母。他们过度保护孩子并为孩子做太多的事情。利思科特-海姆斯为这样的父母敲响了警钟，因为直升机式的育儿模式无法培养出具备独立生活能力的聪明成年人。

在我上大学的20世纪70年代，我妈妈从来不会给学校的教授打电话询问我的表现。这并非因为她毫不在意，毕竟上大学对我来说是很重要的一步，只是她知道独立学习更为重要。如今，家长联系教授对孩子的学业表示担忧或是对成绩提出异议的情况（我也遇到过）真可谓层出不穷。我和一些父母交谈时得知，他们甚至会打电话到孩子的工作单位解决问题或仅仅想与孩子的老板取得联系。现在，有一种比"直升机"父母更过度地保护孩子的新类型。他们是"扫雪机"和"推土机"。他们不忍心让孩子经历任何打击和困境，所以会自动为孩子铺平道路、扫清障碍。

然而，"扫雪机"父母并没有真的帮到孩子，因为在这种不断干预下长大的孩子永远也学不会解决问题。弗吉尼亚州里士满大学的凯利·兰伯特（Kelly Lambert）通过对老鼠的研究发现，普通的老鼠为了找到含糖麦片会不断探索和挖掘，在遇到新问题时也会更加坚持不懈，而那些可以在地上随意觅食、被投喂长大的老鼠则会很快放弃尝试。同样，那些放手让孩子自己做事的父母会对我说，他们的孩子正在"蓬勃发展""渐次绽放"。

摇摆不定对神经典型的孩子不利，对有身心障碍的孩子来说则更糟。我观察到很多孩子因身份标签而退缩不前。一些父母由于全然接受孩子的"残障"状态，所以反而未能教授孩子他们原本能够轻松掌握的有用技能。我永远不会忘记自己遇到的一对夫妇。他们俩都是计算机程序员，想要为他们患有孤独症的儿子寻求建议。他们描述说自己的儿子擅长数学，但更乐意一个人待在地下室里不停地玩游戏。我问他们是否考虑过教孩子编程。结果，他们从来没有想过这个问题。

我遇到过被诊断为孤独症但口齿伶俐的孩子，他们的父母因为过度保护，反而让孩子没有掌握基本的生活技能，譬如购物和开设银行账户。在我与德布拉·穆尔（Debra Moore）合著的《孤独症导航》（*Navigating Autism*）一书中，我们将这种情况称为"标签锁定"，即没能看到孩子的全貌。这种"标签锁定"会阻碍父母让孩子去接触和尝试能够发展他们自身能力的东西，例如使用工具、做数学题或是接触美术材料。我最近遇到了一个患有孤独症的年轻人。他琢磨出如何用乐高制作车辆的精确复制品。然而，无论是他的父母还是老师都没有想过让他接触工具或机械加工课程。他们将自己锁定在给孩子贴的标签之中。我经常遇到类似的情况：被病态化的孩子就此丧失了探索世界或潜在天赋的机会。许多对象可视化者（包括神经典型者和神经多样性者）能够搭建最复杂的乐高结构。这些人理应成为为我们建设基础设施、针对21世纪问题开发解决方案、通过艺术创作来启发我们的人。然而，对许多残障人来说，这个世界有太多禁区。

当类似的父母来征求我的建议时，我总是会从他们提问的方式中看出他们对孩子的过度保护。通常，在正式提问之前，他们总会为自己的孩子未能茁壮成长找出许多借口。独立的定义可以有很多，从自己系鞋带、做三明治到自己坐公共汽车上学，再到上大学、独立生活等。我相信所有的孩子都需要被鼓励成长。当我被妈妈送到寄宿学校时，说实话，我很不开心。但是，它恰恰是我一生中最重要的成长阶段。成为独立的个体是生命最伟大的奖赏。

孤独症的诊断范围非常广泛。被诊断出患有孤独症的人可以是一位苹果公司的工程师，也可以是一个不会自己穿衣服的人。1980年，当孤独症从精神分裂症中独立出来，首次出现在《精神障碍诊断与统计手册》（*Diagnostic and Statistical Manual of Mental Disorders*）中时，那些语言发展明显迟缓且对周围的环境与其他人缺乏反应和回应的孩子被贴上了孤独症的标签。1994年，阿斯伯格综合征也成了孤独症的一部分。它可能更适用于没有明显的语言发展延迟却有社交障碍的孩子。这大大增加了被贴上孤独症标签的孩子数量。根据《纽约时报》的报道，"每100个孩子中就有1个被诊断为患有孤独症"。劳伦特·莫特龙博士认为孤独症的定义"由于变得过于模糊反而失去了意义"。我注意到越来越多的孩子，哪怕只是稍微有点儿"极客"也会被贴上标签。2013年，在阿斯伯格综合征和孤独症并入一个大谱系之后，诊断的标准就更加模糊了。

对这些障碍的许多轻症形式的诊断正在造成一个混乱的局

面。什么时候有点儿"极客"或怪异就成了孤独症患者？诊断方法并不精确。孤独症谱系障碍是一系列行为特征。当一个孩子只呈现出某些特征时，就更难以精确诊断。在某种程度上，各种障碍的轻微表现形式只是神经典型行为和技能变异的一部分。将他们与身心有残障的人群混为一谈也是一个问题。在孤独症谱系群体中，患有重度孤独症孩子的父母与认为孤独症是神经多样性一部分的父母之间存在着巨大的分歧。

对我来说，将不能自己穿衣服的成年人与在硅谷工作的未经诊断的轻度孤独症患者贴上同样的标签是极其荒谬的。我知道一些家庭因有一个不会说话且存在罹患癫痫和狂躁症等问题的孩子而无法去教堂或是外出就餐。曾经有一位母亲和我分享说，她已成年但不会说话的儿子会将家里所有的东西都打得稀巴烂。问题是，孤独症是如何陷入这样的诊断困境的呢？

诊断过程的一大挑战是很难确定哪些孩子最终会熟练使用语言而哪些则一直不会说话。即使到了三四岁，两种情况也可能看上去都很严重。早期密集的语言治疗和大量的轮流参与游戏让我在4岁时完全具备了语言能力。其他和我接受同样治疗的孩子可能依然无法开口说话，但是他们能够掌握基本的生活技能，譬如用餐具吃饭、穿衣、刷牙。我的妈妈还一直坚持让我学习各种礼仪和规矩。这些不仅仅是20世纪50年代的老方法。它们会让一个人习得必要的技能并提供如何合作、沟通和妥协的基本工具，而这一切都是生活及职业发展的必要技能。

读高中时，我的心理学老师看出我对他的课不是很感兴趣。他提出让我建造一个迷你的"埃姆斯房间"①。埃姆斯房间会使人产生视觉错觉，让原本同样大小的两个物体看上去不一样大。那个时候，没有人知道我是一名视觉思维者，但是我的老师凭直觉知道如何让我在对学校课程不太感兴趣的时候接受挑战。这个建造项目让我在一个多月中专心致志。我不断试错，最后找到了一个解决方案，即建造"埃姆斯房间"、实现视觉错觉的关键在于用作原材料的盒子需要是梯形的。时至今日，当我制造新设备或解决项目问题时，我仍然会在视觉上参考它的设计。这些经历会伴随我一生，然而它们并不会出现在标准化测试中。

今天，我看到太多的学生一遇到阻力就想要放弃。我一直努力工作。对我来说，一个很大的动力就是向人们证明我并不笨。之前，即使我在大学里成绩很好，包括在生物学课程中被认为最难的生理学课上拿到 A，我也没有完全感觉受到了尊重。当时上课的教授是一名生殖生理学家，专长是研究热应激对奶牛的影响。在那个以抽象著称的领域，他给出的事例却很直观、很具体。或许，正是他的这种教学方法让我

---

① 埃姆斯房间是美国科学家小阿德尔伯特·埃姆斯（Adelbert Ames Jr.）于1946年设计出的视觉错觉演示装置。其内部构造经过精心设计，看似正常，但实际并不规则。两个身高相同的人站在房间的不同角落，或者同一个人从房间的一个角落移动至另一个角落，其大小在视觉上会有明显差异。这一装置经常用于理解认知心理学中的大小恒常性。——译者注

很好地掌握了他教授的那些概念。在我的一生中，无论是之前做学生还是后来做了教授，我发现当一名学生未能掌握某些东西时，往往会受到责备。但是，并非每个人的学习方式都是一样的。

残障人在学校教育或生活中被淘汰出局的历史由来已久。在古代，先天残障的人所遭受的待遇可谓令人发指。如果你想变得抑郁，大可读一读人类历史上针对残障人的残忍行为，其中包括杀婴、让其挨饿、遗弃和用铁链上锁。出于经济原因，柏拉图和亚里士多德提倡杀婴，以此淘汰身体太弱或有缺陷的婴儿。古希腊医生希波克拉底的观点听上去要更开明一些。他认为精神疾病不是因为大脑出了问题，就是由外在环境因素造成的。早期美洲殖民地的居民认为精神病是上帝的惩罚，因此精神病患者常被烧死或绞死。直到20世纪50年代，优生学仍然占主导地位，强制对智障人士进行绝育，以此避免将他们"有缺陷的"基因遗传下去。现代社会对残障人最粗暴的对待就发生在纳粹德国时期。希特勒对残障人的灭绝运动包括强制绝育和建立"安乐死"中心。数以千计的残障人被杀害。后来，更令人痛苦的死亡方式变得更加普遍，包括致命注射、进行实验、投毒、送入毒气室和饿死。如果我在纳粹德国出生长大，那么我在3岁时一定会被认定是这个社会里"无用的食客"、纯粹的社会消耗者，理应被剪除消灭。

残障人争取公民权利的道路漫长且艰难。在我的有生之年，残障人的待遇因三项重要法律的颁布而发生了翻天覆地的变化。每一项立法都逐渐增加了身体和智力障碍者接受教育的权利。1973年颁布的《康复法》的第504条和1975年颁布的《残疾人教育法》（IDEA）都对美国的教育业产生了重大影响，它们确保了每一位公民公平获得免费公共教育的权利。后者规定残障人士有权在"限制最少的环境"中接受教育，并尽可能地融入非残障儿童的课堂。它同时还要求为每个符合条件的残障儿童实施个别化教育计划（IEP）。计划由教师、教育专家（通常是学校里的心理学专家）和家长组成的团队为每个学生量身定制。该法律打开了美国公立学校系统面向孤独症学生、注意缺陷多动障碍学生、阅读障碍学生、肢体残障学生和许多其他确诊出疾病的学生提供服务的大门。

我最喜欢的有关残障人的成长逸事来自史蒂维·旺德（Stevie Wonder）。在一次采访中，旺德描述了自己小时候和邻居家的孩子一起爬树、奔跑的经历。我小时候也是如此。旺德的母亲没有让他的失明成为束缚他、让他待在家中的理由。他也没有陷入自己是残障人的思维定势。他从小就开始接触多种乐器，10岁时已自学了弹钢琴、打鼓和吹口琴。他还在教堂的唱诗班里唱歌。学校里有人曾对旺德说盲人将来只能织防烫布垫。当然，他最终用实力证明了他们的错误。

托马斯·韦斯特（Thomas West）是一位患有阅读障碍且

"直到很晚才开始阅读"的作家。他的文章有力地阐述了欣赏和识别不同思维方式的必要性。他的使命与我的非常相似,即帮助人们欣赏不同类型的思维者,确保他们不会被"一刀切"的教育体系淘汰出局。他在自己的著作《心灵之眼》(*In the Mind's Eye*)中写道:"我在这里想要说的是,对一些人来说,残障在本质上所对应的可能是一种天赋……然而,这种天赋往往不被认可且常常只被看作一个问题。"

如今,回想起来,或许当年代数不及格是发生在我身上最好的事情之一。

第三章

聪明的工程师在哪里

想象一下,有一个专门为天才打造的玩具屋,一个展示思维的博物馆,一个以三维的方式呈现历史、讲述人类智慧故事的地方。两年前,当我走进美国专利商标局的时候,我就是这种感觉。我当时受邀去那里发表有关不同思维方式的演讲,没成想遇见之前读到过的各种发明模型,我当场就被震撼了。

我小时候读过一本有关发明家的书。遗憾的是,那本书再也找不到了。但是,我至今仍对其中最感兴趣的介绍记忆犹新,譬如发明了平缝缝纫机的伊莱亚斯·豪,点燃了我对空气动力学终生兴趣的莱特兄弟,以及我心中的超级英雄、拥有最多专利技术的托马斯·爱迪生。我的外祖父对我影响很大,而他正是飞机自动驾驶仪的共同专利持有者。

美国专利商标局成立于1790年。直到19世纪70年代,想要获得专利的发明人必须在申请时提供发明创造的模型或原型。在美国专利商标局成立后的第一个百年中，它收藏的专利产品大多与农业、化学、水力、电力、印刷和造纸有关。美国专利商标局认证的第一项专利是一种制造钾碱的新方法。到1823年，申请专利的档案内容主要是关于犁、脱粒机、水车、风车、锁具、枪支、桥梁和水泵的。蒸汽机当时已用于为火车、磨坊、船只和工厂提供动力。不幸的是，美国专利商标局曾两度失火，早期的发明模型大多被烧毁殆尽。在庆祝美国专利商标局成立百年的庆典上，康涅狄格州的联邦参议员奥维尔·普拉特（Orville Platt）评论道："历史证明，一个国家的繁荣伟大取决于这个国家工业技术的发展。"普拉特将人们对技术知识的掌握一路追溯到了那些无名的发明者，他们是"铁匠、木匠、磨坊工人和乡村修补匠"。在这里，我想要补充说明的是，他们毫无疑问都是视觉思维者。

还是在那场百年庆典上，受人尊敬的美国专利商标局专员查尔斯·E. 米切尔（Charles E. Mitchell）回忆说，自己亲眼见证了历史变迁：牛油蜡烛换成了电灯，送信的报童换成了电话和电报，马鞍换成了汽车。发明时代与能够在脑海中看到如何解决问题、增强系统、制定解决方案的男男女女有着千丝万缕的联系。当我踏进美国专利商标局的中庭时，首先映入眼帘的是一门装有先进的吸收后坐力的复杂机械装置的大炮模型。是"聪明的工程部门"，没错了。

问题是，工匠们都去哪儿了？美国的制造业为什么已远远落后于其他国家？如果拉开距离，我们可能会在一个更广阔的全球图景中看到极为复杂且正在互相较量的政治和经济力量。然而，我关心的问题很具体，即我们正在丧失基本的技术技能。背后的原因如前所述，是我们未能在老一代的制造业专家退休前及时补充上新鲜血液，是我们将廉价商品连同高科技产品的生产拱手让给了外国公司，是我们将那些最适合从事技术工作的学生淘汰出局。

很多东西你可能从没有仔细考虑过，譬如车库的开门器、超市的传送带、打印机内的感光鼓、公寓里的电梯甚至每天与你形影不离的手机。这一切都被视为日常生活中理所当然的存在。是谁发明了制冰机、触摸屏和弹道导弹？我想每一项发明背后的故事肯定比《战争与和平》还要长。除非我们看到数千页用来申请专利的图纸说明，否则我们将无从知晓发明家是如何寻求创造、推动变革的。早在专利出现之前，聪明人就想要琢磨明白怎样制造和修理东西。他们的探索并非为了营利，而是为了让生活变得更轻松、更方便。没有机械发明——从简陋的杠杆和简单的滑轮开始，文明就不会进步。正是这些发明让人们能够挖井以获得干净的水，筑坝让农业蓬勃发展，修路使货物运输成为可能。机械发明者通常都是对象可视化者，他们图像化的思维方式会让他们看到尚未建造完成的机械设备将如何运作。

在美国专利商标局展出的最早的效果图中，你可以看到对象可视化者在工作时所展示出来的机械才能。这种聪明才智在我小时候钟爱的那本有关发明家的书中也有所体现。我想以4个发明案例来说明他们的发明对社会产生的影响。伊莱·惠特尼（Eli Whitney）发明了可以将棉籽与棉纤维分离的轧棉机，此举彻底改变了纺织业。塞勒斯·麦考密克（Cyrus McCormick）发明了使用振动刀片收割谷物的收割机。这一设备的某个版本后来被广泛应用于所有的机械收割机，从而彻底改变了我们的食物供应体系。伊莱亚斯·豪并没有直接发明缝纫机，但是他组合了所有的必备元素，从悬臂、连锁缝、织物自动送料到巧妙设计的针眼位于穿过织物的尖头一端的针。缝纫机的出现看似是件小事，但是在它与自动收割棉花的轧棉机结合之后，我们迎来了价格低廉且高速便捷的成衣生产时代。塞缪尔·柯尔特（Samuel Colt）发明的六发手枪有一个用木头削成的旋转圆筒。它会自动将下一颗子弹旋转到位，让持枪者无须停下来重新装弹就可以完成多次射击。战争的样貌从此被彻底改变。这4位发明家在机械方面绝顶聪明，而且他们的创造发明无一例外地都不需要高等数学。

利用可视化解决问题的能力是聪明工程师的本钱。这就是几个世纪以来机械知识的传播方式。工程师兼技术史学家尤金·S.弗格森（Eugene S. Ferguson）在《科学》杂志上发表了一篇关于视觉思维的开创性论文。他介绍说随着印刷术的发展，与技术知识相关的可视化记录大量涌现。在整理编纂 15—20 世纪的艺术家和工程师留下的笔记本、技术工作手册及指南（包括达·芬奇的数千页技术图纸）时，弗格森通过每一张已知设备和机械装置的详细图纸，梳理了人类智慧的记录。这些留存下来的笔记充满了对复杂的齿轮组件、水泵、锯木机、起重机和军事机械逼真精美的描画。弗格森写道："当设计师在纸上绘制线条时，他将出现在大脑中的图像转变为其他人也可以在自己大脑中看到的类似图像，而它们最终成了用金属制成的三维引擎……设计来自设计师的非语言思维和非语言推理。他们是用图像思考的。"

人类社会在每一个世纪都会迎来一批令人难以置信的机械创新和进步记录。弗格森将这种技术进步归功于工匠、设计师、发明家和工程师，因为他们在用自己的"心灵之眼"（即"通过视觉及非语言的处理过程"）观察这个世界。他总结道："大部分创造性思维是非语言的，也无法简单地诉诸文字……技术工作者们将他们的非语言知识转化为具体的物品……或者让其他人也能在自己的大脑中理解的图像。他们选用了现实世界中的形状和特质来予以表现。技术的这种非文字的、非科学的智力成分并未能获得广泛的关注，因为它根植于艺术而非科学。"

弗格森的这篇有关视觉思维的论文发表于 1977 年。15 年后，他出版了专著《工程学与心灵之眼》(*Engineering and the Mind's Eye*)。他的论述证实了我一直以来在这个领域的观察，即工程学已经远离了"无法用数学关系表达的知识"。他预警说，忽视视觉和非语言思维的工程学教育将培养出无法了解"现实世界与教授教给他们的数学世界有何不同"的工程师。

我最近参观了一位 21 世纪视觉思维者的工厂。他的画布就是宇宙苍穹。他设计行星设备，具体来说是从火箭的鼻锥发射卫星的装置。我被他车间里闪闪发光的机器深深吸引，但真正让我大开眼界的是一个我只能用"金色的牛奶箱"来形容的东西。它其实是一个闪亮的用来存放卫星的带格盒子。我笃定他就是从现实生活中的牛奶箱获得的灵感。他的客户名单上都是宇宙探索领域响当当的人物。他们中的大部分人应该不知道他上学期间只是一名功课成绩为 C 的学生，而且差一点儿没能从工程学校毕业。也许，他设计发射卫星的复杂机械装置的灵感来自能打开汽车后备箱的小工具。这种机械装置确保卫星在发射时不会卡在鼻锥中。为了获得灵感，这位发明家会去全球最大的仓储式家居建材用品店"家得宝"购买电钻和其他工具，而他这么做的唯一目的就是将它们"大卸八块"，研究其中的机械原理。我小时候还没有"家得宝"，只记得去五金店的经历。我会在店里摆弄每一把锁和每一个插销，会盯着看油漆搅拌机旋转一个罐子好几个小时。当然，并非所有爱逛"家得宝"的人都会成为火箭科学家，但是大部分爱逛"家得宝"的人是视觉思维者。

一些机械发明家也可能是强大的空间可视化者。迄今为止，科学研究尚未将他们与对象可视化者截然分开。但是，几个世纪以来的大多数机械发明显然不是通过抽象思维产生的，而是由可以在脑海中看到事物如何运作的对象可视化者构思设计并亲自实践完成的。这些具有非凡视觉技能的人，也就是"聪明的工程部门"的成员，改变了我们的社会。谷登堡的活字印刷术彻底革新了印刷技术，进而提高了民众的识字率。亨利·福特虽然没有发明汽车，但是他弄清楚了如何制造出一种使驾驶更轻松的传动机制，并且对装配流水线进行了改进，从而改变了大众交通的面貌。

对象可视化者有着精通机械原理的头脑，往往具体且实际。空间可视化者能够进行抽象理解，不仅能掌握而且能发现组织世界的科学原理。瑞士化学家理查德·R. 恩斯特（Richard R. Ernst）由于为实现磁共振成像（MRI）打下基础而荣获了诺贝尔化学奖。我最近偶尔读到他的一句话："我不是人们想象中探索世界的科学家，我就是一个工具制造者。从这个意义上来说，我算不上科学家。我只是想让人们具备解决问题的能力。"他的这句话触及了两种类型的视觉思维者的差异的核心。

20 世纪 70—80 年代以及 90 年代初，当我在现场监督建造我为猪、牛设计的牲畜围栏、滑槽及处理系统时，我得以近距离见证机械发明的纯粹之美。毫不夸张地说，如若没有许多才华横溢、独具匠心的机械设计师，这些业务无从蓬勃发展。

一般来说,在食品加工业,空间可视化者大多是拥有高等学位的工程师,负责建造涉及高等数学的基础设施,例如锅炉与制冷、电力和供水系统。然而,来自"聪明的工程部门"的对象可视化者几乎都没有工程学学位,但是他们能够建造任何与机械相关的东西。在食品加工厂,正是这些"古怪"的人设计并制造了所有复杂的专业机械设备。在今天这个数字时代,尽管设备控制已充分计算机化,但是设备本身依然以机械为主。

当然,"古怪"一词是对那些不怎么"合群"的人的委婉评价。与我共事过的很多人都是社恐人士。他们往往注意力高度集中,喜欢自己一个人工作,而且常常不注意个人卫生。其中一位设计师也是我的同事,在上学期间可是一个成绩糟糕的学生。他患有阅读障碍,具备许多孤独症的特征,还口吃。但是,高中的一门焊接课拯救了他。从那以后,他开始制造设备,参加县、州级的博览会进行展示销售,最终开创了自己的事业。如今,他拥有一家大型金属加工公司,产品更是销往了世界各地。他几乎可以造出任何东西,甚至不需要画出草图。他拥有多项专利,是一位纯粹的对象可视化者。

我的另一位同事也是一位拥有多项专利的对象可视化者。他的代数成绩一直很差,事业起步得益于高中时期参加的一个名为"美国未来农民"的课程项目和焊接课。"美国未来农民"是一个面向全美国高中生的课程项目,旨在培养参加者在农业、领导力和公共演讲方面的能力,并教授诸如焊接和发动机维修等行业的实际操作技能。如今，他拥有一家大型建筑公司，建造大型的"交钥匙"牛肉加工厂。所谓"交钥匙"工程是指承包商不仅建造建筑物，还提供和安装所有的专用机械设备，也就是交工即可投产使用的项目。值得强调的是，尽管这两家企业，一家仍然在当地发展，而另一家已成长为拥有众多员工的大公司，但它们都是从小作坊发展起来的。这就是创新发生的地方。

在职业发展之初，我以为公司大佬们知道所有的答案。然而，经验告诉我，事实并非总是如此。我现在的座右铭是：小人物，大创新。我对"毅力号"火星探测器上的相机特别着迷。它的发明者是我的母校亚利桑那州立大学的地质学教授迈克尔·马林（Michael Malin）。他同时也在喷气推进实验室和美国国家航空航天局工作，正是在那里他首先提出了关于相机的想法。美国国家航空航天局一开始表示拒绝，声称已拥有所有需要的照片。面对被拒绝，马林没有心灰意冷，反而与其他地质学家一起创办了一家研究其他行星的小公司。他们最终获得了美国国家航空航天局的资助。火星探测器看上去像是一辆没有外壳的沙漠吉普车和一个变形金刚的混合体，总共安装了23台相机，其中9台工程相机，7台科研相机，7台进入、下降和着陆相机。每一台相机都有其各自不同的使用目的。最让我意想不到的是那台"超级相机"，它会向机械臂无法触及的更远的矿物目标发射激光，接着通过对气化岩石的分析来确定其元素成分。马林的相机负责拍摄火星上有水迹象的照片。他真的是非常聪明。

另一家对最新火星探测器的成功至关重要的公司是来自伊利诺伊州的森林城市齿轮公司（Forest City Gear）。他们同美国国家航空航天局合作制造出了可以转动相机的微型齿轮。这是一项巨大的挑战，因为需要非常精确的容差来确保齿轮能够在恶劣的火星环境中有效工作。换句话说，需要在执行过程中特别注意细节。事实证明，这项工作最完美的候选人是孤独症患者。伊万·罗森堡（Ivan Rosenberg）博士在加利福尼亚州圣克拉丽塔的峡谷学院启动了一个独特项目来培训患有孤独症的学生为森林城市齿轮公司运行计算机化的金属机械设备。这个为期 12 星期的课程将课堂学习和实践操作融为一体，将教授的职业技能与职场所需完美匹配。

马林的相机公司和森林城市齿轮公司都是高度专业化的小型美国私营企业的典范。然而，值得注意的是，他们用来制造其产品中的高精度加工零件的机器却都来自欧洲。我们已不再生产精密的由计算机控制的金属铣削机械设备。

让"毅力号"火星探测器在火星表面轻轻着陆的降落伞是在美国缝制并装配的，但制造降落伞的高科技面料是由英国希思科特纺织品有限公司（Heathcoat Fabrics）提供的。美国机织织物事业部的负责人彼得·希尔（Peter Hill）几乎是"跪在电视机前"观看了火星探测器着陆的整个过程。

火星探测器上有看起来非常酷的"风火轮",它们是由一整块飞机级铝材加工而成的。大多数人不知道的是,早期的一台探测器的铝制踏板中嵌入了一种"蝙蝠洞"信号。当探测器的轮子转动时,喷气推进实验室英文名的首写字母 JPL 就会出现在探测器的轨迹上。美国国家航空航天局称之为"视觉里程计",可以测量出探测器移动的距离。内部人士认为,设计这个的技术人员其实并未被允许使用实验室英文名的首字母缩写。但是,正如我们将会在后文中所看到的那样,技术人员喜欢炫耀。

在贸易展览会上,我总是会向不同的公司询问它们最新机器的来源。通常,这些机器都是由工厂的一线员工提出构想、创建原型,而后由更擅长数学的工程师进一步予以完善的。当我第一次与肉类公司合作时,它们还有自己的内部工程部门和设备制造设施。这些工程部门发明了许多新设备。然而,20 世纪 90 年代,公司为了省钱逐步将内部工程部门和大量的金属加工设施淘汰了。与此同时,随着老一代员工的退休,公司并没有迎来相应的新鲜血液,他们所拥有的技能和知识就这样无可挽回地丢失了。

许多人可能并不知道现代工业的传送带是在美国发明的,他们更不知道美国在这一领域的优势早已不复存在。传送带的第一项专利诞生于 1896 年,这主要归功于发明家托马斯·罗宾斯(Thomas Robins),他最初是为托马斯·爱迪生的矿石加工公司运送煤炭和矿石的。罗宾斯在普林斯顿大学学习两年后辍学。1896年，他因改进了传送带而获得专利并创办了自己的公司。美国在输送机行业已不再领先的领域是高度自动化系统。罗宾斯创建的生产传送带的公司目前由一家印度的跨国集团拥有。

总体来说，自动化输送系统目前主要由欧洲主导。总部位于德国的凯傲集团是制造自动化仓库系统的领导者。这家公司一直在培养一支接受过行业技能培训的员工队伍，以改进供应链的输送系统，实现运输效率的最大化。在高度自动化的过程中，我们总是需要具备高技术能力的工作人员来安装和维修机器。正是这一服务让快速送货上门成为可能。亚马逊、沃尔玛和菲多利等大型美国公司都是凯傲集团的客户。英国拥有最先进的机器人仓库，而日本则在自动化机床领域独占鳌头。根据市场研究报告数据，工业机器人的五大制造商分别来自瑞士、德国和日本。中国除了生产世界上大部分的苹果手机，还制造将流行的巧克力旋转放入软冰激凌甜筒的智能机器。截至2014年，欧洲拥有37%的现代电梯市场，而美国仅占17%。用于装卸大型集装箱船的巨型起重机主要产自欧洲和中国。你在线购买的大量商品是通过其他国家或地区制造的集装箱船运来美国的。

令人震惊的还有一台巨大的计算机芯片制造机。我是在2020年的《经济学人》杂志上首次看到的。这台让人意想不到的大机器可能来自很久之前一个遥远的星系。它看上去是一个巨大的长方形盒子，有一辆公共汽车那么高，外部四周都是白色的面板，让人丝毫看不出来它里面有什么。它的内部是各种大小不一的连接至盒子、阀门和电子设备的银色管道。紫外线光束在多个镜子之间来回反射，形成的线条比头发丝还细。此时你的大脑中可能会响起电影《星球大战》的主题曲。这些游丝般的光束将电路图案蚀刻到计算机芯片上。如果你是一名技术极客，你会觉得它非常漂亮，尤其是与前几代芯片制造机相比。之前蚀刻的图案就像是有人用粗粉笔在电路板上的潦草涂鸦。创建这样一个未来派的新设备既需要聪明的、擅长对象可视化的工程师，也需要有数学头脑的、擅长空间可视化的工程师。更令我意想不到的是，如今在电子芯片制造业最先进的设备都来自一家名为阿斯麦（ASML）的荷兰公司。计算机芯片分明是美国人发明的，但是美国走到如今这一步，究竟发生了什么？

根据布鲁金斯学会编纂的《全球制造业记分卡》，美国工人在一系列领域的表现远远落后于其他国家。就制造业产出而言，中国位居全球第一，美国紧随其后排在第二。但是就制造业就业人口的百分比而言，美国在接受调查的 18 个国家中排名第 16 位。这项报告指出，一个最关键的问题就是缺乏足够多的技术工人来填补空白的岗位，因此"激励个人学习科学、技术、工程和数学的职业教育和培训势在必行"。

德国和荷兰等国家依然保留着匹配技术行业的课程。反观美国，制造业已外流至其他国家，留下了缺乏熟练技工进行手工劳动的空白。美国联合总承包商在 2021 年出具的一份报告中提到，61% 的美国承包商难以找到合格的工人。在新冠疫情的防控措施放松之后，我得以再次回到牛肉加工厂。其中，一家工厂的一些设备需要重建。这些设备是简单的钢制品，需要标准的现成的液压元件。当我得知唯一能够建造它的金属加工厂的订单已排到 8 个月之后时，可想而知，我有多震惊。最主要的问题是，金属加工厂没有足够多的熟练工人。与加工厂的维修部门谈话后，我才发现他们也不清楚自己退休之后是否会有新一代的熟练维修工来接班。根据我读过的每一份报告，我们对技能的需求比以往任何时候都更加迫切，我们也因此面临着前所未有的技能缺口。

如果我们不解决技术工人的短缺问题，那么我们的就业前景将陷入严重困境。新冠疫情凸显出了某些特定需求的紧迫性，诸如医疗技术人员、急救人员、护理人员、Zoom 软件和视频平台专家等。但是，公共卫生的危机并不是疫情带来的。早在 2008 年，公共卫生学校协会就已经发布了一项报告，预测公共卫生领域截至 2020 年会有 25 万个岗位空缺。这正是我们目前面临的处境。

这一切加起来就是我所说的投入失败。我的意思是我们未能及早发现视觉思维者，鼓励他们从事可以发挥出才能和技能的工作来造福社会。同时，我们也未能将不同的思维方式加以整合，进而促进社会发展。现在，不论是在个人层面还是在大众层面，我们都在自食其果。但是，面对这一后果，我们仍然可以从个人层面和大众层面寻找解决之道。

当欧洲国家在培训和提拔他们聪明的工程师时，美国却将这些人淘汰出局。

培养聪明的工程师

我一直在收集那些能逆势而上、战胜困难的人物故事。他们让我坚信努力付出与独立思考会为真正的探索发现铺平道路。波士顿大学的生物学家林恩·马古利斯（Lynn Margulis）在研究论文被 15 家科学期刊拒绝之后仍一路坚持，最终论文得以发表。这篇论文论证说明了为动物细胞提供能量的线粒体与让植物能够利用太阳光进行光合作用的叶绿体都曾经是独立的生物体。她的这一发现目前已成为公认的事实。另一位我钦佩的科学家是负责哈勃深空视觉成像的天文学家鲍勃·威廉斯（Bob Williams）。一开始，当威廉斯博士提议将哈勃望远镜对准没有任何可观测实体的宇宙太空时，他的同事们都认为这是在浪费太空望远镜宝贵的观测时间。他最后选择了北斗七星附近的一片暗黑区域。结果，当哈勃太空望远镜对准那一片看似空无的深空时，人们观察到了成千上万的璀璨星系，领略到了宇宙的浩瀚无边和所有可见恒星之外的奇妙世界。

培养聪明的工程师要从家庭和幼儿教育开始。除了让孩子们有机会搭建东西和体验触觉世界（譬如通过缝纫、烹饪、园艺、组装、修补和做实验），我们还需要鼓励他们发展出耐心、毅力和好奇心。我的母亲非常重视毅力，是她让我和我的弟弟妹妹都具备了这一点。对她来说，放弃或者从一开始就不去尝试是一个人能做的最令人失望的事情之一。有一次，邻居家的孩子打算骑自行车去当地的一家可口可乐瓶装厂，我央求妈妈开车送我去。她拒绝了。她说如果我真想去，就要学会骑自行车自己去。为此，我真学会了！这份爱听上去很严厉，但是我的母亲有一种与生俱来的分寸感，她知道如何在不让我感到受伤的情况下尽可能地"挑战"我。

在20世纪50年代，因为人们对孤独症的研究或可资依赖的知识太少，所以患有孤独症的孩子的成长非常艰难。尚处于萌芽期的残障人权益运动也没有取得重要进展。我们如今唾手可得的大量书籍、会议、视频、支持团队和治疗方案等资源在当时都不存在。就连医生也是一头雾水，他们通常会将像我这样语言发展迟缓、具有其他孤独症特征的孩子送去某些特殊机构。好在我并没有被这些外在的标签压得喘不过气来，生性有些叛逆的母亲很乐意按照自己的方式来处理问题。

人们常说20世纪50年代是一个保守且备受限制的时代。这一点儿没有错。但是对我来说，它又是一个天赐的时代，让我得以摆脱孤独症的困扰。我一发脾气,母亲就会限制我看电视的时间。还有什么是比不让看喜欢的电视节目还管用的惩罚措施吗?所以,等我上小学时,我已经可以参与大多数的社交活动,譬如星期天去奶奶家吃晚饭,或者坐在桌旁不大吵大闹、乱发脾气。母亲对礼仪、礼貌的在意和坚持让我为之后去餐厅、教堂和电影院等公共场所做好了准备,因为我知道自己应该怎么做。同时,我很小就对钱有了概念。父母会给我 50 美分的零用钱,所以我很清楚在本地的"五分一角店"[①]里能买什么,并且会为了心仪的玩具飞机而努力攒钱。

我在学校的成绩很糟糕。可是,在寄宿学校的马厩里,我掌握了一些技能,还获得过能够骑马的奖励。因为我来自美国东海岸,又出生在一个没有农业背景的家庭,所以总有人问我是如何进入养牛业的。我想 15 岁那年是一个关键点。因为在那一年,我去了姨妈家在亚利桑那州的牧场。我第一次在美国西部体验到了放牧的感觉。我喜欢那里的一切:马、牛、皮革加工、搬运滑槽、谷仓以及高远无垠的天空。那份着迷让我就此踏上了自己的职业之路。

在自食其力方面,我高中时就开始画招牌画,并出售其中的一部分来赚钱。最早我通过给学校的戏剧表演画布景发展了绘画技能。如果没有这些经验,我想我大概也不会画招牌画。

---

① "五角一分店"(five-and-dime)是一种商店类型,流行于美国 20 世纪早期至中期,专售各类廉价商品,大部分商品价格为 5 美分或 10 美分。——编者注

上大学以后，我继续给饲养场、旧货店和亚利桑那州的州立博览会画招牌画。我拿着作品合集四处找机会。这段经历也让我掌握了日后工作所需的一些技能。我发现作品远比简历更有分量。当我开始设计牲畜处理设施时，我会向潜在客户展示我的作品集。我将图纸放在桌上，向他们展示业已完成的项目照片。这个过程我称之为"30秒的打动时间"。为了进一步做好宣传，我还会在畜牧业行业刊物上发表文章。

所有这些经历激励着我想办法让自己做得更好，变得更坚强、更有韧性。可是，现在很多孩子却已不再发展这种特性。安杰拉·达克沃思（Angela Duckworth）在她的畅销书《坚毅》（Grit）中，将"坚毅"定义为一种为了实现长期目标而让激情和耐力相结合的品质。任何一个站在创新前线的人都知道，新想法往往会被周围同事排斥。一如我之前提到的，当我第一次研究牛的行为时，大家都觉得我疯了。他们不相信牛在处理过程中受到的干扰或刺激会导致阉牛后期体重增加的减缓。然而，事实证明，我提出的假设不仅是正确的，而且成了我设计弯曲的或蛇形的牛群滑槽的灵感来源。我的这一设计目前在全世界范围内被广泛采用。牛群缓慢柔和的前进会减少它们的焦躁不安。我与动物沟通的能力连同我的视觉思维能力促成了我在设计上的成功。

我完全可以想象出神经多样性这样的观念会在我的成长过程中提供怎样的帮助。它为更好的心理健康治疗和教育提供了新的见解。2009年,英国莱斯特的德蒙福特大学研究员爱德华·格里芬(Edward Gliffin)和戴维·波拉克(David Pollak)在一项研究中采访了27名存在学习差异的学生。那些将自己的神经多样性视为"差异"的学生,承认这种差异所带来的积极面和消极面,比起那些将神经多样性视为"疾病/缺陷"的人,前者表现出了更高的自我认同并且拥有更高的职业目标。

不过,我的确遇到过因身份标签而不再愿意尝试新鲜事物的孩子及家长。我的母亲为我做的最重要的一件事,也许就是不将我看作有缺陷的人,也不将自己看作有缺陷的孩子的母亲。她摆脱了标签的束缚,一心一意地根据我自身的特殊需求提供各种帮助,从语言治疗到家庭辅导,再到支持我阅读、写作、说话的学校环境。无论一个孩子在孤独症谱系中处于什么样的位置,我想再怎么强调早期儿童干预的重要性都不为过。我猜想很多父母和我母亲一样有着一种整体认知,但是残障的心态会促生狭隘的视野。

标签是一把"双刃剑"。将分类的术语从"残障"转变为"神经多样性"当然不会消除所有的问题。根据我个人的观察以及同许多家长、老师的讨论,有太多的孩子因标签而自我设限,有太多的父母陷入了一种"残障"的心态(无论面对的是什么样的标签),而非将自己的精力投入在努力挖掘和培养孩子的优势上。一个人的自我定义会影响其日后的职业发展和自我评判。因此,对残障、缺陷和神经多样性这样的表达进行区分就很重要。就我个人而言，我需要权衡取舍。我的一些孤独症特征让我很难与人交往，却让我与动物很亲近。我代数不好，无法完成视觉空间任务，但是在对象可视化方面有着特殊才能。正是以上这两点让我在研究动物行为、设计畜牧场设备方面取得了成功。我们需要将重心放在一个人擅长的事情上。我们应该从小挖掘孩子身上的闪光点。想象一下，如果一个有视觉思维倾向的孩子从小就被鼓励做东西，那么他日后可能会走得更远。的确，我们需要权衡利弊。一个具有视觉思维倾向的孩子或许无法像擅长语言表达的孩子那样容易交朋友，但是也许有一天他可以发明出前往火星的传送带。

英特尔公司的高级项目经理卡拉·费希尔（Karla Fisher）在计算机行业获得成功后才被诊断出患有阿斯伯格综合征。在我的《不同，但并不差》(Different...Not Less)一书中有一篇关于她的文章。她在文中描述了自己如何在行业内找到了"她的同类"。他们都热爱科技，远离社交。费希尔在父亲去世后变得心烦意乱。她的老板建议她去见悲伤心理治疗师。没想到，对方诊断出她患有孤独症谱系障碍。她说自己当时尽管事业有成，但似乎是一名社会弃儿。英特尔公司的高级经理对费希尔说："我好奇究竟有多少人因缺少诊断而得以在这里工作。"对一些后来才被诊断出患有孤独症的成年人来说，确诊让他们终于明白自己长期以来在就业和人际关系方面的挣扎原来与孤独症相关。但是与此同时，费希尔坦承如果她早知自己患有孤独症，她应该不会获得如此高的职业成就。她觉得较早的诊断会阻碍她的发展。

因此，问题的关键在于认识到标签不过只是标签而已。标签不是一个人的全部。对于一个人的状况，无论是身体上、精神上还是心理上的，标签似乎都试图涵盖范围广泛的特征和行为，让自身达到了某种用途的极限。孤独症的诊断就是基于一系列特征，然而，它并不是一个精确的诊断，就像确诊感染了新冠病毒变异毒株"德尔塔"一样。我更愿意将孤独症视为行为特征而非诊断结论。我赞同有人想要取消高功能孤独症和低功能孤独症这类表达方式的提议。我更愿意称之为说话的孤独症和不说话的孤独症。有些不说话的孤独症患者具有惊人的艺术、数学或音乐天赋。孤独症谱系是一个具有连续性的特征组合，其间充满了大大小小的各种变化。

对于我的母亲一直坚持让我掌握的技能，诸如有礼貌、知道排队、会自我表达或展示等，尽管学习过程很难，但它们的确是真正的生活技能，是我学会合作、沟通、妥协的实用工具。没有它们，我不可能开辟自己的职业道路。对我来说，不断努力的一大动力就是向他人证明我一点儿也不笨。工作能力与学习能力不同。这听上去似乎很基础，学生应该学会准时，保持礼貌、干净、整洁，按时完成工作、执行任务。有礼貌不只是会说"请"和"谢谢"，更是你即使面对笨拙的工作伙伴也不会当面说对方愚蠢的教养。不礼貌的行为恰恰是职业发展走向糟糕的开始。

当我在会议上和一些家长、老师交谈时，我惊讶地发现有那么多聪明的孩子因一个所谓残疾或残障的标签而没有学习如何工作。当我向这些父母具体询问孩子的技能水平时，我发现他们没有鼓励孩子学习基本的生活技能，譬如购物、管理银行账户或支付账单（神经典型孩子的父母也大多如此）。当我向一位患有孤独症的青少年的母亲提出这一点时，她竟然哭了起来。她说儿子在学校表现得很好，但从来没有一个人去商店买过东西，他甚至从来没有自己买过一片比萨、一瓶可乐。这位母亲说自己就是放心不下。

所有新的对神经多样性和包容性的强调都是好事。可是，我也目睹了这种"包容性"的标签有时只不过是装装样子而已。例如，当我去大学、政府机构和大公司演讲时，我经常会在现场看到残障人的圈子，也就是说只有残障人和残障人在一起聊天。不止一次，在与高级经理的分组讨论中，邀请我的残障人小组没有将他们圈子之外的经理包括进来。这样做的负面后果是无法形成有助于残障人进步的交流。在我访问过的一家科技公司里，他们忽略了将孤独症患者所在部门的经理邀请进来。在我访问过的大学里也会出现类似的问题。神经多样性和残障人团体忘记了我在畜牧业领域发展。有一次我访问一所大学，一位兽医技术员项目的教授都没有被告知我来了学校。防止形成这种阻碍沟通的人群孤岛需要艰苦的努力。首先是要意识到它们正在形成。几乎没有一个组织意识到已经形成了人群孤岛。这或许就是孤岛的本质：你根本没有意识到自己已身处其中。

我常被问到的一个问题是："我们如何才能帮助到残障人士？"这是一个经常由语言思维者提出的过于宽泛的问题。一个坐在轮椅上的人与一位孤独症患者，处境截然不同。在我的职业生涯中，我询问过许多公司以了解他们的想法。在一个残障人会议上，我听到一位盲人说他面试了许多他本可以胜任的工作，但统统被拒绝了。所有岗位都涉及使用计算机。我觉得之所以发生这样的情况是因为人们有面试盲人恐慌症。他们一看到他的导盲犬和手杖就觉得安置起来太困难。我建议在这种情况下，求职者应该更自信，例如他可以一上来就说："安置我没有那么困难，你可以试用我两周。我唯一需要的只是特殊的计算机软件。其他的事情，我自己就能处理。"他甚至可以更进一步建议说，一开始的几天让他的一位朋友来帮助他了解办公室的布局。

有些人认为责任在于雇主，他们理应不歧视神经多样性的求职者，并提供相应的入职条件。但是实际上，往往是求职者自己先打了退堂鼓。求职者积极主动的态度会让面试官放宽心，进而大大增加被录用的可能性。神经多样性的求职者需要展示出自己的实力，可以采用我的方法——"30秒的打动时间"。他们可以将自己的作品放在手机里或精心设计的网站上，随时做好在火车上或飞机上向身旁的潜在客户进行展示和介绍的准备。

当我听到 SpaceX（太空探索技术公司）和特斯拉的创始人埃隆·马斯克说简历并不那么重要时，我一点儿也不感到惊讶。他并不看重你在哪里上的大学（事实上，大学毕业并不是加入他的公司的先决条件）或者你可以成功复述什么内容。马斯克声称，自己之所以创业是因为当时没有一家初创互联网公司愿意雇用他。他说自己曾发简历给网景，也曾在公司的大厅里闲逛，希望能跟人一起聊一聊，可惜他当时过于害羞而不敢靠近任何人。马斯克寻找的是内驱力、好奇心和创造力。他想要找到那些会制造东西、会修理东西的人。我敢打赌，一张绘制精美的通风系统机械图远比简历上平均学分绩点（GPA）达到 4.0 的高分更能引起他的注意。

然而，即使是最先进的项目也可能在失去企业支持后形势恶化。我最近参访了一家知名的品牌公司，面向他们的员工就"不同类型的思维方式"进行演讲。这家公司有一项由一位高层经理牵头的、针对各种有身心障碍的人制定的不错的企划案。可是，在这位高层经理突然因病离开后，这个项目就变得糟糕起来。例如，一名盲人员工在系统更新后便开始无法使用自己需要的软件。在此之前，她一直是客户服务部的重要员工。多元化办公室既没能发现问题，也没能对系统更新进行跟踪。问题就是这么简单，却足以摧毁她的职业生涯。

幸运的是，当谈到神经多样性时，雇主们自己也开始意识到雇用不同思维类型的员工会带来竞争优势。沃尔格林公司（Walgreens）一直是这场运动的领导者。供应链及物流高级副总裁兰迪·刘易斯（Randy Lewis）在一名残障儿童的启发下，重新配置了他所在连锁店的两个配送仓库中的计算机，以便工作人员在几乎不需要阅读文字的情况下进行使用。这家公司最终发现为残障人士提供服务的仓库的表现优于其他仓库。

好消息是，越来越多的人认识到，思维方式多元化的员工为工作场所带来的才能和技能远远胜过一开始学习如何根据这些员工的不同需求进行重新配置所带来的暂时性的不便。这些员工最终因其渊博的知识、丰富的记忆力和对细节的关注而受到赞赏。微软等科技公司和高盛等金融公司都认识到了这一点。它们所采取的举措将会进一步为思维方式多元化铺平道路。在最近的一次会议上，我遇到了一个患有阿斯伯格综合征的年轻人。他是一名汽车经销商，对汽车的品牌、型号及特性有着百科全书式的记忆力。一开始，他沉闷的嗓音和他无法与他人进行眼神交流似乎是他在演讲过程中无法逾越的障碍。可是，一旦人们感受到了他的热情，体认到了他渊博的知识，他的神经多样性就显得一点儿也不重要了。事实上，这甚至成了他在销售时的加分项。

毅伟商学院的罗伯特·奥斯汀（Robert Austin）和哈佛商学院的加里·皮萨诺（Gary Pisano）在《哈佛商业评论》（*Harvard*

Business Review）上发表的一篇文章中声称，澳大利亚国防部发现孤独症患者在分析原始数据模式和潜在网络安全漏洞方面的技能"出奇地好"。这个过程需要极高的对空间模式进行可视化的技能。大型软件公司思爱普和惠普公司发现，如果能给孤独症患者提供良好的培训和一些便利条件，那么他们会成为非常高效的员工。他们可能需要降噪耳机和安静的工作场所，可能还需要更多的培训时间。但是，一旦培训完成，他们就能胜任精确度很高的工作。在澳大利亚公共服务部，患有孤独症的软件测试人员的工作效率比非孤独症同行高出30%。

一份英国的针对雇主的招聘指南《尚未发掘的人才》（Untapped Talent）重点突出了患有孤独症的员工的品质，诸如关注细节、注意力高度集中、可靠、记忆力和技术能力出色。除了安静的工作条件，这份指南还提到感官休息、清晰的工作说明和照明变化是一些可能需要提供的简单的便利。这些员工的天赋不仅仅是技术方面的。众所周知，孤独症患者还具有另两项可贵的品质：忠诚和诚实。

丹·伯格（Dan Burger）曾出现在新闻杂志节目《60分钟》的一期探索孤独症患者能力的节目中。伯格在范德比尔特大学开发了一套名为Filtergraph的计算机程序，可用来分析美国国家航空航天局太空望远镜的数据，进而帮助天文学家发现太阳系外行星。伯格的网络平台已经扩展到可视化分析其他大型数据集的程度。他发现孤独症患者"对图像中模式的理解程度更高"。此外,他在创建孤独症和创新中心方面发挥了重要的作用。这个中心正在开发测试来识别视觉思维者,其目标是为视觉思维者的长期就业做好准备。

最近,我访问了位于芝加哥郊外的软件和硬件测试公司Aspiritech。这家公司发现它的一个分支机构正在损失其20%的业务,但是谁也搞不清为什么。后来,公司才发现原来是网页设计师在网站更新时不小心弄反了公司电话号码中的两个数字。一名孤独症谱系员工发现了这个细小的错误。这双善于捕捉视觉细节的孤独症之眼为这家公司节省了一大笔钱。

管理者需要愿意接受一个事实,即神经多样性的人可能在面试或人际交往方面表现很差。事实上,只有15%的孤独症患者有工作。这个数据还不到残障人总体就业率的一半。一个高素质的人会因为缺乏情感而显得沉闷、注意力涣散。思维方式与众不同的人通常不会成为团队合作者和"社牛"。尽管如此,人都是可以被训练的。大家很容易忘记人们会随着年龄的增长而学会更好地管理自己的不足。就我来说,很多我在十几岁甚至三十几岁还有的一些特征现在已经消失了,譬如不断重复同样的事情、因反应慢而打断别人等。思维方式与众不同的人也可能反应迟钝、行为冲动。这大多是因为他们没能整合好大多数人认为理所当然的社交技巧。与我共事的一位成功的机械设计师非常出色,可以设计、建造任何东西,解决任何机械问题,但是他的脾气令人感到害怕。有一天,在我参观工厂时,他开始疯狂吐槽工厂的工程师，甚至说了一些下流话。我连忙拉着他朝牛群上方的一条通道上走去，以防他的咆哮声被办公室里的工程师们听到。

在我为撰写本书做一些研究时，我回顾了自己参与过的所有大型的动物处理项目，尤其关注了那些我设计设备并监督跟进建造过程的项目。换句话说，它们是我花了很长时间在现场工作并认识了一众工作人员的项目。根据这些工作人员的自述和我的非正式分析，我认为我在这些工作场所遇到的熟练的绘图员、机械设计师和焊工中，约有 20% 患有孤独症、阅读障碍或未经确诊的注意缺陷多动障碍。他们大多高中毕业，从在小作坊、小商铺开始工作时就进入了现在的领域。正如我之前提到的，创新往往就发生在小商铺中。我提到过的好几个成功案例都是一开始自己开小商铺的人。然而不幸的是，那些本来可以自己开店或者当学徒的年轻人如今却只能被分流进特殊教育，彻底失去了学习使用工具的机会。

最近，我在缅因州看到了一家名为 PrintCraft 的漂亮的印刷店。这家店的主人莉萨·皮克斯利（Lisa Pixley）是精通 19—20 世纪印刷机的行家里手。她自豪地向我展示它们的工作原理。每一台印刷机都有它的机械装置。莉萨可以熟练地操作脚踏板和手工打样，同时让纸张通过每台机器的滚筒。我问她是否愿意参加视觉空间测试，她最终的得分和我一样高。换言之，她是一个近乎纯粹的视觉思维者。她数学不好，尤其是代数,后来还被安排进了特殊教育班。几年下来,她的功课就完全跟不上了。有太多的视觉思维者就这样被堵住了出路。好在莉萨发现了自己对版画和古董活字印刷机的热爱,并成为一名印刷大师。

接触的价值

聪明的工程师从何而来?

许多人之所以进入某个特定的职业领域是因为他们很小就有过接触。在某些情况下,可能是家族企业或子承父业的缘故。根据康奈尔大学庄臣商学院的统计数据,约有 40% 的家族企业在代代相传,有 20% 的医学生的父亲或母亲就是医生,律师的孩子继续成为律师的概率是其他孩子的 17 倍。这就是一种直接的接触,但它绝非唯一的接触途径。我怀疑大多数年轻人对职业可能性的范围并没有概念。所以,我在演讲时坚守的使命之一就是试图打开他们的眼界,其中也包括打开家长和老师的眼界。

在学校教育和家庭教育中,我们似乎忘记了孩子需要接触考试以外的东西。发展兴趣爱好其实能扩展一个人的想象力和内心生活。甚至从更高的层次来说,一个人内在的丰富性恰恰来自课堂外的生活。密歇根州立大学的生理学家罗伯特·鲁特-伯恩斯坦(Robert Root-Bernstein)发现,获得诺贝尔奖的顶尖科学家与其他广受尊敬的成功科学家相比，前者拥有一项创造性爱好的比例高出 50%。那些在各自领域内发展至顶端的科学家通常爱好广泛，对很多东西都感到着迷。最突出的一个例子就是爱因斯坦对音乐的喜爱。一方面，他认为音乐、拉小提琴有助于形成那些他最具影响力的理论；另一方面，他的科学思维又反过来有助于他捕捉到音乐那复杂的美感。

我总是对那些因接触到少量的新鲜事物而改变了生命进程的故事印象深刻。安格莉卡·阿蒙（Angelika Amon）是一位从事癌症研究的顶尖科学家。她因在一堂科学课上看到一部展示细胞中染色体分离的电影而开始对细胞遗传学产生了兴趣。对妮塔·帕特尔（Nita Patel）博士来说，如果不曾有幸接受过科学和医学教育，那么她不可能成为研究新冠病毒疫苗的医生之一。帕特尔出身贫寒，家庭状况更是在父亲残疾无法上班后雪上加霜。但是，她的父亲始终相信教育的重要性。在一位邻居的帮助下（资助她乘坐公共汽车），这位曾经连鞋子都没有的小姑娘战胜了困难。

安杰拉·达克沃思曾问道：对成就来说，究竟什么更重要？是天赋还是努力？我同许多患有孤独症或学习障碍的高中生的父母交谈过。当我询问孩子是否会找工作时，他们通常会说："我们正在考虑。"我每次都会强调要赶紧行动。在建造业领域的多年工作经历让我懂得时间有限。只要施工开始，项目就必须完工。你的客户希望项目能按时完工。所以，当我与这

第三章　聪明的工程师在哪里　　125

些家长、教育工作者交谈时，我想要传达出一种时间的紧迫感。我信奉的座右铭是："早接触，早干预，早经历。"

如果有全额资助的教育，住宿全包且保证毕业后有工作，你会怎么想？这就是弗吉尼亚州纽波特纽斯的学徒学校提供的条件。每年，这所学校只会在4 000多份申请中招收220名学生，录取率与耶鲁大学或哈佛大学相当。这个自1919年开始实施的项目为造船业提供4年、5年和8年的学徒培养，科目涵盖商业、通信、制图、数学、物理和造船等领域。学生上课的教室可能是已干涸的码头、钢铁制造车间或推进轴系维修设施。此外，你还会在这里学习不少的生活技能，例如如何平衡支票簿、如何购买第一套房子以及商务用餐礼仪。值得注意的是，这所学校实际上隶属于亨廷顿-英戈尔斯工业公司。这是一家为美国海军和海岸警卫队设计、建造和维修船只的公司。来自政府的资金支持确保了这个项目的健康发展，一如它保证了船队的茁壮发展一样。如若没有雄厚的财力支持，大多数公司怎么可能负担得起一个如此奢侈的项目？不过，从培养并留住新一代训练有素的员工角度来看，这家公司的做法堪称典范。根据它的官网信息，这个学徒培养项目已"为公司提供了源源不断的熟练工。他们拥有技能、知识以及身为技工的自豪感"。

学徒制在过去的数百年来一直是培养技术工人的手段。欧洲宏伟的中世纪教堂的建造者都是学徒出身。技艺精湛、经验丰富的高级技工会成为各自行业行会的领军人物，并享有很高的社会地位。反观现在，我们通过让学生用2B铅笔涂框答题的方式来选拔人才。我很好奇，如果我们让年轻人组装一台电脑、布置一个房间或缝一条裤子，那么我们要如何衡量成功？

在20世纪初，随着越来越多的孩子进入义务教育体系，学徒制在美国的受欢迎程度开始逐步下降。随着越来越多的人开始接受高等教育，这个趋势仍在继续。此外，由于缺乏美国联邦政府的资金支持，越来越多的雇主已无力承担带薪的学徒制了。与此同时，在许多国家，某些社会阶层的人也倾向于对技术行业嗤之以鼻，并阻止自己的孩子进入这些行业。根据布赖恩·A.雅各布（Brian A. Jacob）撰写的一份布鲁金斯学会报告，技校通常被认为是差生聚集的"垃圾场"。这种错误的认知源于大众偏见，即上大学才是每个人的唯一出路，是获得高薪工作的唯一途径，你用自己的双手在技术性行业工作就是不如其他要求学位的职业声誉好、价值高。雅各布指出，美国在20世纪80年代对高中课程的要求提高以及年轻人理应都上大学的社会期望是造成职业技术教育（简称职业教育）受欢迎程度急剧下降的主要原因。1990—2009年，选择职业教育的美国高中生数量下降了14%。在随后发布的另一份布鲁金斯学会报告中，格雷格·费伦斯坦（Greg Ferenstein）写道："随着大学教育成为20世纪通往顶尖职业的默认途径，学徒制在美国向上流动的文化中彻底失宠了。"

对学徒制和职业学校根深蒂固的偏见在很大程度上解释了为什么我们没有繁荣的学徒制文化,尽管正如我们在上一章中所看到的那样,在高辍学率、高失业率和沉重债务等因素的影响下,大学教育其实很难保证一个人日后的成功。曼哈顿研究所发布的一份报告指出,40%的应届大学毕业生最终所从事的工作并不要求大学学历。虽然统计数据的方式各不相同,但是约有28%的大学毕业生无法在专业领域内找到工作。

的确,大学毕业生的平均收入要高于高中毕业生,但是仍有不少例外。许多高薪职业,譬如熟练的技工、计算机程序员、实验室技术员、设计师和电影剪辑师,都不需要四年制大学学历。我最近在《华尔街日报》上读到了一篇由塔马·雅各比(Tamar Jacoby)撰写的鼓舞人心的文章。她写道,社区大学开设的学分课程和非学分课程,为没有完成高中学业的人和需要接受再培训才能跟上技术潮流的人提供了实现就业的机会和途径。而且,在这个过程中,社区大学也填补了关键的就业缺口。雅各比写道:"社区大学在历史上一直笼罩在传统四年制大学的阴影之下。但是,随着自动化和业务重组颠覆了整个劳动力市场,这种情况正在发生改变。"她还指出在社区大学就读的1 100万学生中,有一半的人正在参加为就业做准备的课程。事实上,很多课程项目都是在产业界的投入下才创建的。

在某些地方,政府正在带头创造机会,让孩子们接触不同种类的工作。这为那些丧失了兴趣或迷失了方向的孩子再次点燃与自己的能力、兴趣和热情重新连接的希望。根据学徒网（Apprenticeship.gov）的数据，全美国目前有近 26 000 个学徒培养项目，学徒完成项目后的平均起薪为 72 000 美元，就业率高达 92%。这家网站还同时列出了数百个有学徒培养计划的大公司名单，其中有许多空缺的学徒职位。当我们在科罗拉多州立大学建造那栋美丽的新化学大楼时，项目经理告诉我很难雇用到足够的电工。如果在谷歌搜索引擎里输入关键词"电工、实习、科罗拉多"，你就会看到 100 多个工作机会。它们都是带有培训、全额薪资和福利的入门级工作。

美国的青年失业率目前是 8.3%，而瑞士的青年失业率一直保持在 3%，这在很大程度上归功于瑞士的"双轨道"学徒项目。大约 70% 的瑞士青年是从该项目毕业的，这也是因为有真实工作机会的地方才会提供相应的学徒项目。瑞士的学徒项目与企业界密切合作，共同推出课程设置和项目规划。在瑞士，雇主对学徒培训提供资金支持，培训的职业范围从餐饮到高科技。

大多数美国人惊讶地发现，瑞士的学生早在 14 岁就需要做出事关未来发展方向的重大决定，因为两年后他们要么上大学，要么进入学徒项目。不过，瑞士同时又为年轻人提供了灵活变换轨道的机会。学徒项目会为他们提供一系列技能，而非将他们固定下来。他们在完成学业的同时会获得工作报酬，由此得以避免许多美国学生在毕业时苦苦面对的巨额教育债务。

这种制度的另一个优点是,学生在很年轻时就有机会接触到成年人的工作环境。《福布斯》上刊登的一篇文章指出,瑞士的学徒制模式"旨在满足现代企业的真正需求,这使瑞士成为一些世界最大的公司必不可少的人才库"。

除了对某些行业存有偏见,美国还普遍存在着一种文化偏见,即过早确定职业会限制一个人的潜力发展。在美国,人们崇尚潜力无限,相信一个人可以有无限可能。我一位朋友的女儿在获得了文科学位后却哀叹自己什么都不会。我得知她喜欢手工,这表明她应该属于视觉思维者的范畴。最终,她选择在一位布艺师手下工作。如今,她正在学习家居装饰。与此同时,她还在追求自己对纺织品历史和文化方面的兴趣。我相信这将为她开创自己的事业提供绝佳的机会。人们总是有家居装饰的需求。如若从一开始,她能一边工作一边求学,那么这种齐头并进的双行轨道一定会让她在毕业时为拥抱未来做好准备,而不是茫然不知所措。又有多少文科毕业生会陷入同样的处境呢?

每两年,来自世界各地的学生会聚集在一起参加一个名为"世界技能大赛"的活动。它就像是行业技能的奥林匹克运动会。参赛者既可以参加个人赛,也可以参加团体赛。他们比拼的不只是安装管道和焊接机械等基本的传统技能,还有根据世界需求而每年新增的技术项目,例如机器人集成系统、云计算和网络安全。瑞士在大赛中成绩始终位居前三。2019年,瑞士学生获得了 16 枚奖牌，其中包括 5 枚金牌。学习这些技能对所有学生来说都是改变游戏规则的好机会，尤其是那些在实践中表现更为突出的视觉思维者。世纪基金会在 2015 年由克里奥·张（Clio Chang）主笔的一份报告中提出，在全美国范围内建立学徒制是解决熟练劳工日益减少这一问题以及让年轻人获得工作机会的好办法。

当然，这里提议的学徒制绝不是祖父母那一代人实行的学徒制。就像世界技能大赛一样，现在的学徒制更强调工业技术，为擅长数学和空间想象的人提供了一条发展路径。丹佛的制造商诺埃尔·金斯伯格（Noel Ginsburg）正在着手复制瑞士的学徒制。根据《大西洋月刊》的一篇报道，最让金斯伯格感到震惊的是瑞士提供了非常广泛的职业选择范围。他说："从制造业到银行业，他们会提供 250 条不同的职业发展路径。"金斯伯格呼吁科罗拉多州州长约翰·希肯卢珀（John Hickenlooper）支持这项计划。希肯卢珀清楚地知道科罗拉多州尽管拥有全美国最好的经济状况和最低的失业率，但是依然无法填补在建筑、医疗保健、科技和"介于两极之间的所有领域"的岗位空缺。在政府资助以及慈善组织和金融服务机构的额外支持下，一个全州范围内的学徒体系得以建立。它旨在为学生提供在实际工作场所学习和积累工作经验的机会，以此填补科罗拉多州所面临的与技能相关的劳动力缺口。在拥有大批制造商的美国各州，我们将会看到更多类似的项目。

区分带薪的学徒制与许多大学生参与的无薪实习是非常重要的。许多学生无法承担无偿工作所带来的经济压力。当然，并非所有的实习都是无薪的。总部位于科罗拉多州的大型肉类公司食为福（JBS Foods）就提供带薪的暑期实习机会。学生可以在暑假学习与质量保证相关的管理级工作。实习生不仅会得到报酬，而且有望积极参与有意义的活动。在一家肉类工厂的一次实习中，学生需要弄清楚为什么电动托盘设备不能在一次充电后工作一整天。结果，学生发现原来公司用错了充电器。

或者你也可以像我读研究生时那样，创建自己的实习计划。我当时每周下午都会去斯威夫特的一家工厂，试图弄清楚为什么牛群在通过工厂的滑槽时会停步不前甚至往后退行。它们突然的停步实际上是在耗费工厂的时间和金钱。为了解决这个问题，我在亚利桑那州访问了 20 多个养牛场，直到有一天突然有了想法。它也成了我处理与牛相关的工作的关键。

我经常建议孩子们在当地企业进行实习，哪怕是无偿的兼职工作。工作经验是无价的。它会让学生接触到他们有可能感兴趣的领域，并有机会切实了解真正的期待和责任是什么。根据一篇 2020 年发表在商业杂志《快公司》（*Fast Company*）上的文章，简历上有实习经历的学生在求职时得到面试机会的概率会增加 14%。同时，人们发现实习经历可以将毕业后的失业率降低 15%，让求职的学生获得更高的薪水，并提高面试成绩。雇主也称，有实习经验的学生在工作中表现得更好。在一项由美国学院和大学协会所做的调查中，73%的雇主看重候选人在现实环境和实践经历中所获得的技能。此外，超过80%的雇主认为，完成过监督实习或社区服务项目的学生将会为在日后的工作中取得成功而做好更充分的准备。

现在，很多实习都是带薪的。这在一定程度上要归功于一系列认为付出劳动就理应获得适当补偿的法律判决。值得指出的是，并非所有的工作机会都会出现在招聘平台网站领英或高中、大学的招聘公告栏里。有时候，你需要登门拜访才有机会。我会建议孩子们主动联系亲朋好友或社区中的其他人，看看他们是否需要帮助或者能否提供一些联系方式。至少有一半的好工作是通过人脉而非应聘得到的。最近，在薪水调查公司Payscale网站上发布的一篇文章指出，人际网络是获得80%以上工作机会的途径。然而，如今的职业培训项目过于强调面试和简历。我近期在访问一家大型科技公司时，有机会与一个来自美国中西部从事电子硬件设计的年轻人交谈。我俩坐在公司一间时髦的小咖啡间里，我问他是怎么来的硅谷，他说是因为自己的一位大学教授与这家公司有联系。

参与一份正式的实习项目并不是必需的。谷歌、脸书和苹果等大公司会提供令人梦寐以求的高薪实习岗位，但是录取率极低。以谷歌为例，每年大概只会在4万名申请者中接收1 500名实习生。一如从斯坦福大学辍学的拉里·佩奇（Larry Page）和谢尔盖·布林（Sergey Brin）那样，你最好能创办一家自己的科技公司。

此外,学徒制总是有偿的。它采用的是"边学习边赚钱"的模式。当我在家乡科罗拉多州搜索学徒制时,有一个项目突然就映入了我的眼帘。它是一个将在职培训与课堂学习两相结合的培养树木栽培师的项目。参加这个项目的学徒会学习树木生物学、爬树、树木的病害诊断及修剪技巧。工资还会随着学徒经验的积累而不断增加。项目完成后,学徒将获得美国劳工部颁发的熟练工执照。这个执照通常允许持证人竞标工作、单独作业以及雇用其他未受过训练的工人。究其根本,它可以让你自己做老板。我至少认识两名曾经在课堂上坐不住的同学很适合这份工作。如果你上学徒网进行搜索,我相信搜索结果肯定会让你大开眼界,实习的机会可以说是应有尽有:软件开发、屋顶修缮、生产制造、公共设施、酒店服务、管道安装和航空航天等。这些领域绝对不是"垃圾场",而是提供教育和稳定就业机会的带薪职位。我想对大多数在传统学校环境中表现出色或不出色的视觉思维者来说,它们大多是理想之选。

意大利的时装业则提供了另一种模式。长期以来,意大利都是高端时装设计的中心。可是,熟练得可以直接上手的一线工作人员的数量远跟不上设计和营销的步伐。在《时尚商业》(*The Business of Fashion*)杂志上的一篇文章中,男装品牌布里奥尼的首席执行官弗朗切斯科·佩希(Francesco Pesci)表示:"意大利一直拥有出色的工匠和精湛的工艺……我们必须加强对青年人才的投资，不能允许出现代沟问题。"然而，行业现实是具备高级技能的手工艺人不是临近退休就是业已离世。男装品牌齐敦的首席执行官安东尼奥·德马泰斯（Antonio de Matteis）说："裁缝这个职业实际上正在日渐消失。"一开始，齐敦的内部技校招生困难。但是，现在它们有着等候录取的备选人名单。这一改变在很大程度上缘于学生毕业后100%的就业率。德马泰斯说："这是我们所做过的最伟大的投资。"

其他诸如IBM（国际商用机器公司）一类的公司也已经启动了类似的培养计划，只不过它们专注于数据分析、网络安全和软件工程。这对空间可视化者来说是绝佳的机会。位于科罗拉多州布鲁姆菲尔德的皮拉图斯飞机公司根据瑞士的"双轨道"制度创建了学徒制。它们的培训项目允许学徒在不同部门之间轮换，由此来观察这能激发出怎样的火花。当学徒毕业时，他们一不会负债，二还具备了适应需求的竞争技能。

招聘会一直是大学招聘的主要方式。美国大学及雇主协会报告指出91.7%的大学职业中心会举办招聘会。从历史上看，参与招聘会的公司或组织主要来自金融服务、咨询、医疗保健、非营利组织和互联网。2014年，来自密歇根理工大学的3名学生开发了一个联结大学、雇主和学生参与实习和最终就业的网络平台Handshake。它就像一个虚拟招聘会，有超过50万名的雇主在上面发布实习及工作机会。它还提供网络拓展机会、研讨会，并启用一种全新的类似评价老师的功能来评估雇主。我真正喜欢的是它为学生提供了挖掘工作潜能并接触新鲜职业的机会。突然间，它让你感觉整个国家就在你的后院。实际上，Handshake 的目标更远大，它力图创造更加公平的竞争环境。佐治亚州立大学的一位副院长贾森·奥尔德里奇（Jason Aldrich）在《快公司》上发文表示："Handshake 这个平台已经在帮助校园里的每一个人获得更多的机会，尤其是那些移民来美国的首批少数族裔毕业生。"

尽管像招聘会这样的官方渠道与累积人脉的非官方渠道无疑对就业有所帮助，但它们并不是获得工作经验的唯一途径。在我的职业生涯中，我遇到过很多从底层起步继而向上晋升的人。在一家大型牛肉加工厂，一名可能患有未被诊断的孤独症、收入很低的女性在加工车间找到了一份工作。工作期间，那些想要将她赶走的工友总给她派特别糟糕的活儿。可是，她始终坚持不懈，几年之内晋升为手下有 100 多号人的团队经理。还有一个例子是，一名男子在一所社区大学完成了计算机制图的课程。在应聘当地一家公司的过程中，他给对方看了他设计的一张水阀图纸。结果，他获得了对方的录用，并在不久之后就开始规划和设计整个大型牛肉加工厂。还有人在一家工厂从流水线上做起，10 年后成为这家工厂的经理。一位最初在维修部门工作的项目经理，在 15 年后负责建造新工厂。

我想我在自己熟悉的行业所观察到的情况适用于大多数行业。我想要就此做一个假想实验。假设有人挥动了魔法棒，我瞬间变成了一个因代数不及格而未能从高中毕业的18岁孩子。我无力承担无薪实习期间的各项费用，也对学徒制一无所知。但是，我的确具有过去17年积累的各种知识。在这种情况下，我会直奔亚马逊或其他类似的公司。亚马逊、沃尔玛、肯德基等大公司都会资助我获得"普通教育发展证书"①。假设我的目标是设计未来的机器人仓库或者加入亚马逊的太空探索部门。那么，我的第一步肯定是脚踏实地地做好手头的工作，成为一名超级勤奋的员工。一开始，我肯定需要努力付出，从卡车上卸货，然后逐渐向机器人开发部门靠近。之所以有这种可能性，是因为我同一位家长聊天时得知他的孩子就是从一份在亚马逊仓库的工作干起，后来在自助餐厅与工程师们打成一片，最后去了火箭设计部门的。有时候，我们首先要把脚伸进大门，进去之后再看看自己能做什么。

我们是否真的愿意开辟学徒制这样的新型教育途径？我们能否培养出一支21世纪的劳动力队伍，将有大学学历的人与没有大学学历的人、语言思维者与视觉思维者以及神经多样性者都包含在内呢？我们能否将目光从考试上移开转而提倡学习之道呢？我们能否为对象可视化者与空间可视化者提供能发挥其优势的学习和就业之路呢？如果我们失去了聪明的工程师们，

---

① 普通教育发展证书（GED），也被称为普通教育文凭，是美国高中毕业证书的一种替代资格考试。通过这一考试可以获得与美国高中毕业证书同等的学历认证。该证书被美国和加拿大的绝大多数高校认可。——译者注

我们也就失去了未来。我们是否可以找到重建基础设施的经济和政治愿景呢？更重要的是，我们能否找到并培养适合做这些事情的人呢？

普遍存在的对视觉思维者缺乏认知和培养的问题不仅对个人而且对整个系统有影响。在个人层面，父母、老师和雇主有很多可做之事。在系统层面，我们需要共同认识到多样化的思维方式对我们所有人都有好处，而失去非语言思维者是一个会影响到所有人的悲剧。

我经常回想起四年级时去波士顿美术博物馆参观的经历。我们当时都被木乃伊迷住了。当我们从一个房间走到另一个房间，从一个王朝参观到另一个王朝，沿着时间线不断往前走的时候，我注意到法老棺椁的头部装饰变得越来越粗糙，而非越来越精细。我问老师为什么，她说了一句我永远也不会忘记的话："他们的文明正在分崩离析。"所以，当我在今天看到我们糟糕的基础设施时，当我看到我们的人才被浪费或闲置时，我会不由得想起这句话。它的确让我备感沮丧。有太多的事情正在分崩离析。有太多的孩子被淘汰出局，他们的天赋和能力都被白白浪费。那些聪明的工程师在哪里呢？他们就在我们的面前。

第四章

思维互补

不同类型的思维者成功合作的第一步就是认识到的确存在着不同类型的思维者。这句话听上去有些多余。然而，在现实生活中，大家都倾向于认为他人观看世界的方式与自己的完全一样，就像我 20 多岁时误以为每个人都是用图像思考的一样。在我们发现原来有语言思维者、空间思维者和对象思维者之后，我们才能更易于理解彼此的互补合作。从科学研究到计算机研发再到工程、艺术，这种互补合作可以出现在任何领域。我对小时候听过的有关祖父和合作者之间的故事一直记忆犹新。

时间回到 20 世纪 30 年代。当时，大型航空公司都在试图为飞机设计自动驾驶系统。它们相信如果将飞机的转向机制与一个罗盘相连，飞机就会具有方向感。听上去是这样一个道理，可是，如果你曾经用过指南针，那么你也许会留意到指南针虽然指示方向，但指针会摇摆不定。你当然不希望自己汽车的巡航控制系统连接到一根摇晃不停的指针上。当你突然加速或减速时,车身总是会左摇右晃。飞机的自动驾驶系统也面临着类似的问题。因为当时的工程师们太过拘泥于指南针的设计理念,所以没有看到另一种解决方案。

我的外祖父约翰·C. 珀维斯（John C. Purves）毕业于麻省理工学院,是一名土木机械工程师。他和一个名叫黑格·安特拉尼基安（Haig Antranikian）的人搭档,想要制造出一种不与指南针挂钩的飞机自动驾驶系统。他们有一个可资参照的设备模型,即美国海军军舰上使用的陀螺罗经。埃尔默·斯佩里（Elmer Sperry）研究开发的陀螺罗经承受得住任何波动,但它的缺点是体积庞大。所以,我的外祖父及其合作者面临的挑战是如何设计出适合飞行的轻型版本陀螺罗经。

安特拉尼基安曾在1936年因发明磁场方向及强度探测器而获得一项专利。然而,他的这项发明却被飞机仪表的制造商拒之门外。结果,一项不错的发明竟毫无用武之地。后来,他遇到了我的外祖父。据我的母亲尤斯塔西娅回忆,我的外祖父曾经说过:"安特拉尼基安很有想法,但是不知道要如何落到实处,而我知道怎么做。"

他们当时的团队还有另外两个人,即里奇·莫林丁（Richie Marindin）和伦诺克斯·F. 比奇（Lennox F. Beach）。如果是今时今日,他们的这个团队可以被称为车库里成立的初创公司。他们四个人在马萨诸塞州斯普林菲尔德的一家有轨电车维修店的阁楼上工作。他们当时研发设备的背后理念既简单又激进，即搞出一个带有三个小线圈的磁通阀，这些线圈会在设备转动时感应地球的磁场方向。磁通阀就安装在飞机机翼上。所以当飞机转弯时，线圈会感应到地球磁场方向的改变。这个磁通阀在测试阶段的表现时而接近完美，时而一塌糊涂，而且毫无规律可循。

最终，我的祖父发现了问题根源。原来，在他们工作台的下方时不时有庞大的钢铁列车穿过，会对周围的磁场产生影响。这就好比是你在机场安检时穿过金属探测器。于是，他们将磁通阀带到户外空地，最终发现它完全可以平稳运行。他们以安特拉尼基安的想法为基础反复钻研，并最终在1945年获得发明专利。我的外祖父是这项专利的第一作者。当自动驾驶仪首次在美国主要城市之间的航班上开始引导飞行时，我的外祖父欣喜若狂。我的母亲至今都记得他在电话里说那是他一生中最快乐的一天。

外祖父的这个四人小组就是对象可视化者与空间可视化者共同合作的经典案例。他们运用各自擅长的技能开创了合作共赢的局面。然而，接下来发生的事情是许多发明家都会遇到的：他们有远见、有技能，但是没有资本来制造和营销产品，也没有商业头脑来销售或授权产品。经过多年的努力，他们终于抓住机会，以300美元的价格将他们的磁通阀授权给了本迪克斯航空公司。本迪克斯航空公司很快就仿造了原始设备，稍加改动并以新名字"磁通门"开始在市场上普遍推广。我的外祖父与其合作者在市场上有着令人难以置信的天真表现。他们没有起诉侵权，觉得在"二战"期间采取法律行动是不爱国的表现。美国参战的飞机需要自动驾驶仪。幸运的是，制作航行仪器和设备的斯佩里公司后来与我的祖父签订了合法合同，整个团队也因此得到了补偿。磁通阀又被重新命名为"斯佩里陀螺罗经"。"二战"结束前，它被广泛安装在美国的战斗机上。我很高兴自己找到一份1945年的广告，上面写着"具有磁性'感应'的方位陀螺"。

母亲在回忆录《我口袋里的一根刺》(*A Thorn in My Pocket*)中写道，我的外祖父将这项发明的构想者安特拉尼基安称为"孤行者"。如若没有外祖父和团队的其他成员，安特拉尼基安可能一辈子也无法走出在地下室里修修补补的人生。显然，磁通阀的诞生源于他们四个人的技能互补和共同兴趣。作为电子行业的基石，2006年之前的专利申请总会提及磁通阀。

不幸的是，安特拉尼基安的生活并没有因磁通阀的成功而变得顺遂。他后来因为精神疾病住进了纽约市的贝尔维尤医院。他始终独来独往，有着高度视觉化的思维方式和卓越的发明创造力。很有可能，他一直在与孤独症谱系障碍做斗争。一如我们之后会在关于天才与神经多样性的章节中看到的那样，过人的才华往往伴随着高昂的代价。在安特拉尼基安的病情逐渐稳定之后，他又同我的外祖父一起致力于彩色电视机的研发。但是这一次，他们的工作毫无进展。两个人谁也没能再发明其他东西。就像母亲说的那样，"他们身上的火焰熄灭了"。

他们四人中，只有比奇后来被斯佩里公司录用，在事业上有所建树，获得了多项船舶稳定系统的设计专利。外祖父喜欢说，新想法往往不是在公司上班的人能想到的，因为他们过于循规蹈矩。这么说可能有些武断。不过，他始终认为在公司上班的人无法原创，但能够开发、改进和推销某个想法。在当今五大科技公司中，有四家是从车库或大学宿舍里萌芽的。而且，它们大都源自两个才华横溢且彼此互补的人的共同筑梦，例如创建苹果公司的史蒂夫·乔布斯和史蒂夫·沃兹尼亚克、创建微软的比尔·盖茨和保罗·艾伦、创建谷歌的谢尔盖·布林和拉里·佩奇以及创建脸书的马克·扎克伯格和爱德华多·萨维林。

20世纪30年代末，斯佩里公司聘请了拉塞尔·瓦里安（Russell Varian）和西格德·瓦里安（Sigurd Varian）两兄弟。他们之间的合作互补也堪称佳话。西格德喜欢追求刺激，据说他因感到大学无聊而辍学。这一点与乔布斯、盖茨、扎克伯格和马斯克无异。拉塞尔堪称西格德的反面：生性害羞，患有阿斯伯格综合征。西格德从小有阅读障碍（在当时，因为人们对阅读障碍缺乏认识，所以他一度被认为是文盲）和其他的学习障碍，喜欢搞恶作剧，曾因对电子产品的好奇而用床弹簧和门把手吓了家里的客人一大跳。

第四章　思维互补

患有孤独症谱系障碍的人大多喜欢搞恶作剧，这可能是因为他们不懂得讲笑话、开玩笑的分寸。沃兹尼亚克在青少年时期就喜欢玩"电"。沃尔特·艾萨克森（Walter Isaacson）撰写的《史蒂夫·乔布斯传》中提到，沃兹尼亚克"在年少时通过恶作剧为自己找到了一个出口"。他高中时曾在储物柜里安装过一个电子节拍器，听上去就像里面放着一颗即将爆炸的炸弹。在柜门打开的瞬间，节拍器的敲击频率还会加快。在少年拘留所里过夜的时候，他教狱友们将吊扇上的电线连接到牢房的栏杆上，让碰到的人感受一次灵魂电击。我上高中时受到奥森·韦尔斯（Orson Welles）的广播剧《世界战争》（The War of the Worlds）的启发，用一个塑料半球体和一盏小灯做了一个飞碟。我爬上宿舍屋顶，顺手扔到了一位同学的窗前，把对方吓坏了。不过，和沃兹尼亚克不同的是我从来没有被抓住过，尽管我还在学期末自鸣得意地将那个飞碟送给了对方。

在西格德开始研究飞行后，他和拉塞尔找到了开发探测夜间飞行飞机技术的动力。他们成立了瓦里安联合公司，这家公司后来成为研发微波和放射性治疗设备的先驱。关注电子设计领域的作家约翰·爱德华兹（John Edwards）说："依靠拉塞尔的理论及技术知识和西格德的机械能力，兄弟俩开始进行设备研发，以便能检测到从几英里[①]外的飞机上反射回来的信号。"

[①] 1 英里 ≈1.6 千米。——编者注

后来，兄弟俩将公司搬到了帕洛阿尔托的斯坦福工业园区。他们的公司也因此成为硅谷最早的高科技公司之一。他们在这里发明了速调管。它是一种早期的地球物理仪器，也是现代雷达的前身，因体积袖珍而可以被安装在飞机上。结合微波技术，它可以在夜间或云层密布时为飞机导航。这项技术与为发射器提供动力的磁控管相结合，成了盟军在"二战"中获得制空权的制胜法宝。瓦里安兄弟俩一个害羞，一个外向；一个是深入研究的细节控，一个是富有魅力的冒险者；一个是空间-数学思维者，一个是对象思维者。他们因思维方式不同而彼此互补。

对互补思维者的观察

在我提交关于不同的挤压滑槽设计对处理牛的影响的硕士毕业论文选题时，动物科学系中趋于传统的教授认为设备研究不适合作为学术课题。为了能够在学术上实现我的想法，我需要在系外找到两名导师同意我做这个项目。我当时下定决心，想着无论能否得到系里的支持，我都要继续做下去。我觉得至少可以在一本与牛相关的杂志上发表自己的研究成果。我至今仍记得艺术系张贴的一张海报，上面写着："所谓障碍就是那些会让我们偏离目标、看上去很可怕的东西。"这句没有署名的引言直击我心。后来，我才知道它的原创者是亨利·福特（Henry Ford），一位工业设计师并极有可能是视觉思维者。

建筑系的福斯特·伯顿（Foster Burton）是第一个支持我的人。他并不觉得我的想法不切实际。相反，他认为新鲜有趣，值得探究。接着，工业设计教授迈克·尼尔森（Mike Nielsen）也同意成为我毕业论文答辩委员会中的一员。同所有的对象可视化者一样，尼尔森一下子就看到了我的论文选题报告里对现有设备性能进行评估的价值。多年后，我在网上看到一段有意思的讨论工业设计师和机械工程师区别的视频。我一边看一边觉得我的设计方案可能早在读研究生期间就形成了。工业设计的课程设置重视艺术、绘画，不大在意数学。工业设计师关心的是产品应当如何应用或者产品看上去应该是什么样，而机械工程师则通过产品在应力测试中的数据来计算它的功能。工业设计师进行产品设计，机械工程师使其发挥作用。在我的职业生涯中，我一次又一次地看到两者之间的协同合作。

遇见海军陆战队前上尉吉姆·尤尔（Jim Uhl）让我正式开启了自己的职业生涯。吉姆是在看到我读研究生期间的一些绘图作品后找到我的。我当时正值毕业前夕，而他也正在为自己在亚利桑那州建造牛群处理设施的新公司寻找设计师。我一开始对是否要接受这份工作还有些迟疑，因为他不仅想让我负责设计，还想让我参与销售。我一向不善言辞，更喜欢做幕后的设计工作。在那个年代，招聘中还没有"多样化"这样的词汇。可以确定的一点是，吉姆不在意我是否有缺陷。他从来没和我提起过我的孤独症，他看重的是设计质量，也因此觉得我应该站到一线将自己的作品卖出去。我很快就意识到向新客户推销设计项目的最佳方式就是展示业已完工的设计图纸和实景照片，我可以用作品集的视觉效果来说话。

20世纪70年代中期，当我和吉姆第一次合作时，我并不知道存在着不同类型的思维方式。如今，当我回看我们之间富有成果的合作时，我能明显地看到我和吉姆在面对问题时有着完全不同的解决方式。以我现在掌握的知识，我几乎可以断定吉姆是一位语言思维者。在我们进行新厂规划时，他需要先将所有的事情按照一条线性的时间轴铺展开来，接着花好几天的时间对每一个门铰链进行编目，再花好几个晚上处理数字。而我会参照以往的项目规模，设想之后，按照倍数或分数计算出新的项目规模，例如这个新项目需要的人工、焊接钢材和混凝土总量差不多是孤山牧场项目的两倍，或者是红河浸渍槽项目的3/4。这两种方式都很准确，所以我们的合作很成功。但是，在当时，我们谁也不清楚为什么我们的做事方式会如此不同。

吉姆是一位在道德上无可挑剔的出色管理者。他非常珍视不同类型的思维者，除了我，他还招聘了当地的一位退休商人和一位名叫马克·亚当斯（Mark Adams）的高中毕业生。马克如今已是这家公司的副总裁。吉姆具备非常优秀的领导力。他会组建不同的团队来完成不同的项目。在我设计的浸渍槽项目中，有一个才华横溢的年轻人完成了大部分的建设工作。这个家伙有点儿恃才傲物，即使他撞坏了公司的卡车，吉姆还是因为他的才华留下了他。吉姆的工程建设办公室位于盐河的比马-马里科帕印第安人社区，所以他也雇用了当地原住民。对我来说，吉姆是带领我踏上职业道路的一位导师。如果没有他的指导和支持，我不知道我是否有信心创办自己的公司。我们一起合作了10年，完成了很多项目，其中就包括在HBO（美国家庭电影频道）根据我的人生故事改编的电影中出现的那个浸渍槽项目。

20世纪80年代，亚利桑那州的农业日渐萎缩。吉姆的公司在传统建筑项目上与其他大公司相比已缺乏竞争优势，于是他将公司重组，专注于大公司不愿意花时间建造的复杂的混凝土结构。那时，我已前往伊利诺伊州攻读动物科学博士学位。有一次我回去参观时，他自豪地向我展示了一个复杂的混凝土结构，这个结构用来支撑大型灌溉系统的水泵和其他设备。吉姆对设计工作一窍不通，但是他善于将不同的人组织起来完成工作。

中心轨道输送系统的设计工作也是一个互补的思维者协同合作的最佳案例。这个项目最初是康涅狄格大学在20世纪70年代提出的一个研究计划。而让动物跨骑在传送带上的想法最早来自保罗·贝朗格（Paul Belanger）。他是一名在实验站车间工作的对象可视化者，动手能力极强。在申请专利时，他的名字就被列入其中，而被列为第一作者的是拥有大学学位的工程师拉尔夫·普林斯（Ralph Prince）。普林斯与研究人员鲁迪·韦斯特维尔特（Rudy Westervelt）、沃尔特·吉热（Walter Giger）通过测量动物的行为和应激激素水平证实了这是一种在传送过程中低应激且更人道地约束绵羊和小牛的方法。

研究小组首先用胶合板搭建了一个工作模型，并使用旧帆布消防水龙带作为传送带。在一家金属加工车间，工作人员根据这个模型打造出了它的钢铁版本。这个新设计与之前的旧系统同时安装，以便在测试不同设计时，工厂可以持续运行。后来，直到到达现场，我们才发现大学的研究人员明显遗漏了两个关键的设计元素，一个与入口有关，另一个则与根据动物的体形大小调节宽度的方法有关。我因此被委派负责这两方面的工作。

有一天，就在我用胶合板演练调节宽度装置的模型时，突然有一幅画面出现在了脑海中。我一下子"看到"了让入口正常工作的解决方案。这就是我的视觉思维发挥作用的完美体现。在从头整理了所有相关图像后，我产生了一个完整的想法，或者说，我"看到"了它。为了确保动物每次都能将腿正确地放在传送带的两侧，我设计了一个高度几乎足以触及动物腹部的腿部定位杆。之前使用较低定位杆的实验都失败了，而更高的定位杆给了动物们安全感。它的效果就和在坡道上增加一个防滑入口是一样的。一头牛越过高栏要比低栏更为容易，因为它会自动将腿放在正确的位置上以保持稳定。因此，我凭借自己不同的思维方式加入了研究团队。如果没有实验车间里诞生的最初的想法，没有大学研究人员的科学论证，没有加工车间的焊工，没有发现并纠正关键漏洞的视觉思维者，更不要说没有修理和维护设备以使其保持良好运行状态的工作人员，那么这个项目不可能获得成功。

40年来，我已为美国和加拿大的大型牛肉公司设计过许多牛栏和牛只处理设备。最广泛采用的牲畜运送模型就是中心轨道输送系统。在做这些项目时，我同当年的导师吉姆一样，依靠具有不同技能的人，大家彼此合作，共同完成项目。我负责绘制详细的平面图并设计与动物接触的机械约束装置，团队的其他成员则负责设计液压动力装置和支撑钢架。我去过许多大型肉类加工厂的建筑工地。对象可视化者负责设计复杂的设备，例如包装机，而工程师们则运用他们的数学思维来确定结构规格，设计出锅炉和制冷装置。最终，我们一起建造出了多方位的大型食品加工厂。

面对其他类型的思维者可能会复杂化处理的问题时，对象思维者擅长提出简单的解决方案。奥林工程学院的设计研究员萨拉·亨德伦（Sara Hendren）在《身体能做什么？》（*What Can a Body do?*）一书中描述了一位失去了指尖的女性。相比于安装上花哨的机器假手，她发现自己即兴简单的解决方法效果更好，例如在抽屉把手上系上扎带，借助扑克牌架打牌，用挂画的黏性挂钩打开罐子盖。尽管高科技假手被期望设计得无所不能，但是它在现实中很多事都做不好。

随着机器人在工厂中得到广泛运用，"聪明的工程部门"迫切需要更多的人来创新设计机器人的用途。在食品加工产业，公司想要用机器人来替代用刀的工人。然而，许多工程师的错误在于从一开始就选择让机器人与人使用一样的工具。他们只是将同样的工具连接到一个机械臂上。我看到的真正具有创新价值的做法是为机械臂提供全新的工具，让它以全新的方式执行之前工人用刀完成的任务。这些工具通常在设计上更简单，性能更好，更易于清洁、维护。要达到这样良好的效果，就需要由对象可视化者创建工具并由空间可视化者对机器人进行编程。

管理者与技术人员

这些年来，我与很多公司有过合作，我发现公司内部出现的问题通常最后都可以归结为管理者与技术人员之间的斗争。我是一名技术人员，但是我总能和管理者友好相处。这不是说他们的想法我全部赞同，而是我在职业生涯早期就意识到，任何项目都需要推进、完工。我称之为要"对项目忠诚"。竭尽全力并且完成工作远比自我更重要。我觉得大多数项目之所以彻底失败是因为大家过度在意所谓的自我。当我说我们将竭尽全力完成一个项目时，我想我代表了大多数技术人员的态度。我们的目标就是对事不对人。我们不是在对管理者而是在对项目本身负责。我们也许会在工作中抱怨某个经理是个白痴，但我们还是会尽力让机器运转起来。只要能确保项目完工，我就会埋头苦干。这样做的动力源于我对项目的忠诚。

我注意到技术人员大多数时候不喜欢管理者，而管理者反过来对技术人员多有容忍。技术人员之所以不喜欢管理者是因为觉得他们对制造本身知之甚少。语言思维型的管理者因为一心只想着完成工作，所以往往会忽视细节。这种做法让技术人员大为恼火，因为他们认为任何细节都有可能造成严重后果。也许，忽视细节带来的一个最严重的后果就是完全低估了项目所需时间。管理者的自我意识越强烈，他们造成的破坏性后果就越大。

管理者与技术人员之间的另一个区别是，管理者往往以挣钱和赢利为目的。当然，管理者需要考虑企业是否具备偿付能力。问题是，当管理者面对制定季度财务目标的压力时，往往会将道德规范抛诸九霄云外，因此很容易在追求削减成本的过程中违反安全规定。我曾经目睹过有人因生产速度过快或故意无视安全措施而失去了四肢。与此同时，我觉得技术人员通常具有更强烈的社会正义感。对管理者来说，做得不好是一个抽象概念，且更容易做出辩解。可是，对技术人员来说，具体的细节失误或同事受伤可一点儿也不抽象。

一名销售人员被提拔为一家工厂改建工作的负责人之后就造成过严重失误，这是一个糟糕透顶的例子。他看上去风度翩翻，口才极佳，具有很强的说服力。我相信这也是他当时得到提拔的一个重要原因。当管理者提出削减成本的要求时，他满口答应。尽管工厂里的一些视觉思维者提出了预警，但是他一意孤行，为了节省资金而没有充分扩大废水处理系统，结果导致系统超载。市政府最终决定关闭这家工厂，公司也因此损失了数百万美元。我能够理解他为什么是一名表现出色的销售人员。但是，作为一名建筑施工经理，他是一个灾难。因为相互依赖，管理者和技术人员就像是不同类型思维者的互补组合，但是他们的看法通常不一致。

在我职业生涯的大部分时间里，我都和同一批人持续合作，其中甚至包括管理者，尽管他们来来往往更加频繁。在某些方面，我和工业设计师就像是老夫老妻，无须多言就能知道对方在想什么。我想这就是长期合作的职业回报，是思维互补的回报。不久前，我开车经过一座废弃的建筑，它有着暗黄色的波纹壁板，高度刚好可以容纳一些碱性钢和机械加工设备。这里正是30年前与我合作小型牲畜运送系统项目的那名焊工的车间。和我一样，代数也不是他的强项。幸运的是，他在高中期间接触到了焊接。后来，他与我合作，从一个小项目开始起步。我负责设计，他负责出成品。多年后，我才意识到他也是一位视觉思维者。另外，我俩有着一样的职业道德理念。他从来不会使用廉价材料或匆忙赶工，永远对自己的工作保持着高度忠诚。如今，他搭乘私人飞机来回奔波，为肉类行业建设大型项目。

我的另一位同事如今专门制造锯肉机及其他设备,他的产品已销往世界各地。他开着跑车,用自己的商务专机接我去他的工厂。在我到达后,我们会直奔车间,没有寒暄,没有咖啡。他一点儿也没有变。和我一样,他完全沉浸在工作中。这就是心有灵犀。

两个极客总比一个好

德国建筑师沃尔特·格罗皮乌斯(Walter Gropius)有句名言:"建筑始于工程完结之处。"这个观察就体现出了不同工种在社会地位上的明显差别。你或许能说出好几位知名建筑师的名字[譬如弗兰克·劳埃德·赖特(Frank Lloyd Wright)、贝聿铭和菲利普·约翰逊(Philip Johnson)],可是除非你私底下认识,否则你根本说不出一位工程师的名字。尽管建筑师与工程师彼此依存,但是通常只有建筑师会因其在美学上的大胆尝试或和谐优美的设计而获得更多的关注和赞誉。实际上,如何将建筑师的设计落到实处、如何确保建筑成品的安全可靠则属于工程师的职责范围。根据经验和观察,建筑师大多是对象可视化者,他们会在自己的脑海中看到建筑物的样子,而工程师通常是空间可视化者,他们会运用自己的数学头脑来计算电气系统、建筑结构的风荷载和雪荷载等。

为了探究机械工程师和工业设计师看待世界方式的异同，南澳大利亚大学工程学院的研究人员戴维·克罗普利（David Cropley）和康涅狄格大学尼格教育学院的詹姆斯·C.考夫曼（James C. Kaufman）展开了一项研究。他们邀请了120名工程和工业设计专业的本科生参与其中。受试者首先观看不同类型的椅子的照片，接着以5分制对它们的功能性、创造性和美观性进行评分。从顶级的符合人体工学的办公椅到懒人沙发，再到看起来像雕塑艺术品的椅子，受试者看到了各种设计风格的椅子。

对机械工程师来说，"看上去漂亮和坐上去舒服同等重要"。他们倾向于对每把椅子的功能及其美观性进行同步评价。然而，工业设计师则将椅子的功能性与美观性区分开来。换句话说，工程师们很难将形式与功能加以区分，而设计师们更善于区分美观性与功能性。对我来说，椅子的功能性就是舒适性。我对那款高档办公椅的功能性评价很高，但对其美观性评价较低。我最不喜欢的椅子是一把由弯曲的胶合板模制而成的户外椅。在我看来，它一不美观，二缺乏实用性。我还专门上网搜索了一下，结果没想到它竟然陈列在现代艺术博物馆里！这项研究表明让事物有所区别的不仅是它们的自身特性，譬如功能和美感，在很大程度上还有观察者的角度。将这项研究再往前推进一步，我们可以推断机械工程师是数学思维者，而工业工程师是对象思维者。

"现代摩天楼之父"威廉·勒巴隆·詹尼（William Le Baron Jenney）既是一名建筑师也是一名工程师。这或许可以解释他为什么既有建造一座10层大楼的梦想，又有实现梦想的机械工程技能。芝加哥的家庭保险大楼在建成之初是全美国的最高建筑。它也是第一座内部使用钢筋结构替代砖石结构的建筑，标志着从使用厚重的承载墙到使用开放式的轻质填充框架的转变。它同时还拥有防火设施、现代管道和奥的斯电梯。根据凯文·贝克（Kevin Baker）在《天才美国人》（America the Ingenious）一书中的说法，建筑历史学家卡尔·康迪特（Carl Condit）将这栋大楼誉为"自12世纪哥特式大教堂诞生以来最重要的建筑创新"。在我看来，这栋大楼像是出自一位工程师的手笔，因为它的外表并不美观，整体是一个注重实用性的矩形高层建筑。我猜想尽管詹尼是一名建筑师，但在本质上是一位视觉空间型的数学思维者，所以计算并建造一个不会倒塌的钢铁框架是他的兴趣所在。

克莱尔·奥尔森（Clare Olsen）和西妮德·马克·纳马拉（Sinéad Mac Namara）在《建筑与工程相结合》（Collaborations in Architecture and Engineering）一书中指出，建筑学与工程学在教学方式上的差别就已经说明了两个学科的区别。教室的空间布置也能展现出二者不同的学习方式。工程系的教室里是一排排井然有序的课桌，而在建筑系的教室里，学生们分散在一张大型工作台的周围，艺术和绘画作品在墙上贴得到处都是，它看上去更像是一个艺术工作室而非教室。工程学课程是"确定的",一次解决一个技术问题,而建筑学课程的设置则更加开放,重点在于培养和开发学生的创造力。

建筑和工程在过去就像两座孤岛。建筑师有构想,工程师则负责实现它们。面对同样一张圆弧效果图,工程师会使用单线条和数学方程来描述曲线的形状,而建筑师会用几何图形绘制出一幅三维效果图。"合作是否顺畅以及设计团队的成员设置,"奥尔森和马克·纳马拉写道,"会最终决定项目的成败。"那么,如何让具有不同思维方式的人们一起工作呢?机械工程师彼得·西蒙兹(Peter Simmonds)曾就职于纽约市库珀广场41号的摩弗西斯建筑师事务所。他说:"你必须与建筑师们讨论具体的项目。跟一个建筑师讲一大堆数学是毫无意义的。他们想要看到的是全局,是整体,或者说艺术的解决方案。所以,你必须先学会如何和他们交流。"

安德鲁·森特(Andrew Saint)在其文献详尽的著作《建筑师与工程师:同胞竞争研究》(*Architect and Engineer: A Study in Sibling Rivalry*)中指出,建筑行业内部的分工在中世纪晚期并不明确。石工技艺和木工手艺是当时主要的建造技术,主要掌握在经验丰富的工匠或"建造大师"手中。森特认为,在18世纪中叶至20世纪初,机械技术的发展和新型建筑材料如钢、铁以及钢筋混凝土的使用,使建筑师和工程师开始互有区分。森特写道:"许多精通机器的人来自建筑行业或与建筑行业紧密相关，尤其是木匠。有能力做建筑设计的人也能够设计出建造所需的相关设备。"建筑师和工程师的"分道扬镳"是一个随着专业化进程而逐渐发生的分裂过程。森特提到的一个例子就是火车站。因为火车站是"多功能的"，所以需要工程师"造机车、铺铁轨、搞土方、修桥梁、建车站"。理想的情况是建筑师、工程师、承包商和建筑工人能在这样的环境中协同合作。

古斯塔夫·埃菲尔（Gustave Eiffel）是将建筑师和工程师身份完美结合的典范之一。他最为人熟知的作品是位于巴黎的埃菲尔铁塔。埃菲尔最初是一名铁路桥梁的制造商和承包商。根据森特的说法，这段经历让埃菲尔对各种机械操作、结构技能以及设备日渐熟悉。当1889年世界博览会宣布举办时，埃菲尔正在与两名工程师合作，其中一位是莫里斯·克什兰（Maurice Koechlin），正是他绘制了埃菲尔铁塔的第一张草图。在代表法国参加世界博览会的竞争中，埃菲尔及其助手斯蒂芬·索维斯特（Stephen Sauvestre）与另外两位建筑师一起竞标成功。森特指出，这座高塔在当时被看作"钢铁的胜利、工程师的胜利"。然而，埃菲尔将埃菲尔铁塔的结构之美归功于索维斯特。埃菲尔说："建筑美学的首要原则是建筑物的基本线条要与它的目的完美契合。"他的这句话让我一下子就想到他们是对象视觉思维者（索维斯特）与视觉空间思维者（埃菲尔）的完美组合。

建筑师和工程师们发现，彼此在最好的状态下可以协同合作几十年。塞西尔·巴尔蒙德和雷姆·库哈斯就是这样一对搭档。他们一起合作了诸多项目，其中包括鹿特丹的艺术厅、西雅图中央图书馆和葡萄牙的波尔图音乐厅。随着越来越雄伟的结构规划以及新技术、新材料的不断涌现，他们的合作也越来越天衣无缝。在接受迈克尔·C. Y. 费（Michael C. Y. Fei）的采访时，巴尔蒙德解释说与他合作的顶级建筑师都认可他的思维方式。"他们会听取我对建筑工程可能性的敏感判断，"他说，"在抽象层面，建筑和工程其实是重叠的。"在《纽约客》的人物报道《抵抗重力的人》（"The Anti-Gravity Men"）中，巴尔蒙德进一步解释说，自合作伊始，"库哈斯就能发现建筑设计上的缺陷，而我会看到建筑工程上的问题"。他们都渴望解决问题，彼此相得益彰。他们找到了一种共同的语言，或者如库哈斯所说的"一种几乎是心灵感应式的交流方式"。

我说过自己对美国国家航空航天局极有兴趣并投入大量时间钻研。长期以来，我留意到他们的空间站设计纯粹是出于功能需求，毫无美感可言。事实上，它看上去就像是一个凌乱的垃圾场，显示器、电线、电缆、插头和面板杂乱地摆在那里，给人一种似乎飓风刚刚过境的感觉。空间站里的一个健身器材看上去就像是在家庭作坊里随意搭建的。我因此认定空间站是由一名几乎不关心美学问题的工程师设计的。

说到埃隆·马斯克，你难以想象当我得知他在 2020 年计划发射 SpaceX 的载人"龙"飞船与国际空间站对接时，我有多兴奋！我不想错过哪怕一分一秒的直播画面。从我看到空桥的那一刻起，我就知道我们进入了一个纯粹由视觉思维者展现的世界。通往载人"龙"飞船太空舱的那座桥看上去就像是出现在电影《2001 太空漫游》中的一个布景。相比之下，美国国家航空航天局的空桥看上去就像是用拼装玩具搭起来的脚手架。进入 SpaceX 太空舱后，一切都是纯白色的，仪表板上是宽大的触摸屏。美国国家航空航天局设计的宇航员头盔类似于战斗机飞行员的头盔，而 SpaceX 的头盔设计灵感则来自法国巴黎的电子音乐制作乐队"蠢朋克"的造型。SpaceX 的宇航服则出自曾为多部漫威电影设计过服装的好莱坞服装设计师何塞·费尔南德斯（Jose Fernandez）。马斯克坚持要求 SpaceX 租用曾发射过"阿波罗号"登月飞船的 39A 发射台。我想象得出他关心每一个细节所呈现出来的样子。他希望与历史有联结。看着他的杰作腾空而起，我的内心久久不能平静。

我认为马斯克不仅仅是一位视觉思维者。显然，他属于那种既能设计又能建造的不可多得的人才。同威廉·勒巴隆·詹尼一样，他不仅有想象力而且有付诸实施的能力。他既是对象可视化者，也是空间可视化者。马斯克最近在接受美国著名创业孵化器 Y Combinator 的采访时表示，他把 80% 的时间都花在 SpaceX 的工程设计部门和开发特斯拉的下一代产品上。对此，我一点儿也不感到惊讶。他说："我的时间几乎都花在了工程团队身上……要处理美学和那种让你看上去有感觉的东西。"他知道自己火箭上每一颗螺栓的样子。对他来说，一切都是为了打造有用的好东西。

马斯克最让我欣赏的地方之一就是他的视觉想象力。宇宙飞船上的一切都被设计成很酷的样子，给人们一种孩童般的惊奇感，就像当年许多人在观看"阿波罗11号"飞船登月时所感受到的那样。我很想知道，他是怎么做到在经营SpaceX和特斯拉的同时还能有大把时间和设计师们待在一起的。也就是在这个时候，我发现他有一个得力助手，也就是SpaceX的第7号员工格温·肖特韦尔（Gwynne Shotwell）。2002年加入SpaceX的肖特韦尔目前是公司总裁兼首席运营官。她负责日常运营，包括公司预算和法律业务。许多文章认为是她让马斯克善变的性格得到了控制，但是我觉得她真正理解的是马斯克的大脑，部分原因在于她拥有机械工程学士学位和应用数学硕士学位。她了解科学并受到马斯克愿景的启发。不过，她关心的是火箭运行能否按时进行。在接受美国国家航空航天局约翰逊航天中心口述历史计划的采访时，肖特韦尔说："我骨子里没有创造性。我就是一名分析师，但我对此很满意。"两个极客总比一个好。

史蒂夫·乔布斯对美的极致追求、对形式与功能完美结合的痴迷在苹果手机上得到了完美体现。但是，这一切始于他对字形之美的感悟。在斯坦福大学的毕业典礼上发表演讲时,他谈及了自己当年辍学后在里德学院旁听书法课的经历。他说:"那是一种科学永远不能捕捉到的美、历史感和艺术上的精妙,我发现它实在太美妙了。"显然,他乐意向草坪上的大学毕业生谈论自己的辍学经历。他也想要强调,上自选课让他有了与以往上必修课截然不同的感受。这种书法之美对乔布斯早期设计苹果电脑的理念产生了重大影响。苹果电脑既实用又美观。"我们的设计核心是让产品特性一目了然。"他对毕业生们说。乔布斯最伟大的成就是让计算机从只有计算机爱好者才能使用的工具转变为人人都可以使用的消费产品。

为了让一台外观漂亮的计算机真正发挥作用,就需要一位技术人员设计出使其能够运行起来的电子线路。史蒂夫·沃兹尼亚克就是乔布斯的完美搭档。沃尔特·艾萨克森在乔布斯的传记中写道:"这应该是继32年前休利特走进帕卡德的车库之后,硅谷历史上意义最重大的一次车库会面。"[①]沃兹尼亚克在自己的书中写道,他想要做的只是电路设计以及"提出聪明的想法并加以应用"。艾萨克森在谈及两人的合作时写道:"乔布斯气场强劲……他也许富有魅力,甚至令人着迷,但是也冷酷无情。相比之下,沃兹尼亚克生性害羞,不善社交,这让他看

[①] 威廉·休利特(William Hewlett)与戴维·帕卡德(David Packard)是美国信息科技公司惠普的两位创始人,他们于1939年合作创立惠普公司。乔布斯与沃兹尼亚克则于1971年合作创立苹果公司。——编者注

上去有一份孩童般的可爱。"艾萨克森接着引用了乔布斯描述两人合作关系的原话:"沃兹(尼亚克)在某些方面非常聪明,但是在和陌生人打交道时又很木讷,就像一个书呆子。我俩是一对好搭档。"

20世纪70年代,乔布斯和沃兹尼亚克在开发苹果第二代计算机(Apple II)时发生了第一次口角。乔布斯想要计算机功能简单化,便于使用。他提出只设置两个接入端口:一个连接打印机,另一个连接调制解调器。但是,沃兹尼亚克想要留出八个端口来应对日后的功能升级。乔布斯坚称要想让计算机走进千家万户,在设计上就不能太复杂。根据艾萨克森的说法,乔布斯想要建立"无缝衔接的用户体验感"。技术人员想要增加功能选择,但是乔布斯认为对大多数人来说,额外的功能只会制造混乱,反而让计算机不易上手,而且在审美上也缺乏吸引力。他设想的画面是用户从盒子中取出产品后,接上电源就能立即使用。形式与功能之辩处在紧要关头。

乔布斯和沃兹尼亚克在合作10年后不出所料地分手了。苹果公司相继推出了深受用户喜爱的电脑以及令人爱不释手的手机。苹果产品的用户忠诚度非常之高。每次一有新款推出,人们就会大排长龙,争相购买。让公司发展到这一步的关键是乔布斯找到了新搭档——设计师乔尼·艾夫(Jony Ive)。1997年,艾夫成为苹果公司的设计高级副总裁。艾萨克森写道:"在追求真正的而非表面的简单的路上,乔布斯遇到了灵魂伴侣。"乔布斯告诉他的传记作者:"如果我在苹果公司有一个精神伙伴,那就是艾夫。他和我一起构想出了大部分产品,之后我们才把其他人拉进来说:'嘿,你觉得这个怎么样?'对每一件产品,艾夫不仅能看到一个完整的图像,而且能留意到最微不足道的细节。"

来之不易的合作

如前所述,成功合作的第一步是认识到不同思维方式的存在。这句话听上去很简单,但事实上想要调整一个人的思维方式或设身处地为他人着想并不容易。人们通常执着于自己的做事方式,因为它源于人们看待世界的方式。这不仅仅是出于习惯或训练,尽管习惯和训练会让我们对此更加执着。

我听说过的最糟糕的案例之一是一家功能失调的公司邀请了一群顾问进行部门之间的协调整合。这些顾问将来自不同部门、不同团队的工作人员组织到一起进行团建,内容包括负责完成社区项目、为掉落的鸡蛋制作降落伞以及"信任背摔"。这种高度人为的刻意练习事实上只会激怒员工,让他们之间缺乏合作的空间。再说,给鸡蛋制作降落伞与把他们的产品更有效地推向市场又有什么关系呢?

对我来说,促进各部门协同合作的首要任务是彼此尊重。背摔并不会让管理者和技术人员产生和谐同乐的奇妙时刻。我会建议来自不同部门的团队就项目进度进行说明以增加相互了解。良好的沟通可以解决很多问题。不过，你要认识到不同专业、领域的人具有不同的表达习惯。一名艺术总监与一个和数字打交道的人生活在完全不同的星球上。正因为如此，当身穿西装的管理者无法理解为何需要高价扫描仪或其他类似的设备来保持生产力时，艺术领域的预算就会被削减。

理查德·范诺登（Richard Van Noorden）在《自然》杂志上发表的一张图表显示，一些学科比起其他学科更需要跨领域的合作，例如健康科学的研究人员就比临床医学的研究人员更需要与专业领域外的人展开合作。健康科学的研究人员之间更需要合作的原因之一是必要性。一个名为"卓越研究框架"的项目对英国不同研究领域的优势进行了评估。结果发现在学术界之外影响力越大的研究项目，越有可能需要跨学科合作。然而，对某个狭窄专业领域内职业发展的重视往往会阻止许多科学家进行此类合作，因为他们担心这有可能会影响他们的职业发展。

另一个有关协作的研究项目试图检验对象可视化者与空间可视化者一起工作是否会产生更好的效果。安妮塔·威廉斯·伍利（Anita Williams Woolley）与其在哈佛大学和斯坦福大学的同事们一开始假定，团队中的个人犹如大脑中的区域，不同的系统处理不同的信息。当不同类型的思维者一起工作时，其过程就好比大脑视觉系统中负责处理物体形状、颜色及纹理的腹侧通路与处理空间关系的背侧通路一起工作。这项研究召集了100个两人团队并向它们提出挑战，要求它们走完一个虚拟迷宫，沿途标记一组组"小精灵"，即吃豆人风格的小人物。一些团队由相同类型的思维者组成，另一些团队则由不同类型的思维者组成。在迷宫中导航和标记需要空间思维，而记住"小精灵"的位置则需要对象思维。

在混合型团队中，视觉空间思维者控制操纵杆，而对象可视化者使用键盘来标记"小精灵"的位置。结果表明，由不同类型的思维者组成的团队要比相同类型思维者组成的团队表现得更出色，"展示出团队拥有完成不同任务的特定能力的好处"。事实上，同质团队的合作越多，表现就越差。他们往往会花大量的时间进行毫无成效的沟通。任何参加过没完没了又毫无结果的会议的人都深知那种沮丧的感觉。

这一研究结果证明，团队最好由具有不同神经系统优势的人组成。一如前几章所述，擅长一种视觉思维的人通常不擅长另一种。哥伦比亚大学地球观测站的研究人员金·卡斯滕斯（Kim Kastens）主要研究地球科学中的空间思维。他充分认识到了对象可视化和视觉空间思维的价值。例如，对象可视化者擅长分析卫星图像、识别岩石和矿物以及理解声纳图像，而更偏向于数学运算的空间可视化者更适合将三维数据视觉化，无论是以数字还是以图形形式。

与美国国家航空航天局相关的两个合作案例一直让我备受激励：一个涉及一组女裁缝与她们自学成才的工程经理，另一个涉及一位才华横溢但默默无闻的计算机工程师。

大众几乎不知道国际乳胶公司（ILC）在1965年打败了其他两家公司，赢得了为第一批"阿波罗号"飞船上的宇航员设计和生产宇航服的机会。（国际乳胶公司就是女性文胸及束腰带制造商"倍儿乐"的母公司。）2011年，在尼古拉斯·德蒙肖（Nicholas de Monchaux）讲述"阿波罗号"宇航服历史的书出版之后，这件事才开始广为人知。当时，宇航服的设计主要面临两大挑战：第一，宇航服需要从内部充气、加压，同时能够承受外部的极端温度；第二，宇航员穿上看似笨拙的宇航服后必须活动自如。《快公司》上刊登的一篇文章曾经解释道："一位官员说，宇航员佩戴手套后应该能轻松地捡起一枚硬币。"美国哥伦比亚广播公司的新闻报道称："美国政府的大型承包商，如利顿工业公司和汉密尔顿标准公司最初设计的宇航服过于坚硬和笨重，看上去就像是加拉哈德爵士和巴斯光年的混合体。"

国际乳胶公司设计的宇航服因其灵活性而最终胜出。然而，整个美国国家航空航天局里的男性工程师因其男子气概而难以接受一家生产制造女性文胸的公司竞标成功，更何况这款宇航服还有可能被命名为"倍儿乐生活太空服"。除了延展性很强的柔韧面料，倍儿乐其实还有一个秘密武器，那就是专业女裁缝。国际乳胶公司解决问题的方式同美国国家航空航天局内倾向于数学思维的工程师们完全不同，双方因此常有冲突。工程师们想要精确的图纸，而国际乳胶公司的女裁缝们则使用纸样，甚至有时在缝制过程中还会有所偏离。一位女裁缝告诉美国国家航空航天局的技术团队:"它可能在那张图纸上看起来不错,但我不会照着那张图纸缝。"倍儿乐女裁缝们精心缝制的宇航服早应该获得赞誉。据哥伦比亚广播公司报道,"每套宇航服都由21层薄薄的织物组成,缝制的误差精确到1/64英寸[①]"。一位女裁缝坦承,一想到宇航员的生命就掌握在自己手中,她几乎每晚都哭。正是这样一群视觉思维者让宇航服成为可能。

拥有化学工程和应用数学学位的计算机科学家哈尔·拉宁(Hal Laning)在麻省理工学院一间凌乱的办公室里工作。出于对聚光灯的反感,他很少发表论文。你也许永远也不会知道他的发明为"阿波罗11号"飞船的成功登月扫清了道路。和凯瑟琳·约翰逊(Katherine Johnson)一样,拉宁从小就对数字着迷。每个星期天,他都会用教堂外的公告栏里张贴的赞美诗编号来编写数学题。他的同事唐纳德·弗雷泽(Donald Fraser)说:"他能像我读一本小说那样,轻松地阅读数据的十六进制转储。无论何时,他都能背出圆周率的前30位数字。"在"阿波罗11号"飞船的登月计划中,有两项关键性的创新。拉宁使用了体积小、重量轻的硅集成电路芯片(这项技术加速了我们今天视为理所当然的微芯片技术的发展)。要知道,计算机在那个年代有好几个冰箱那么大。有意思的是,这

[①] 1英寸≈2.5厘米。——编者注

些细小的金属芯片是由雷神公司雇用的具有编织经验的女工缝合而成的。

拉宁设计了一个相对原始的计算机系统。该系统可以处理登月舱运行所需的代数方程。他有效地创建了一个编译器,可以将方程转化为可理解的计算机语言。拉宁坦承编程是其他人做的,但正是他设计的三级处理系统确定了任务的优先级别,从而使尼尔·阿姆斯特朗(Neil Armstrong)能够在系统过载时部分地控制模块,将雷达重新调整至正确的设置,并且能够及时断开连接以防止计算机进一步过载。拉宁的编译器实际上是在教计算机如何阅读并理解代数方程,然后明确如何通过在几分之一秒内切换任务来执行多任务。代数编译器是一个极具创新的想法,它使内存有限的计算机也能顺利工作。换句话说,如果没有它,就不会有"阿波罗号"飞船的成功登月。

两种完全不同类型的思维者——科学家和女裁缝的顺利合作是完成这些任务的关键。

语言,遇上视觉

20世纪90年代中期,当我在写作《用图像思考》一书时,我的编辑贝齐·勒纳的桌子上和地板上堆满了纸张,办公室的墙上也贴满了便利贴。我是一个纯粹的图像思维者,而贝齐则生活在一个语言文字的世界。所以,对她来说,帮助我以线性的方式整理思路是一项巨大的挑战。我不仅用图像思考，而且会产生联想，也就是说，我的大脑会创建大量可视化的信息并将它们一一连接。对一位语言思维者来说，这些连接看上去随机无序。可是，我会在大脑中一直对图像进行分类。贝齐是一个彻头彻尾的线性语言思维者，她需要一个句子在语法上完全正确，唯有如此，她才能在完全理解之后接着往下读。我们认识到了彼此的差异，而这种差异成为我们后来合作的基石。对毫无经验的语言思维者来说，我的初稿看上去就像是一系列杂乱无章的组块叠加在了一起。贝齐需要按顺序予以梳理。

这就是我们合作的过程：针对每一章，我先写初稿，贝齐随后重新排序。她是所有信息的组织者。我喜欢她梳理出我科技写作背后的故事。语言思维者喜欢故事。只有当一件事有明确的开头、中间过程和结尾时，这件事对他们来说才有意义。作为一位对象思维者，我则会将不同的视觉信息叠放在一起并在大脑中组织起来。而空间可视化者会使用代码、模式和抽象概念来理解这个世界。贝齐还会问我很多问题，特别是关于事情如何运作的问题。对我来说，答案显而易见。但是，她的提问让我理解了语言思维者处理信息的方式，也有助于我明白要如何向他们解释科学和工程方面的事物。了解一位语言思维者和我自己思维方式的不同是一个不断学习的过程。贝齐让我变得善于解释。再重复一次，改变的第一步就是认识到不同类型的思维者自有其独特的方式来解决问题、增长知识。

有两位天才负责破译著名的罗塞达石碑上的碑文。碑文包含三种文字：古埃及象形文字、世俗体文字和希腊文字。石碑上还雕刻着美丽的鸟、狮子和蛇，中间穿插着非图形符号。爱德华·多尔尼克（Edward Dolnick）在《众神之笔：罗塞达石碑的破解竞赛》（The Writing of the Gods: The Race to Decode the Rosetta Stone）一书中详细讲述了古埃及象形文字如何被破译的故事。

这两人都是神童，年龄很小时就学会了阅读。他们很可能都有孤独症的特征。其中，托马斯·扬（Thomas Young）不仅接受过医学训练，而且发表过有关光波的物理学研究文章。他可以毫不费力地运用数学方法来解决科学问题，就好像它们是有趣的拼图一样。他原本对埃及学没有特别的兴趣。为了破译罗塞达石碑的碑文，他使用了一套严格的数学方法，类似于密码破译计算机。他发现有一些象形文字是表音的。但是，他的计算方法只能解决部分问题，完全破译罗塞达石碑碑文需要不同类型的知识。

另一位天才让-弗朗索瓦·商博良（Jean-François Champollion）在法国长大，通过将听到的天主教教徒的弥撒唱诵与祈祷书中的文字进行比对学会了阅读。16岁时，他已掌握了6种语言；19岁时，他成为一名大学教授。他不喜欢数学，而且一门心思地专注于古埃及的一切，无论这种联系对他来说有多遥远。商博良运用了联想的方式来解决罗塞达石碑的难题。

他有一种预感，科普特语可以在希腊文译文和古埃及象形文字之间架起一座桥梁。科普特语源自最初的古埃及语言，但是用希腊文字书写的，甚至在阿拉伯人征服埃及后仍作为一种埃及语言被使用。凭借对古埃及历史和科普特语的广泛了解，商博良发现狮子的形象可以根据其上下文表达三种不同的含义。它可能意指"狮子"，也可以代表字母L，又或是与其发音相似的"儿子"一词的双关语。商博良凭借自己对埃及宗教知识的了解，还弄清楚了埃及圣鹮图像的象征意义。

托马斯使用的数学方法（空间可视化者的典型特征）为破译罗塞达石碑提供了重要的基础；商博良使用联想方法，包括将声音可视化的能力（对象可视化者的典型特征），完成了最后的破译。如果他们两人能同时一起工作，那么罗塞达石碑碑文的破译工作肯定会更快地完成。当然，他们也很有可能会互相讨厌！

我在静音吗

全球新冠肺炎疫情期间，我几乎只有网络生活。我在线上教学，有时还会参加线上举办的学术会议，可一些线上操作常常令人摸不着头脑。同大多数人一样，我对视频会议程序的用户界面的体验有好有坏。为了在一次学术会议上做报告，我不得不花一个小时接受培训，学习如何使用一个登录就需要30

分钟的可怕程序。许多界面都太复杂了。这个时候，我们就需要对象可视化者来创建能提供更好视觉体验的版本，因为他们能够准确地"看到"人们使用程序时的画面。谷歌成为头号搜索引擎的原因之一就是它的界面设计极为简洁：简单的白色屏幕加外一个搜索框。我记得第一次看到它时，就在想"哇哦，不用学"。

这也是为什么 Zoom 在疫情期间会脱颖而出，成为最受欢迎的视频会议软件之一。你不需要额外学习就会使用它。在疫情叫停所有的旅行、课堂教学之前，我从未听闻 Zoom。我是从同事那里得知，大家不是在用 Zoom 就是在用 Microsoft Teams（一款团队协作软件）。Zoom 的成功是典型的因老公司创新能力不足而促成新公司迅速崛起的案例。Zoom 的创始人袁征（Eric Yuan）原本是思科公司广受欢迎的视频会议平台 Webex 的首席工程师。他一直督促思科公司改进 Webex，但始终没有得到回应。于是，他自立门户，以期提供效果更好、更易于使用的视频服务。在新冠疫情暴发后的前 6 个月里，袁征创立的 Zoom 赚了 120 亿美元。

克莱夫·汤普森（Clive Thompson）在他的著作《程序员》（Coders）中指出，网站的前端工作，即处理用户和网站的交互，往往"被贬低为美观但模糊的存在"，"算不上真正的程序员工作"。偏好数学的空间可视化者往往被编程或抽象的东西吸引。汤普森表示，如今女性更有可能成为前端设计师，而男性更有可能从事编程工作。然而，他在《纽约时报》发表的一篇题为《女性程序员的隐秘历史》("The Secret History of Women in Coding")的文章中指出，在计算机行业的发展初期，女性的存在比之后的几十年更为普遍。在20世纪50年代，性别门槛和性别偏见尚未形成。根据汤普森的说法，"需要程序员的机构只是使用能力倾向测试来评估申请人的逻辑思考能力"。雇主通过模式识别测试来寻找有逻辑、擅长数学且工作一丝不苟的人。这些需求自然与性别无关，他们只是在寻找空间可视化者。如果用户界面杂乱无章、难以操作，那么即使有最非凡、最漂亮的数学代码也无济于事。

成千上万的人选择Zoom的原因就在于它简单、易操作。没有谁会对长达一小时的程序使用培训课感兴趣。在一次和巴西连线的Zoom通话中，一台服务器崩溃了，我们不得不切换到了直播平台StreamYard。我之前从未用过它，但是仍能直接上手，因为它有一个好的用户界面。

农夫与牛仔

许多人都会提及某些歌曲于他们而言有着附加的情感意义。可是，我的视觉思维只会将歌曲与我曾经听到它们的地方以及它们在我的脑海中所唤起的图像联系起来。在我被赶出斯科茨代尔饲料场的那一天，车里正好播放的是桑尼和雪儿的《牛仔的工作永无止境》("A Cowboy's Work is Never Done")。在斯威夫特牧牛场漫步时,我记得脑海中反复播放的是西蒙和加丰克尔创作的那首《寂静之声》("The Sounds of Silence")中的一句:"先贤们的箴言涂鸦在地铁的大墙和公寓的走廊。"在《用图像思考》一书中,我提到当我驾车离开肉类加工厂时,我听的是齐柏林飞艇乐队的《天国的阶梯》("Stairway to Heaven")。我从小喜欢音乐剧中的歌曲,这份喜欢至今未变。上高中时,我的室友曾多次出演过音乐剧《天上人间》(*Carousel*)、《再见,伯蒂》(*Bye Bye Birdie*)和《俄克拉何马》(*Oklahoma*!),我也曾在高中的一次才艺秀上演唱过《俄克拉何马》中的那首《农夫与牛仔》("The Farmer and the Cowman")。高中毕业时,我用于自我激励的歌曲就是来自音乐剧《天上人间》的《你永远不会独行》("You'll Never Walk Alone"):

> 风雨中,向前行
> 抬起头,挺起胸

这首歌总让我目视未来。也许会有风雨,但是阳光总在风雨后。我闯过许多扇门,每一次勇敢闯关的时候,我都会想起这首歌,想起它描绘的光明未来。

正是作曲家理查德·罗杰斯与歌词作家奥斯卡·哈默斯坦

的合作，让我欣赏到了包括《天上人间》和《俄克拉何马》在内的诸多音乐剧。如今，仔细回想他们之间的合作，我才意识到他们是思维互补的完美典范。两人相识之初，罗杰斯已经在百老汇发展得非常成功，而哈默斯坦尽管在行业内备受尊重但事业并不顺利。对在剧院工作的人来说，人到中年才开始合作绝不常见。然而，自从两人决定一起合作，神奇的事情就发生了。弗雷德里克·诺兰（Frederick Nolan）在《他们的音乐之声》（The Sound of Their Music）一书中引用罗杰斯的话："我和哈默斯坦之间发生了奇妙的化学反应。合适的搭档在一起会让灵感爆发。从讨论剧目开始，我俩就一拍即合。"他们创作的第一部作品就是《俄克拉何马》。罗杰斯说在哈默斯坦将开场曲《哦，多么美丽的一个清晨》（"Oh，What a Beautiful Morning"）的歌词给他10分钟后，他就创作出了令人难忘的旋律。"哈默斯坦把歌词给我的时候，我高兴得一塌糊涂，因为一切都是那么好，那么对。"

他俩并没有在深夜、在堆满烟灰缸的钢琴旁一起创作。相反，哈默斯坦主要在自己位于宾夕法尼亚州的家中作词，而罗杰斯则大部分时间在自己位于康涅狄格州的家中或位于纽约的公寓里作曲。哈默斯坦先写词，而后发给罗杰斯谱曲。在接受全美公共广播电台（NPR）的音乐节目《新鲜空气》（Fresh Air）的采访时，托德·珀德姆（Todd Purdum）表示罗杰斯和哈默斯坦并未走得很近。根据斯蒂芬·桑德海姆（Stephen

Sondheim）的观察，两人私下几乎从不互动。但是，这一点儿也不重要，重要的是他们之间是创造性的合作与商业伙伴关系。正如罗杰斯在回忆录中所说："我对音乐剧长期以来的看法是，如果一出剧能够大获成功，那一定是因为所有独立的部分彼此契合又互为补充。没有哪一个部分更重要、更突出……它是许多人参与创作的作品，但同时又让人感觉似乎出自一人之手。"

据珀德姆说，这对搭档具有很高的项目合作精神。他们在所有演出中使用相同的管弦乐队、声乐编曲者和布景设计师。你可以美好地想象他们是好朋友，在亲密的个人关系中成功演绎了百老汇的魔力。然而，我们理应认识到双方思维互补的深刻联系首先是关于工作和职业道德的。合作者一定是发现了整体大于部分的力量。正如桑德海姆总结的那样，"哈默斯坦是一个才华有限而灵魂自由的人，罗杰斯是一个才华无限但灵魂有限的人"。我的理解是，一位语言思维者与一位空间思维者完美合作，共同创造出了美妙的音乐。

思维互补的未来需求

当我们必须对未来科技如使用核聚变产生清洁能源等相关议题做出决定时，我们需要对象可视化者。核聚变能源将是最后的气候友好型能源，可替代核电厂和化石燃料发电厂供应的能源。目前，视觉空间型的数学思维者正在努力使物理理论变成现实。私营企业已经资助了4种不同的设计，它们看上去就像是下一部轰动全球的科幻电影中的布景。在近期的《自然》杂志中，一篇题为《追逐聚变能源》（"The Chase for Fusion Energy"）的文章对其进行了介绍。这4种设计都使用了强磁场来容纳温度高于太阳的等离子体。问题是，哪一种技术会脱颖而出，最终在现实中用于商业发电呢？

首先，我们需要确保潜在的投资者不会被出色的销售方式迷惑。例如，曾经如日中天、如今声名狼藉的血液检测公司Theranos就是利用虚张声势的虚假宣传骗取了投资者的信任。这家公司号称发明了一款血液检测机器，仅凭一滴血就能完成多项诊断测试。投资者从未想过用传统的商业经验来测试和评估这款新机器，又或者自己刺破手指简单一试。结果，数百万美元的投资付诸东流。这家公司的创始人伊丽莎白·霍姆斯（Elizabeth Holmes）也因此面临11项欺诈指控，最终因其中4项被定罪。

面对4种不同的核聚变反应堆设计，我想：如果是我，会投资哪一个呢？大型私营投资者已经为其中两种设计投入了数百万美元。当我在谷歌图片上查看这两种设计的外观时，我发现可以采用标准的工业机械车间的建造方法来建造它们。第四种设计名为仿星器（Stellarator），看上去美观大方，就像一个闪亮的新玩具。它的样子让人联想起缠绕在紧身衣上的线圈。

它形状复杂，运用传统的金属车间方法来建造会极为困难。第一个设计名为托卡马克（Tokamak）。在国际原子能机构的一份出版物中，沃尔夫冈·皮科特（Wolfgang Picot）在谈到这两种设计时说："托卡马克装置更擅长维持等离子体的高温，而仿星器更擅长维持等离子体的稳定。"稳定性对于现实的商业运营至关重要。从长远来看，让人眼前一亮的仿星器有很多优点。我决定把赌注押在它的身上，即使它不寻常的形状为金属部件的打造带来了工程障碍。它的金属部件需要用 3D 打印机制造。像仿星器这样的神奇机器就需要两种思维者的协同合作。空间思维者负责编写计算机代码，他们几乎可以编写出任何你能想象到的东西，从乐器到假肢再到整栋房子以及仿星器所需的复杂的金属形状。但是，这些机器属于我们所说的需要"高昂维护成本"的物品，你不可能只按一下按钮就得到你想要的小部件。它们需要精心维护，我敢肯定这些精细的金属部件的精密加工需要对象思维者。在如今这个复杂的世界，我们需要不同类型的思维者协同合作，共同解决问题。唯有如此，我们才能找到事关未来的清洁能源。

第五章

天才与神经多样性

我第一次意识到天才的存在是在我读小学的时候。当时，我特别着迷一本介绍著名发明家的书。我读了一遍又一遍，被其中的故事和发明创造深深吸引。其中的许多人和我一样被认为是"困难儿童"，我们所展现出来的一些特征如今会让人联想到阿斯伯格综合征及其他的孤独症谱系特征，例如注意缺陷多动障碍、阅读障碍、学习成绩差、社交能力差、平时注意力不集中但会在某些任务上表现出令人难以置信的专注度和热情度等。许多发明家也和我一样在小时候喜欢拆装东西。莱特兄弟在他们的"飞行者号"获得专利认可之前，为了改进飞行器经历了近千次的试飞。我对他俩有一种莫名的亲近感。一个"正常"的孩子早就感到无聊和厌倦了，我还会一遍又一遍地调整纸飞机和自制风筝，试验不同的折叠方式以获得最大的升力。我当时尚未被诊断出患有孤独症。我也不明白自己为什么会如此与众不同。后来，我才认识到我与莱特兄弟具有一些相同的特征，譬如专心致志、对机械着迷、以逻辑而非情感为导向。

我印象最深刻的发明家是托马斯·爱迪生。他凭借自己创纪录的1 093项发明专利在19世纪与20世纪之交的历史上占据了主要地位。他为美国的创新做出了积极贡献，更因发明了灯泡和发电厂系统、让电进入千家万户而流芳百世。他以一种孜孜不倦的创业热情敏锐地驾驭着自己惊人的想象力。他的诸多才能的迹象早在幼年便已显现，其中包括我们现在认为属于孤独症谱系的一些特征。

对故去的人进行某种诊断或者试图对他们创造力的来源进行论证总是很危险的。然而即使如此，我们仍然不乏仅凭借生活经验和逸闻趣事对艺术界和科学界的天才进行各方解读的传记和研究。爱因斯坦的大脑在其死后7.5小时便被摘除，相关的研究更是不计其数。人们无数次试图解读莫扎特、贝多芬、达·芬奇、米开朗琪罗、牛顿、开普勒、达尔文和莎士比亚这些旷世天才的隐秘世界。原因也很简单，那就是天才迷人。他们的出现改变了世界。

在这一章中，我们将站在神经多样性、天才和视觉思维的交叉路口，通过查看像爱迪生这样的视觉思维者的例证，即在学校里成绩糟糕却极富创造力的人，探讨在才华横溢的人群中普遍存在的对象可视化及空间可视化现象，探究创造力与遗传

第五章 天才与神经多样性

的相关性，并且思考某些类型的天才是否在孤独症谱系中等问题。我的目的并不在于挖掘出这个世界上的"爱因斯坦们"，而是试图通过一系列例证来说明在我们所认定的天才人群中，神经多样性，尤其是借由视觉思维所表现出来的神经多样性是如何普遍存在的。

糊涂的陌生感

从各种传记作品对爱迪生的描述来看，他似乎有一些孤独症谱系特征：他有着隆起的前额（头大通常是孤独症的一个特征），能记住镇上的每一条街道，还特别爱问问题。有两件事能说明他的情绪反应范围，譬如同理心相当有限。第一件事是他烧毁了父亲的谷仓。第二件事是他和朋友玩耍时，朋友不小心落水，但他未能及时救援，朋友最终溺水而亡。爱迪生上学时在班上成绩垫底，不好相处，爱走神，且"发育迟缓"。传记作家埃德蒙·莫里斯（Edmund Morris）引用爱迪生的原话："我以前在学校总是不合群。我也不知道怎么回事，次次在班里垫底……我父亲觉得我太笨，到最后我自己也认定我就是个傻瓜了。"在目前的教育体系中，爱迪生十之八九会被贴上注意缺陷多动障碍的标签。事实上，美国约 1/7 的男孩都被贴上了这个标签。像爱迪生这样的机械思维者在以语言学习为主的课堂环境中通常会备感无聊。一如我们在有关教育的章节中所讨论的那样，这些孩子需要动手具体地做些什么。

在得知一位老师叫爱迪生"糊涂蛋"之后，他曾经做过老师的母亲决定不再让他上学，而是在家亲自教他。她督促爱迪生广泛阅读，其中就有理查德·格林·帕克（Richard Green Parker）写的《自然与实验哲学教学概要》（A School Compendium of Natural and Experimental Philosophy）。根据莫里斯的说法，正是这本书引领爱迪生走上了发明创造的道路。帕克在书中讲述了当时已知的61种化学元素和6种基础工具的知识，这6种工具分别是滑轮、杠杆、楔子、螺丝、斜面和轮子。这些基本的机械工具会对一个即将进入"聪明的工程部门"的才华横溢的年轻人产生吸引，这对我来说一点儿也不奇怪。

爱迪生12岁时开始在大干线西部铁路公司的火车上担任报童。关于他在第二次上学之后再次辍学的原因一直众说纷纭，但是他的创业天赋的确在课堂外得到了蓬勃发展。在从底特律到休伦港的当地火车上，他想到了一个抓住空当向顾客售卖东西的赚钱方法。他将电报报道编辑成了一份名为《先驱周刊》（The Weekly Herald）的大报，并以一份3美分的价格出售给火车上的乘客。爱迪生还在家中的地下室里建造了一个实验室，里面有200多瓶化学物品。最出名的一段"插曲"是他有一次做化学实验时不小心点燃了大干线西部铁路公司一节半空的火车行李车厢。这位后来举世闻名的发明家和企业家在14岁那年已彻底成熟。

接着,他相继遇到了自己的两位人生导师。一位是电报员兼火车站站长詹姆斯·麦肯齐(James MacKenzie),他教会了爱迪生莫尔斯电码以及如何使用电报机。另一位是电报员、电气工程师、发明家和专利律师富兰克林·伦纳德·波普(Franklin Leonard Pope)。波普是行业标准手册《电报现代实践》(*Modern Practice of the Electric Telegraph*)的编写者。两个人的相识很有可能是因为喜欢阅读的爱迪生在看过这本手册后亲自找到了波普。比爱迪生大7岁的波普成为他的导师,也是为他提供薪水和住宿的准赞助人。他们一起成立了波普-爱迪生公司。21岁那年,爱迪生因电子投票记录仪而获得了人生的第一项专利,并随后推出了基本上用作股票报价机的单线打印机,由此为发明二重发报机打下了基础。二重发报机的特点是其线路可以同时运转两种操作,从而实现双向对话。爱迪生和波普在合作一年后分道扬镳。对于他们的"分手"至今没有十分明确的说法。也许,我们不难想象才华横溢、年纪轻轻的爱迪生在了解了如何申请专利之后是多么想要单飞。

爱迪生的故事至少说明天才不会凭空出现。如果没有相应的指导与实践,即使是最聪明的人,也无法找到可以施展才能或走向成功的机会。爱迪生一生受益于一心投入他的教育的母亲。在童年及青少年时代,他就有很多机会接触机械和电气设备。在做小贩和报童时,他还培养出了强烈的职业道德感。他的创业热情得到了波普的鼓励和资助。所有这些因素都与他的天赋完美结合。他强烈的好奇心（我相信这是与生俱来的）加上他看待世界的方式（我相信他是一位对象视觉思维者，因为他喜欢制作东西）让他在小学时期困难重重，但最终让他成为一位影响世界的发明家。判定爱迪生是一位视觉思维者最有力的线索来自弗兰克·戴尔（Frank Dyer）和托马斯·马丁（Thomas Martin）在传记中引用的一句话，爱迪生说："我总可以雇用一些数学家，但他们不能雇用我。"爱迪生承认他的机械才能和天分远远超过他的数学能力。

我很容易与像爱迪生这样在学校里表现不佳的男孩以及我们现在所说的有学习障碍的孩子的故事产生共鸣。今天终于出现了一场运动，它敦促我们认识到，在一种环境（例如课堂）中可能看起来有缺陷的表现在另一种环境中可能被视为不可多得的能力。

神经多样性

"神经多样性"这个术语源于孤独症群体。这是一句因自身差异而被社会边缘化的人呼喊出的战斗口号。神经多样性的支持者们力图改变使人沦为诊断和标签的医学模式。记者哈维·布卢姆（Harvey Blume）在《大西洋月刊》上发表的文章具体阐述了这一想法。他写道："神经多样性对人类可能与生物多样性对地球一样重要。有谁可以保证在某一个特定的时刻哪一种神经网络就是最好的呢？"这个术语后来被扩展至包括阅读障碍、注意缺陷多动障碍、感觉统合失调、学习障碍、注意缺陷多动障碍、图雷特氏综合征、强迫症、双相情感障碍、精神分裂症以及其他具有巨大可变性的谱系特征。新冠肺炎和癌症能够经由实验室检测得到明确诊断，神经多样性则完全不同。患有轻度精神分裂症可能会让一个人产生巨大的创造力，但是重度精神分裂症会导致一个人偏执妄想并彻底破坏其心理健康。

约翰·纳什（John Nash）作为普林斯顿大学的一名年轻有为的数学家迅速崛起。他仅用两年时间在22岁时便获得了博士学位，还为博弈论的发展做出了重大贡献。博弈论是一种分析人们在某些互动的情况下会如何表现的数学工具，它可以应用于解决任何领域特别是经济和政治领域的冲突问题。与许多具有非凡能力的科学家一样，纳什从小就展现出了自己的卓尔不凡。根据西尔维娅·纳萨尔（Sylvia Nasar）所写的传记《美丽心灵》(*A Beautiful Mind*)，纳什4岁时就自学阅读，并将卧室变成了一个实验室，他在其中"拆解收音机、摆弄电子产品、做化学实验"。

纳什是一个狂热的科幻爱好者。与爱迪生不同，纳什在学校的成绩非常出色。他读高中时，他的父母甚至不得不借由附近一所学校的大学课程来满足他的需求。与此同时，他生性孤僻，很难与同龄人交往，不成熟，不善社交，还不停地问有关技术和自然的问题。他在课堂上经常插话。（我也有过这个问题，现在偶尔还是会表现得不合时宜。打断他人说话通常被看作一种粗鲁且不友好的行为。但是，对在孤独症谱系中的人来说，这可能是我们的神经连接出现了问题或是很难把握社交线索的结果。纳什回忆道，当一位化学老师在黑板上写下一道题目时，他只会盯着题目而其他人则会拿起纸和笔。一旦在头脑中得出了答案，他就会旁若无人地大声喊出来。

随着时间的推移，纳什开始受到偏执妄想的折磨。他觉得有一个专门针对他的阴谋。在大多数情况下，精神分裂症会在一个人的青少年时期即简单的神经网络系统开始瓦解时显现出来。纳什在30岁左右开始出现精神病症状，而后持续性地遭受着精神崩溃的痛苦，尽管他后来因推进博弈论的数学研究而获得了诺贝尔经济学奖。我们现在还无法确定他早期的天才表现是否在某种程度上缘于初期精神分裂症。

神经多样性理念的核心是找到一种新的范式来思考神经系统疾病，其中包括摒弃"疾病"这样的称呼。神经多样性的倡议者不想将孤独症这样的病症视为病态，而是主张将这些"症状"视作积极的差异。约克大学的彭妮·斯皮金斯（Penny Spikins）认为轻度的孤独症、双相情感障碍和注意缺陷多动障碍可能具有进化优势。她相信认知多样性的兴起对个人、对社会都会带来选择性的好处。她推测对生活在欧洲冰河时期的人来说，孤独症反而会提供一定的优势，因为寒冷的气候让人们对技术发展产生了更强的依赖性。

斯皮金斯在其著作《孤独症的石器时代起源》（The Stone Age Origins of Autism）中写道："孤独症使人类不处于单一的'正常'思维状态而是处于不同思维之间复杂的互动状态。"能够整合"差异"的群体明显具有优势。在孤独症谱系中的人和视觉思维者具有高度的专注力、对细节的把控力以及在某些情况下展现出来的强大记忆力。患有轻度双相情感障碍的人可能会促进群体内部更大程度的社会化。事实上，斯皮金斯认为具有这些特征的人在人类社会中一直持续存在，而且患有轻度病症的他们为今天的人类社会带来了福祉，譬如技术创新。如若没有神经多样性，那么人类的进化史和现在这个世界很可能会大不一样。

来自科罗拉多大学医学院的 J. M. 塞克拉（J. M. Sikela）和来自加利福尼亚大学旧金山分校的 V. B. 瑟尔斯·奎克（V. B. Searles Quick）在一篇题为《基因组取舍：孤独症和精神分裂症是人类大脑要付出的高昂代价吗》（"Genomic Trade-offs: Are Autism and Schizophrenia the Steep Price of the Human Brain？"）的论文中提出了一个很有意思的观点。他们认为大脑中的某些基因序列可能在孤独症患者中过度发育，而在精神分裂症患者中发育不足。从大脑发育的角度来看，这两种情况是截然相反的。它们在个人身上的表现程度也具有极大的差异性，可以从严重的残障到轻微的个性差异。塞克拉写道："进化是机会主义的,也是冷酷无情的。那些整合在物种基因组中的变化不一定对所有人都是无害的,但它们提供了整体利益。其结果是,进化常常涉及基因组取舍,在某些人身上表现出的危害性影响因在其他人身上表现出的更大优势而被抵消。"就我个人而言,无论我有什么样的缺陷,我都相信我的高度视觉思维能力促成了我这一生的工作和贡献。它是发生在我身上而我不想改变的基因取舍。

最近,我在《纽约时报》上读到了一篇报道。它讲述的是加利福尼亚州的一支由失聪学生组成的高中橄榄球队赢得了整个赛季的胜利。根据这支球队的教练的说法:"失聪球员的视觉感官被强化,使他们对动作有着极高的警觉性。此外,因为他们具备超强的视觉能力,所以对对手在场上位置的感知会特别敏锐。"教练还将球队的成功归功于球员们的交流方式,即"每场比赛之间的一系列手部动作"。与听力正常的球员不同,失聪球员可以更迅速地发出信号,绝对不浪费时间。"我想说如果你一开始觉得自己有优势,那你可要小心了,"一支被打败的球队的教练说,"他们之间的沟通其实比我带过的任何一支球队都要好。"这些评价让我看到了基因组取舍。

我的这一观点得到了俄克拉何马州立大学教授柯特·穆尔(Curt Moore)针对患有和未患有注意缺陷多动障碍的企业家所做的一项研究结果的支持。研究表明至少某些形式的神经多样性在工作领域会表现出优势。穆尔写道："我们的研究结果表明患有注意缺陷多动障碍的企业家更具备直觉的认知方式，并且表现出更高水平的警觉性。"他们在寻找机会时也表现得更为积极。

目前，有据可查的是一定孤独症谱系中的相当一部分人在从事技术工作，尽管许多程序员刻意回避或不想被贴上孤独症的标签。一位选择不透露姓名的技术软件工程师就属于这种情况。他在一次采访中透露，自己从小自学编程，而他的家人对他的"一根筋"很不满意。他在学校表现平平，主要是因为他觉得学校环境枯燥且功课的挑战难度不够大。他如今是一家著名科技公司的高级软件工程师。他觉得自己的一技之长终于有了施展之地。他说："对患有阿斯伯格综合征的人来说，技术行业是最友好的行业之一，因为它对软件工程师的社交要求主要就是与同事合作开发产品。"

马特·麦克法兰（Matt McFarland）在《华盛顿邮报》上撰文写道："虽然重度的阿斯伯格综合征或孤独症会阻碍一个人的职业发展，但是些许的相关症状对孵化改变世界的创新至关重要。"在线支付巨头 PayPal 的创始人彼得·蒂尔（Peter Thiel）认为，我们整体的社会环境更倾向于漠视差异，保持整齐划一，并不鼓励大胆的创业创新。在"商业内幕"（Business Insider）网站的个人介绍中，蒂尔表示许多在硅谷的企业家都属于孤独症的谱系范围，而这一点"恰好是他们保持创新并创建伟大公司的一大优势"。他说自己在公开招聘时会有意避开 MBA（工商管理硕士），他认为 MBA 属于高度外向但缺乏信念的人，具有导致"极端的羊群思维和从众行为"的综合特征。

许多人认为马克·扎克伯格患有阿斯伯格综合征。他甚至被描述为机器人，脑子"一根筋"且社交能力很差。根据麦克法兰的说法，扎克伯格"每天穿一件灰色 T 恤，说要将自己的决策精力都放在脸书而非时尚上"。有些人称他为缔造了世界上最大社交网络的天才。具有讽刺意味的是，一个在现实生活中很难与人交往的人却创建了一个可以让世界各地的人随时交流的网络平台。也许，这正是重点。

即使在孤独症群体内部，依然存在针对神经多样性的颇多争论。在孤独症谱系的一端是生活严重受到影响的儿童，他们无法自主穿衣，不会说话，也无法发展出基本的生存技能，而在这个谱系的另一端是能够在微软工作又或创建了微软的人。孤独症谱系中大部分人处于这两个极端之间的某个位置。神经多样性为这个谱系中的人群思考个体差异并以积极的方式看待自己的特点提供了可能性。史蒂夫·西尔贝曼（Steve Silberman）在《自闭群像》（*Neuro Tribes*）一书中提出，神经多样性应该被视作不同的神经操作系统，而非一种病理诊断标签。他写道："被嘲笑为书呆子和天才的孩子长大后可能就是我们的未来建筑师。"

在与不同的孤独症群体交流时，我很愿意分享一篇我最喜欢的科学论文——南加利福尼亚大学的 J. E. 雷瑟（J. E. Reser）所写的《孤独的哺乳动物为孤独症谱系障碍提供了动物模型》（"Solitary Mammals Provide an Animal Model for Autism Spectrum Disorders"）。雷瑟在文章中生动地描述了神经多样性在动物王国中的表现。一如我们将在本书最后一章中进一步探讨的那样，研究动物可以为理解人类的神经多样性提供一个具有启发性的窗口。和人一样，动物的大脑发育也强调社交/情感或认知的统合能力。一个物种内部存在一定程度的变异是正常的，物种之间的差异则更为明显。以大型猫科动物为例，有些物种是高度群居的，而有些物种喜欢独居。狮子就是群居型动物，而老虎和豹子除了繁衍生息大多独居。在灵长类动物的世界中，黑猩猩是群居型，而红毛猩猩是独居型。狼喜欢集体生活，而条纹鬣狗选择独居。雷瑟查看了各种不同来源的数据，发现喜欢独居的动物物种与孤独症患者在遗传和激素方面有相似之处。独居动物产生催产素（一种影响社会行为的激素）的速度要慢于群居动物。孤独症患者和独居动物在相同的独处条件下比更具有社会交往能力的其他同类压力更小。在大型猫科动物的家族中，如果将豹子或老虎类比成人，那么它们可能会因回避社交互动而被诊断为孤独症。难道它们是有缺陷的吗？豹子患病了吗？在动物的世界，我们从来不会这样贴标签。

天才的遗传学

无论是心理学、大脑发育学、遗传学方面的研究，还是文化对个体差异的影响的研究，它们都围绕着一个基本问题展开：是什么因素决定了一个人的发展？是什么让一个人成为现在的他？例如，为什么某些家族的成员更易于患上心脏病或癌症？为什么在同一个家庭内，有的子女意气风发而其兄弟姐妹却萎靡不振？这种易患性是在什么时间、什么地方、以什么方式出现的呢？我还想问，为什么在一个家庭之内有人是视觉思维者而有人是语言思维者？又或者，为什么有的家庭个个都是会计师，而有的家庭人人都是律师？这样的讨论由来已久。然而究其本质，实则是一个人的能力有多少是由先天基因决定的，而又有多少得益于后天的努力。我上大学时，大家普遍认为遗传特质遵循一个基于格雷戈尔·孟德尔（Gregor Mendel）的遗传理论的简单模式。孟德尔以培育不同品种的豌豆闻名于世。他对豌豆的研究结果表明各种性状是可遗传的，或者用现在的话来说是遗传性状。

然而，孤独症不属于此列。人们长期以来认为孤独症是后天养育的结果，或者更确切地说是缺乏养育的结果。布鲁诺·贝特尔海姆（Bruno Bettelheim）提出了风靡一时的"冰箱母亲"理论。他认为孤独症的出现缘于无法与孩子建立连接的冰箱母亲。这个残酷且毫无根据的理论从20世纪40年代开始一直占据主导地位,直到60年代才被一位名为伯纳德·里姆兰(Bernard Rimland)的心理学家加以驳斥。里姆兰有一个患有孤独症的儿子。他找到了孤独症的生物学病因。在接下来的20多年里,越来越多的研究让科学家开始相信孤独症与遗传因素有关。尤塔·弗里思的研究工作推进了孤独症是一种基于遗传的神经生物学障碍的理论。不过,孤独症并不遵循孟德尔提出的遗传模式。这就意味着没有单一的所谓"孤独症基因"。相反,是一些基因的相互影响促成了孤独症的表现。今天,研究人员们相信可能有上千个基因与孤独症的形成有关。

目前已知的是,在人体胚胎的发育过程中会快速生成大量的细胞来形成大脑皮质。除了处理语言,大脑皮质还负责感觉信息、智力、思维、记忆、知觉、运动功能和执行功能。随着胚胎发育,未分化细胞开始分化为骨细胞、皮肤细胞、脑细胞等。细胞的初始分化和人类婴儿或动物的整体发育是由从双亲那里继承来的遗传密码加以控制的。由于大脑的复杂性,遗传密码不可能将每一个脑细胞都准确引导到相应的位置上,其间总会出现一些变异。在这里,我们无法用简单的孟德尔显性或隐性基因来解释大脑高级皮质区域的发育。可以确定的是双亲都贡献了很多遗传密码以及它们的变异。

尽管构建大脑是一个极其复杂的过程,但是大多数时候它是神经典型发育。在胎儿发育的过程中,影响其生长的既有遗传因素,也有非遗传因素,譬如母亲的饮食、生活环境、压力状态和整体的健康状况。同时，还有一些基因突变会产生一系列孤独症谱系特征。遗传密码由4个字母组成，它们构成了人们熟悉的DNA图谱上的序列。

我是这样向我的学生解释的：二进制的计算机代码可以将每本书、每个电子表格或每部电影翻译成由两个数字组成的代码。同理，在基因组学中，创造人、植物或动物的整体图谱是由包含4个字母的密码写成的。遗传密码中的一小段可能会在基因组中多次以相同的形式出现。这种变异机制被称为"重复"。在胎儿发育的过程中，相同序列的基因组数量可以增加也可以减少。这就相当于"音量控制器"，用以调节不同的特征也由此解释了为什么兄弟姐妹不一定具有相同的肤色、身高等特征。我们的大多数特征是多基因遗传的，换句话说，它们同时受到许多基因的影响。理解个体差异的另一个机制是单核苷酸多态性（SNP），它是指在基因组水平上由单个核苷酸的变异引起的DNA序列多样性。有时候，基因序列会发生变化，但是没有人知道为什么。这种被称为"新发突变"的变异会发生在一小部分孤独症患者身上。

谈论遗传学几乎不可能不涉及双胞胎的相关研究。一直以来，双胞胎吸引着科学家的目光，因为他们提供了可用于观察先天和后天如何发挥作用的完美培养皿。同卵（或单卵）双胞胎共享100%的相同基因，而异卵（或双卵）双胞胎共享50%的相同基因，与非双胞胎的兄弟姐妹共享相同基因的比例大致一样。博学家、统计学家、发明家和社会学家弗朗西斯·高尔顿（Francis Galton）爵士是第一批尝试对双胞胎进行科学研究的人之一。是他提出了"先天、后天"这样的术语。时至今日，我们依旧在探讨先天决定论或后天学习论。

高尔顿在 1875 年发表的论文《双胞胎的历史》（"History of Twins"）中写道："我们给予了双胞胎特殊关注，因为他们让我们看到一个人出生时受到的先天影响以及后天生活环境所造成的影响。"在研究了 35 对同卵双胞胎后，他得出结论：从身体素质到性格特征，譬如无畏与胆怯、情绪多变与遇事冷静等方面，有一半的双胞胎彼此相同，而另一半的双胞胎则有着高度相似性。高尔顿以此为基础提出了自己的优生学理论。然而，他的优生学理论最终却促成了基于种族或阶层的人种优越理论。这一结果让高尔顿的研究工作备受质疑。然而，不容否认的是，他开创了其他人继续通过研究双胞胎来寻找遗传密码线索的道路。

如今，有关双胞胎的研究正在通过 DNA 样本分析、基因分型和大脑成像得到进一步的扩展。在贝特尔海姆提出冰箱母亲理论的 60 年后，仍有一些母亲因孩子遇到的发育问题而心怀愧疚。为了平息这种责难母亲的声音，耶鲁大学的研究人员研究了近 50 对同卵和异卵双胞胎出生时的胎盘数据以确定发育异常是否具有遗传性。他们发现导致发育异常的细胞生长在同卵双胞胎中的发生频率相似。这项研究的主导者哈维·克利曼（Harvey Kliman）博士写道："研究表明'发育异常'很有可能与孩子的遗传因素相关而非母亲的过错。"然而，我们无法确知的是，为什么"有些异常"会在一个人身上表现为某种缺陷，而在另一个人身上却表现为某种天赋。

都柏林大学圣三一学院的副教授凯文·J. 米切尔（Kevin J. Mitchell）表示，遗传力研究可以准确测量各种人格特征，例如冲动性、语言能力、性取向、吸烟、反社会行为以及包括孤独症和精神分裂症在内的神经功能障碍。例如，就同卵双胞胎来说，如果其中一方患有孤独症，那么另一方的患病概率为80%，而异卵双胞胎的概率是20%。这说明基因变异并不是大脑出现异常的唯一原因。米切尔写道："基因组不会编码出一个人。它只是编码出一个可以制造一个人的程序。只有通过发育的过程，才会实现它的潜力。"

明尼苏达大学的心理学家小托马斯·布沙尔（Thomas Bouchard Jr.）对出生后分开抚养的双胞胎进行了研究。布沙尔在他著名的论文《人类心理差异的来源：对明尼苏达州分开抚养的双胞胎的研究》("Sources of Human Psychological Differences: The Minnesota Study of Twins Reared Apart"）中研究了 137 对分开抚养的同卵和异卵双胞胎。他发现分开抚养的同卵双胞胎与在同一屋檐下长大的双胞胎都有着相同的性格特征、兴趣和态度。他由此指出："到目前为止，对几乎所有的行为特征的观察和分析……都证明人类差异中的很大一部分与遗传变异有关。"

在20世纪80年代，当人们刚刚开始使用磁共振扫描脑部成像时，我就查看了两组同卵双胞胎的大脑扫描图。虽然它们极为相似，但我还是看到胼胝体的形状略有不同。胼胝体是一种让左右大脑进行交流的回路结构。环境和经验，即后天的培育，导致了它们在结构上的差异。瑞典卡罗林斯卡学院神经科学系的研究人员厄尔扬·德曼萨诺（Örjan de Manzano）对同卵双胞胎的大脑进行了比较研究。该项目让双胞胎中的一个学习弹钢琴，而另一个相对或完全不熟悉乐器。磁共振的大脑扫描显示，音乐训练会提升大脑听觉皮质和手部运动控制区域的厚度。大脑这些区域使用频率的增加会明显导致脑组织的增长。这就是后天培养带来的差异。

巴黎索邦大学的杰里特·阿恩·林内韦伯（Gerit Arne Linneweber）对果蝇的研究表明，随着神经系统的发育，行为及神经线路连接方面的差异是由"非遗传性噪声"引起的。非遗传性噪声是指不受遗传密码控制的因素。林内韦伯发现果蝇视觉系统自然发生的线路变化会改变它们的行为。这就像种植物一样。遗传密码无法将每个发育中的神经元引导至每个人的同一个位置。那么，是什么导致了细微的差异呢？想象有两辆相同的福特汽车从装配线上下来，它们的型号、品牌和其他配置完全一样。虽然它们看上去一模一样，但是驾驶体验略有不同。每辆车都有它的特点。此时，我的脑海中会闪过装配线的画面，以及装配线上所有存在变量的图像。也许一名工人在车门密封条上涂的胶水比另一名工人的多，也许有一个回形针从工人的口袋里掉出来并留在了车身的面板内，也许工人没有正确地拧紧某个螺栓。我们可以想象在大脑发育的过程中，也会出现类似的怪事或变异，其结果就是大多数人都是普通人（好比福特），而天才（好比法拉利）只是少数。

斯坦福大学的约翰·P.赫加蒂（John P. Hegarty）及其同事所做的有关磁共振扫描成像的研究表明，大脑的整体大小及大型结构主要是由遗传因素决定的。这一点适用于患有孤独症的同卵双胞胎和神经典型的同卵双胞胎，因为胚胎发育早期的干细胞数量都是一样的。赫加蒂的研究还发现孤独症患者的大脑对外在环境的影响更为敏感。打个比方，大脑中主要与语言控制相关的部分就像一条公路，遗传因素决定了它是四车道还是单车道。以我为例，大脑的磁共振扫描成像显示我控制语言的那条"公路"比较狭窄，这是由遗传因素决定的。然而，决定我最终能否学会说话的是外在因素，譬如是否有强化的言语介入治疗。不断对相应区域进行刺激和加强使用会稍微拓宽那条狭窄的公路。

研究人员对天才的大脑也很感兴趣。他们试图破解天才所表现出来的极限技能是不是由遗传因素决定的。（在孤独症群体中，10%的患者具有某种博学多才的特征。这个比例在普通人群中只有1/3 000 000。）

天才具有非凡的能力，例如能够快速学习多门外语，听过一两次便能演奏复杂的音乐，能绘制出高度逼真的图像，以及拥有对日程安排或数学计算等的惊人记忆力等。研究孤独症谱系的流行病学专家 D. A. 特雷费特（D. A. Treffert）博士将这些特殊的才能描述为"碎片式技能"，例如一个人虽然记忆力超强，但是他能运用这种能力的范围非常狭窄。特雷费特与具有特殊才能的莱斯利·莱姆基（Leslie Lemke）一起工作。莱姆基 6 个月大时失明并伴有脑损伤和脑瘫。莱姆基的养父母在他 14 岁那年发现他竟能演奏出只在电视上听过一次的柴可夫斯基的《第一钢琴协奏曲》。尽管他并不识谱，也没有上过一节钢琴课，但只要是听过一遍的曲子他都能弹出来。莱姆基后来举办过很多场音乐会来展现自己的非凡才能。更值得注意的是，他尽管说话困难，却能一边弹奏一边歌唱。

伯纳德·里姆兰推论道，在这种情况下，大脑中的某些缺陷会让左半球直接关闭，从而让右半球更加专注。就好像两个半球之间没有所谓的平衡（这让我们一下子回到了孤独症谱系的概念），右半球持续运转，毫无刹车，让一个人达到了前所未有的超凡水平。当然，超能力的获得往往意味着要付出高昂的代价，其中就包括社交缺陷和极度的自我孤立。换句话说，拥有这些独特技能的人只依赖大脑的某一个区域在生活。有些人认为特殊才能的拥有者并不具备创造力，因为他们只会精确地复制音乐或视觉艺术。在精确的复制之后，他们可能会引入一些小的变化。有些人可能在不断的鼓励之下在音乐和艺术表现方面变得富有创造力，譬如莱姆基在晚年开始即兴创作。然而，据我们所知，还没有过一个具有特殊才能的人创作出了一部旷世杰作。

石头里的雕像

众所周知，伟大的艺术家米开朗琪罗如同豹子一样总是茕茕孑立。他 12 岁时辍学，原本应度过为期三年的学徒生活，却在一年后声称学不到东西而中途退出。相比与其他的艺术家、手工艺人一起工作，米开朗琪罗更喜欢独自琢磨。他是否也在孤独症谱系中呢？英国精神病学家穆罕默德·艾尔沙德（Muhammad Arshad）和都柏林大学圣三一学院精神病学教授迈克尔·菲茨杰拉德（Michael Fitzgerald）认为，答案是肯定的。他们根据米开朗琪罗"一根筋的工作日常"和极差的社交能力得出了这个结论。根据米开朗琪罗的传记作者、与其同时代的阿斯卡尼奥·孔迪维（Ascanio Condivi）的描述，"在米开朗琪罗这个天才及其作品的灵魂深处有一种强烈的孤独感"。他对食物毫不在意，吃饭仅为维生而已。在忙于创作《大卫》的三年时间里，他几乎过着隐士一般的生活。他全身心地投入创作，懒得洗澡，甚至也懒得脱鞋睡觉。（在孤独症谱系中的人往往卫生习惯很差。这通常是因为他们的过度敏感性会让与洗澡相关的感受变得不愉快。）米开朗琪罗的另一位传记作者保罗·焦维奥（Paolo Giovio）指出他的"居家生活十分脏乱"。

我更有把握的是，米开朗琪罗是极端的视觉思维者。他接受委派开始创作《哀悼基督》时才20岁出头。26岁时，他开始创作《大卫》。30岁时，他开始着手修建教皇尤里乌斯二世（Pope Julius II）的陵墓。33岁时，他开始在西斯廷教堂工作。38岁时，他开始创作《摩西》。所有这些不过是他伟大创作中的一小部分。米开朗琪罗很小辍学，而后在思想齿轮不停转动的驱使下一路努力工作。他6岁时失去了母亲，之后便同奶妈一起生活，也因此深受奶妈的身为石匠的丈夫的影响。孔迪维曾记述米开朗琪罗的话说："在奶妈的帮助下，我找到了使用凿子和锤子的诀窍。正是通过它们，我创作出了属于自己的作品。"

米开朗琪罗还受益于他的两位导师。一位是他13岁时拜师为艺的多梅尼科·吉兰达约（Domenico Ghirlandaio）。尽管米开朗琪罗跟着吉兰达约学习的时间不过一年，但是他因此接触到了壁画的制作过程和绘图技巧，其中包括利用透视法来创造线性透视让远处的物体看上去更小。也许，这位才华横溢的天才少年凭直觉就掌握了这些绘画技巧。但毫无疑问的是，在佛罗伦萨这样一座充满艺术气息、拥有诸多备受推崇的壁画的城市中长大，让他受益匪浅。他的另一位更具影响力的导师是洛伦佐·德·美第奇。美第奇将年轻的米开朗琪罗带回家乡，并为他提供了一个可以发挥才能的环境。一如埃里克·韦纳（Eric Weiner）所观察到的那样，美第奇因发掘了米开朗琪罗而值得被歌颂。美第奇发现了一位"无名小卒"的作品，并对他进行了"大胆的培养"。

我们只能根据米开朗琪罗的专注度、对社交生活的回避来推测他患有阿斯伯格综合征。作为一名对象可视化者，他能够创作出二维的、具有逼真细节的绘画作品（其中最非凡的作品是装饰着西斯廷教堂天花板的绚丽壁画，画中的人物栩栩如生）。他运用空间技巧还创造出了像《大卫》这样具有逼真细节的雕塑作品。这件他在30岁前完成的不朽的雕塑被公认是一部杰作，成为文艺复兴时期的一大典范。如我们现在所知，在大多数情况下，对象思维和空间思维处于同一个谱系。迄今为止的研究表明，这是两种截然不同的思维方式。那么在某些情况下，是否有人同时在最高程度上具备这两种思维方式呢？

也许，当我们遇到精通不同媒介、拥有惊人天赋的人，譬如米开朗琪罗时，我们可以看到对象思维和空间思维惊人且罕见的融合。根据韦斯特在《心灵之眼》一书中的说法，达·芬奇是一名视觉空间思维能力极其强大的天才。他甚至预见到解剖学、生理学、机械工程和天文学在100年间的发展。韦斯特写道："在某些重要的情况下，擅长视觉空间思维的天才对于科学、工程学、医学和数学等领域最高水平的原创工作是不可或缺的。"就在其他雕塑家拒绝使用米开朗琪罗用于雕刻大卫像的那块大理石时,只有他看到了石头里的雕像。

视觉思维、阅读障碍和天才

电影导演史蒂文·斯皮尔伯格(Steven Spielberg)直到60岁时才被诊断出患有阅读障碍。他的32部电影作品,其中包括《E. T. 外星人》、《辛德勒的名单》和《大白鲨》,证明他是一位运用视觉影像讲故事的高手。斯皮尔伯格在学校时的阅读速度一直很慢,而且他为了学业苦苦挣扎。然而,他从未被贴上标签。后来在接受采访时,他坦言初中是他青春岁月里最辛苦的一段时光。老师们认为他不够努力。同其他许多具有神经多样性特征的人一样,他是被同龄人欺负和嘲笑的对象。莫莉·哈斯克尔(Molly Haskell)在她为斯皮尔伯格所著的传记中写道:"他拿起了相机。这个动作不仅将围绕在他身边的所有恐惧拒之门外,而且让他用自己的方式将自己不受欢迎的现实难题解决了。"斯皮尔伯格对家里的一台电影摄影机情有独钟。从拍摄家庭聚会开始,他很快就与摄影机形影不离。

斯皮尔伯格12岁时就拍摄了自己的第一部电影。18岁时,他以不到600美元的价格制作了一部名为《火光》(*Firelight*)的完整电影。这是一个有关人类被外星人绑架的故事。这一主题,即如何接纳与自己不同的人,后来在电影《E. T. 外星人》中被再次探讨。斯皮尔伯格的高中成绩一般,因此他未能成功申请顶级的电影学院南加利福尼亚大学。在接受学习障碍倡导者奎因·布拉德利（Quinn Bradlee）的一次视频采访中，斯皮尔伯格说电影是一种"让我免于羞耻"的逃避方式。斯皮尔伯格与自己的摄影机几乎融为了一体。他运用视觉语言来表达自己，而其他人则通过艺术、时尚、装饰或其他的视觉创意来表达自己。

阅读障碍与脑部右额叶的高度活跃相关，右额叶也是空间可视化的主要区域。约瑟夫·麦克布赖德（Joseph McBride）在他为斯皮尔伯格所著的传记中指出，这位导演有着"惊人的视觉感官，这可能是对他患有阅读障碍的一种补偿"。这种对基因组取舍的解释通常用于理解一个人在能力上的"资产和负债"。韦斯特认为，我们囿于对智力的线性视角，所以会认为斯皮尔伯格的非凡视觉技能是对他阅读困难的一种补偿。对此，我深表认同。我们决不会说一位伟大作家的文学天赋是为了弥补他视觉或数学能力的不足。

一些患有阅读障碍的人是对象思维者，而另一些则是数学空间思维者。不过，需要再次说明的是，目前的研究并没有对这两种类型进行很好的区分。一些有阅读障碍的空间可视化者非常善于进行全景式思考，他们能够在脑海中"看到"旋转的3D图像。我曾与患有阅读障碍但富有创意的金属工人一起工作，他们能够设计并建造出巨大且精致的饲料厂。对象可视化技能可以用于设计由传送带、泵和饲料混合设备组成的复杂系统，而空间可视化者则会让它们发挥作用。我认识的另一位在学校成绩差、有阅读障碍的同事目前驾驭着一台用于修路的挖掘机。他经常不得不纠正擅长空间可视化的工程师所犯的错误。在一个施工现场，他运用自己的学识阻止了一条下方挖有隧道的高速公路的坍塌。然而，他的创造力和贡献并没有得到足够的重视。

英国阅读障碍协会的首席执行官海伦·博登（Helen Boden）在接受《CEO 杂志》（*CEO Magazine*）采访时告诉芬巴尔·托埃斯兰（Finbarr Toesland）说："有阅读障碍的人是伟大的信息探索者。"在商业界，维珍集团的理查德·布兰森（Richard Branson）爵士和名厨杰米·奥利弗（Jamie Oliver）都是知名的阅读障碍者。宜家的创始人英瓦尔·坎普拉德（Ingvar Kamprad）也有阅读困难。为了帮助整理仓库中的家具库存，他创建了一个可以轻松将家具形象化的命名系统。他使用瑞典地名来命名大型家具，用男性名字来命名诸如书桌和椅子这样的中型家具，用瑞典的岛屿名称来命名户外家具。

有证据表明阅读障碍与创造力可能存在着关联性。毕加索声称自己 10 岁前没有读过书，也无法记住字母表的正确顺序。根据帕特里克·奥布赖恩（Patrick O'Brian）所写的传记，毕加索在学校里没有学习阅读或数学。"不知何故，艺术的基本知识很早就渗入了他的内心。然而，他在课堂上所学不多。直到生命的尽头，他都没有掌握字母表……他的拼写方式依然十分的个人化。"霍华德·加德纳在《大师的创造力》(Creating Minds)中指出,毕加索具有"早熟的空间智力,但是他的学习能力明显不足"。我最喜欢的观察来自作家格特鲁德·斯坦(Gertrude Stein),他说:"毕加索画画就像其他孩子书写字母表一样……画画是他唯一的表达方式。"

另一项研究表明艺术学院的学生患有阅读障碍的比例高于其他专业的学生。托马斯·韦斯特曾指出托马斯·爱迪生、阿尔伯特·爱因斯坦、居斯塔夫·福楼拜和威廉·巴特勒·叶芝等人都患有阅读障碍或某种形式的学习障碍。2021年,《纽约客》上刊登的一篇关于人才经纪公司"奋进"(Endeavor)的首席执行官阿里·伊曼纽尔(Ari Emanuel)的人物报道披露,这位在好莱坞呼风唤雨的大人物患有阅读障碍。伊曼纽尔升入小学三年级后还是无法阅读,由此被诊断出患有阅读障碍和注意缺陷多动障碍。他屡遭他人的嘲笑和戏弄。后来,他绝地反击。2007年,他获得了华盛顿特区实验学校的一个奖项,这所学校主要针对有学习障碍的孩子。他发表的言论强化了韦斯特的说法。他说阅读障碍是一份礼物,会给予得到这份礼物的人"在生活、事业中找到创造性解决方案的洞察力。相应地,其他人可能在类似的情境中根本无计可施"。

1980年,来自耶鲁大学的一名21岁的建筑系学生林璎(Maya Lin)击败了其他1 420名竞争对手,成为华盛顿越南战争纪念碑的设计者。林璎的设计包括两堵200英尺长的抛光黑色花岗岩墙，它们在距地面 10.1 英尺的斜坡最高处以 125 度 12 分的钝角交会存在。这是一个很激进的想法。同其他许多激进的想法一样，它遭到了一些人的强烈反对。有评论家认为，这座下沉式的纪念碑缺乏对逝者的尊重。在这两面黑色的花岗岩墙壁上刻有 58 000 多名越南战争中的阵亡者或失踪者的名字。他们的名字按阵亡或失踪的时间顺序而非字母顺序排列。这就是"林璎设计的天才之处"，负责建造纪念碑的越战老兵简·斯克鲁格斯（Jan Scruggs）说。"按时间排序会让曾经参战的退伍军人一下子就找到自己的昔日战友。"

早在我认识林璎之前，我就参观过这座纪念碑。那是一次震撼心灵的经历。我的堂兄在越南战争中牺牲，他的名字就刻在那面墙上。我去参观的那天天气闷热，经验丰富的志愿者很快就帮我找到了堂兄的名字。它就蚀刻在黑色的花岗岩石上，没有比别人的名字大，也没有比别人的名字小，更没有军衔。我当时并不知道负责这项设计的人是一个初出茅庐的大学生。但是，我敢肯定一位语言思维者是不可能想出这样的设计的。

林璎女士小时候就以建造微型城镇为乐。"没有人和我一起玩，我就建造了一个属于自己的世界。"她回忆道。林璎的身为大学教授的父母均来自中国。她的父亲是俄亥俄大学美术学院的院长，母亲则在那里教授文学和诗歌。通过父亲在工作室里铸造出来的青铜器和制作的陶瓷，林璎走进了一个艺术世界。这种早期的接触为一个孩子将来的发展铺平了道路。青春期的她也很少约会。回首往事，她将高中时期的自己称为同时热爱计算机编程和数学的"头号书呆子"。进入建筑学院之后，林璎说："由于我在雕塑系待的时间越来越长，一些建筑学教授为此感到心慌。我并不怎么像一名建筑师那样进行分析性思考。我的思维方式更像是一个科学家。"

她最近的作品有参观者可以步行穿过的大型艺术装置。她旨在让自己的作品从各个层面上给人以视觉体验。在一次展览中，她在画廊的墙壁及天花板上画上了蜿蜒的溪流。为了创作雕塑作品《水线》(Water Line)，她与马萨诸塞州伍兹霍尔海洋研究所的研究人员合作，获得了海底地形图。她用弯曲的铝管制成了海底的样貌。这个雕塑作品看上去就像一个你会在科学期刊的文章中看到的那种部分完成的计算机图像。她有一件较大的作品是由一排排像波浪一样的草丘组成的。当你从中穿过时，你会感觉它们就像小山一样。如果你想要看到完整的效果，那么你需要一张航拍图。我总感觉她的作品会让人大开眼界，原因就在于她总是以独特的方式来呈现自己看到的东西。作为一名建筑师和一名艺术家，林璎赋形于抽象，而非相反。

天才程序员

计算机编程需要数学头脑，特别是视觉空间型的数学头脑。根据英国利兹贝克特大学的心理学教授安娜·亚伯拉罕（Anna

Abraham)的说法,数学家享有"高高在上的地位",因为数学本身"代表着抽象推理的巅峰",而且数学与美、模式、发明和创造力等息息相关。杰出的数学家艾伦·图灵(Alan Turing)就是这类思维方式的典型代表。他完美地弥合了逻辑科学与机械计算机器之间的鸿沟,并因奠定了现代计算机的基础而流芳百世。

图灵的数学能力及智力在他从小就读英国多塞特郡的一所学校时就表现了出来。他总是被数字吸引,甚至会研究灯柱上的序列号。然而,他就读的那所私立学校以强调人文学科的经典教育为主,数学的价值并没有被充分重视。当时的校长写道:"如果他一心只想成为一名科学领域的专家,那他就是在浪费时间。"这位校长还表示图灵是那种会因自身行为而给社区带来麻烦的孩子。他的一位老师曾说:"他写的字是我见过的最糟糕的。"图灵还曾因邋遢和马虎而遭到批评,而他的不良卫生习惯一直持续至成年。

16岁的图灵已开始学习高等数学,尽管他当时尚未接触过微积分。他的数学思维很有可能受到祖父送给他的一本有关爱因斯坦相对论的书的激发。在英国剑桥大学国王学院读书期间,图灵不仅学习了高等数学,还学习了密码学。他阅读了好几本在当时颇有影响力的书籍,例如伯特兰·罗素的《数学哲学导论》和约翰·冯·诺依曼的有关量子力学的文本。在一门名为"数学基础"的课上,图灵不仅遇到了后来的英国数学家和密码破译者 M. H. A. 纽曼（M. H. A. Newman），而且第一次接触到了戴维·希尔伯特（David Hilbert）提出来的"可判定性问题"，即人们是否有可能运用算法判定在形式逻辑运算过程中的某种推论是否存在。图灵很快就证明这是不可能的。两位分属不同大学的教授同时指导了这位才华横溢的年轻学生。他们还鼓励他发表自己的学术文章。在获得博士学位后，图灵在数学生物学领域做出了突破性的贡献。他解释了诸如手指在胚胎发育过程中如何形成以及斑马的条纹从何而来等不同的问题。

"二战"期间，图灵证明了自己的能力不仅仅限于理论建设，因为他破解了德国人用于传递军事行动加密信息的恩尼格玛密码机。这是一款类似打字机的设备，使用旋转圆盘来加密和读取编码信息。对恩尼格玛密码机的成功破译使英国军队得以预测德国的战略计划和部队调动，从而挽救了成千上万人的生命。

然而，图灵辉煌的职业生涯在 41 岁那年戛然而止。他因同性恋倾向而被定罪。同性恋在当时的英国被认为是一种犯罪行为。他丧失了人身安全，被迫开始服用雌激素药片。1954 年，图灵结束了自己的生命。当我写下这些文字时，我的内心何其悲伤。对一个运用自己的计算能力帮助结束了"二战"并为现代计算机的出现奠定了基础的人来说，这是一个何等悲惨的结局！如果说"天才"二字意味着一个人能够以最高水平的卓越能力完成跨领域工作并对人类文化发展产生影响的话，那么我们必须承认图灵就是其中一位。

大多数的编码员和软件开发人员至少有两个共同点：一是他们从小就对数学感兴趣，二是他们会在代码中看到模式。比尔·盖茨就是一位从小接触计算机的数学思维者的典型范例。他十几岁时在西雅图的湖滨中学接触到了计算机。2005年，盖茨在自己当年读书的这所高中发表演讲时说："我特别感谢湖滨中学的一个原因是我可以将微软公司的创立一路追溯至早年在这里的青葱岁月。"正是在湖滨中学，盖茨第一次接触到了编程并和朋友保罗·艾伦（Paul Allen）一起组建了"湖滨中学编程小组"。

出于好玩，他们将学校的电传打字机通过电话线连接到了当地通用电气公司的大型计算机上。当时，每小时89美元的计算机使用费对大家来说可谓天价。他们整个小组不得不集体攒钱来购买使用时间。作为一名高年级的高中生，盖茨还旷了一些数学课去附近的一家工程公司做编程。他做的第一款程序是井字棋。后来，他为湖滨中学创建了一个调度系统和一个工资单程序。他还创立了一个用于分析交通数据、名字为"Traf-O-Data"的初创公司。这一切都发生在他高中毕业之前。再后来，就是他从哈佛大学辍学的著名事件了。

媒体广泛报道称，比尔·盖茨有一些类似阿斯伯格综合征的特征，其中包括社交能力差、注意力集中、声音单调、眼神交流有限和身体来回摇晃。高度焦虑可能会导致一个人不停地摇来晃去，而孤独症患者通常都会非常焦虑。1998年，微软公司因垄断问题被美国政府起诉。在作证陈述的视频中，盖茨在回答时会不自觉地来回摇晃身体。20年后，他显然已经越来越自然。一个具有某些孤独症特征的人是如何在心智信息不断累积的过程中日益成熟起来的呢？盖茨在这方面可以说是一个相当好的例证。在新信息以不同的方式被分类和处理之后，一个人可以获得更灵活的思维。无论是否在孤独症谱系中，盖茨的微软视窗操作系统都是世界计算机的标准。在一次采访中，艾伦·德杰尼勒斯（Ellen DeGeneres）问盖茨是否一直热爱科技。盖茨纠正她说，他爱的只是软件。

在《商业周刊》（Businessweek）的一次采访中，盖茨被问及埃隆·马斯克是否会成为下一个史蒂夫·乔布斯。盖茨回答说："马斯克更像是一个亲力亲为的工程师。史蒂夫在设计、挑选人才和营销方面是个天才。你在一间房间里是不会把他们两人弄混的。"如前所述，马斯克在2021年做客《周六夜现场》时透露他患有阿斯伯格综合征。他自豪地宣布了这一消息，并开玩笑说他需要告诉观众这意味着什么，即他不会在演讲时有太多的"语调变化"，也不会和大众有太多的眼神交流。他的"出圈"行为有助于人们理解差异性会如何激发天才。

传记作者阿什莉·万斯将马斯克比作当代的托马斯·爱迪

生。他称马斯克是"一位发明家、一位商业名人、一个能够将伟大的想法转化为伟大产品的实业家"。据马斯克的母亲梅耶（Maye）说，马斯克从小就能将整个世界拒之门外，表现得就像个聋人一般。后来，事实证明他只是处于一种深度的"与世隔绝"的状态。万斯引用梅耶的话说："他走进了自己的大脑，然后你就会看到他完全沉浸在另一个世界中。即使到现在，他也是如此。如今，我已不会再去打扰他，因为我知道他正在设计一种新型火箭之类的东西。"

马斯克的视觉智慧和创业敏锐度的早期证据是他10岁就开始自学编程，12岁设计开发了一款名为"Blastar"的视频软件游戏。马斯克将这款游戏以500美元售出。马斯克认为是玩电子游戏教会了他如何编程。他相信许多程序员都是通过玩游戏开始接触编码的。在玩一些较早的游戏时，一旦遭遇计算机"死机"，整个屏幕就会显示为蓝屏。我将它称作计算机在"示威"。今天，当计算机崩溃时，它们已不再示威。我不知道今天的孩子在玩游戏时如何能接触到游戏编码。我有时会担心他们现在唯一能看到的不过是游戏界面而已。

马斯克在向万斯描述自己的视觉思维时说："就好像我的大脑有一个部门，专门用来处理视觉信息。我从眼睛接收到的视觉图像很快就会被大脑内部的思维程序接管。对于图像和数字，我可以看出它们的内在联系和算法关系。对我来说，物体如何影响加速度、动量、动能等向来都是栩栩如生的。"这就是他在考虑火箭燃料时运用到的视觉思维。当乔·罗根（Joe Rogan）让他描述自己大脑内部的状况时，马斯克回答说："是永无止境的、接连不断的爆炸。"

与盖茨和马斯克不同，史蒂夫·乔布斯是硅谷的孩子。他成长于后来成为技术核心的地方。有两件事让我印象深刻。首先，乔布斯在四年级的智力测验中表现出色。他当时的得分相当于十年级的水平。换句话说，他的智商很可能在他成年时已达到了爱因斯坦的水平，在第 99.99 个百分位。更让我感兴趣的是乔布斯的养父是一名机械师和木匠。根据传记作家沃尔特·艾萨克森的说法，乔布斯的父亲将工作台的一部分分给了年幼的乔布斯，尽管他当时对邻居的车库更感兴趣。他的邻居在惠普工作，乔布斯特别喜欢摆弄对方车库里的电子产品。然而，乔布斯后来在谈到父亲时说："他喜欢事事到位，甚至只关心你看不到的那部分的样子。"从某些方面来讲，这是对象可视化最美的部分，即你会看到"心灵之眼"才会看到的东西。

乔布斯 16 岁时遇到了史蒂夫·沃兹尼亚克。两个青少年听说有人利用 AT&T（美国电话电报公司）的网络漏洞，通过一个叫作"蓝盒子"的设备制作了一部盗版电话。乔布斯和沃兹尼亚克在意识到他们也能够制作出利用庞大基础设施的东西之后，在三周内便做出了自己的蓝盒子。1995 年，在接受纪录片制作人罗伯特·X. 克林格利（Robert X. Cringely）的采访时，乔布斯说："我觉得如果没有蓝盒子，可能就不会有苹果电脑。"同盖茨一样，乔布斯也从大学辍学。他在里德学院选修过的对他影响最大的课程是书法。乔布斯通过革新个人电脑、手提电脑、鼠标和触摸屏改变了整个世界。他的天才之处在于设计。他的视觉头脑会让他在意每一个细节，包括字体。下一次，当你用自己的苹果手机发送文本信息时，你得真心感谢乔布斯曾选修的那门书法课。心理学教授戴维·巴拉什（David Barash）发表在《高等教育纪事报》（The Chronicle of Higher Education）上的那篇文章中有一句话我非常喜欢。他说："史蒂夫·乔布斯与书法这个看似'无用的'人文课程之间的关系不应被忽视。"

纯粹的天才

在科学界，大家对于究竟什么是天才并没有达成共识。纵观历史，天才的定义随着时代的变化而改变。天才最初被认为是上帝赐予人间的礼物。后来，天才被认为是疯狂的，甚或等同于疯子。到20世纪，天才主要被认为是具有高智商和高创造力的人，尤其是可以创造出巨额的经济利润。如今，我们试图通过一个人的额叶来寻找他的天分。纽约大学临床神经病学教授艾克纳恩·戈德堡（Elkhonon Goldberg）在《创新大脑：变革时代的认知拓展与创造力提升》（Creativity: The Human Brain in the Age of Innovation）一书中写道："创意诞生于激活广泛分布在皮质网络中的某些区域的大脑额叶驱动过程，这些区域在很大程度上贯穿于整个大脑后部（顶叶、颞叶和枕叶）的联合皮质。"正是在这个皮质网络中，蕴含着无数条通往创造力的道路。

戈德堡将创造力的基本要素分为具有显著的突出性、能提出正确的问题、具有关联思维、对新奇的事物充满兴趣、能够将旧知识应用于解决新问题、思维灵活以及具备应用多种解决方案的灵活性。在戈德堡列出的清单上，还有驱动力、坚毅力、专注力和心智游移等其他因素。他将心智游移描述为大脑的流动能力和近乎神秘地寻找解决方案的能力。因为公认的天才实在"供不应求"，而且如戈德堡所说，"可用于神经成像和尸检的天才的大脑更为短缺"，所以我们需要依靠标准化的测试方式来评估一个人的创造力。

最被广泛使用的测试是托兰斯创造性思维测验（TTCT）。这项测验是由美国学者埃利斯·保罗·托兰斯（Ellis Paul Torrance）在 20 世纪 60 年代设计的。它会衡量创造力的多个面向，被认为是对创造力最可靠的评估之一。我至今还记得高中时的科学课老师卡洛克先生（Mr. Carlock）和我们讲述的他参加这项测试的故事。他说应试者首先会拿到一些日常物品。其次，测试者会问他们根据手头的物品能想到什么用途。卡洛克先生当时拿的是一块砖头，而他给出了一个非常有创意的答案。他说他想要用石锯把砖块切成小方块，而后在每一个小方

第五章　天才与神经多样性

块上画上圆点，让它们变成骰子。我后来在自己的课堂上也对学生做过这个砖头测试。一旦他们开始想要改造砖头，他们提出的方法就变得更具创意性。我自己想到的是把砖头磨碎，再用粉末上色。

　　托兰斯创造性思维测验本质上检视的是发散性思维的 4 个面向：流畅性、独创性、灵活性和精细性。在《创造力的神经科学》（*The Neuroscience of Creativity*）一书中，安娜·亚伯拉罕（Anna Abraham）描述了一项针对艺术系学生（对照组是化学系学生）的研究。这些学生是因他们在托兰斯创造性思维测验中的表现而被选中参加此项研究的。每个月，在艺术系学生创作人物绘画、对视错觉图形的亮度和长度等做出判断的时候，他们的大脑都会被扫描一次。研究结束时，与化学系学生相比，艺术系学生的发散性创造思维的能力都有所提高。同时，有证据表明他们的额叶皮质中的白质发生了重组。法国巴黎大学的研究人员佐伊·卡普拉（Zoï Kapoula）和马林·韦尔内（Marine Vernet）还发现有阅读障碍的学生在托兰斯创造性思维测验中表现得更具创造力。

　　我经常会问及教育工作者和家长一个问题："如果一些伟大的科学家、发明家和艺术家身处今天的教育体系中，那么他们会有怎样的表现？"他们会表现得比身处过去的体系时更好吗？我发现许多在音乐、艺术、计算或拼字比赛（所有这些都涉及记忆力）方面表现出色的儿童和青少年往往会显现出某些与社会期待不相符的行为，诸如卫生习惯差、无法交朋友或者有孤僻倾向。显然，这些孩子很可能在孤独症谱系中，而且很有可能具备对象化视觉、视觉空间或语言等领域的一些特殊才能。有趣的是，至少到现在为止，研究表明这些孩子几乎不具备混合型特征。他们要么是艺术/机械天才，喜欢制作东西；要么是数学天才，喜欢编程、拼图、计算机；要么是语言天才，喜欢故事、历史和事实。相比之下，神经典型者更有可能具有不同思维类型的混合型大脑。

没有人比"现代物理学之父"更能体现出天才的视觉空间思维能力。尽管消息来源不同，但是阿尔伯特·爱因斯坦似乎到三四岁才学会说话，直到7岁才能流利地进行语言表达。在沃尔特·艾萨克森所写的传记中，他引用爱因斯坦姐姐的话说："他学习语言是如此困难，周围的人都担心他也许永远也学不会。"爱因斯坦学习吃力，不善社交，很少注意个人的仪容仪表。他总是会情绪激动且回避与他人进行眼神交流。根据艾萨克森的说法，他简直就像"各学校里注意力无法集中的孩子的守护神"。

成年后的爱因斯坦在成为教授后也拒绝穿西装、打领带。他更喜欢柔软舒适的衣服。他对西装和领带的厌恶可能是感官问题。或者说，这种闪现的叛逆有时也会被看作孤独症谱系中的人会具备的另一个特征。关于爱因斯坦是否在孤独症谱系中还存在着诸多争议。如果你用谷歌同时搜索"爱因斯坦"和

"阿斯伯格综合征",你会得到超过 312 000 个相关条目。无论是传记作家沃尔特·艾萨克森还是已故的奥利弗·萨克斯,他们都不认为爱因斯坦患有阿斯伯格综合征。他们的理由是爱因斯坦能够建立亲密且持久的个人关系。我不确定这一点是不是决定性的区别,因为我认识不少患有孤独症的人都可以建立亲密关系甚或走进婚姻。尽管如此,爱因斯坦留给这个世界的遗言是:"我是一个真正的'孤独的旅行者'。我从未全身心地属于我的国家、我的家庭、我的朋友、我的至亲……我从未失去过对保持距离感和孤独感的需求。"

爱因斯坦可能是少数在视觉空间和对象可视化方面都具有出色表现的人之一。在描述语言在他生活中的地位时,他说:"思想不会以任何口头表达的形式出现。我很少用语言思考……对我来说,作为思维的基本单位的心理实体是一些符号和图像,它们或多或少是清晰的,我能够随意地进行复制或重组。"爱因斯坦在形成相对论的过程中运用了他的可视化能力。伯纳德·帕滕(Bernard Patten)在《学习障碍杂志》(*Journal of Learning Disabilities*)上指出,爱因斯坦运用了他不同寻常的视觉思维实现了科学上的伟大成就。而且,爱因斯坦惊讶地发现其他人主要是通过语言来思考的。

爱因斯坦 6 岁时开始学习小提琴。他后来说:"没有音乐的生活对我来说是不可想象的。"后来,当他试图解决问题时，他都会拉奏小提琴直至想出解决方案。在我看来，拉奏小提琴也许是他获得成功的一个主要因素。格雷格·米勒（Greg Miller）曾在《科学》杂志上报道过神经学家戈特弗里德·施劳格（Gottfried Schlaug）在1995年的一项研究。施劳格的研究对象是那些从7岁起学习演奏的职业音乐家。他发现他们都有一个很厚的胼胝体，那是"在大脑的左右半球之间的一条类似信息高速公路的轴突束"。施劳格进一步用详细的磁共振成像研究了6～9岁儿童的胼胝体的生长速度，发现那些经常练习乐器的人的胼胝体体积在总脑体积中的占比增长了大约25%。

至今，已有多篇关于爱因斯坦的大脑以及是什么让他成为天才的论文得到了发表。对他大脑的检测显示，在职业小提琴家的大脑中得到扩展的运动区域在爱因斯坦的大脑中同样显得更大。这应该是后天环境影响的一个例证。同视觉空间思维一样，音乐被认为主要是由大脑右半球来负责的。数学和音乐共享着构成模式和抽象思维基础的视觉空间思维。也许，数学系的学生应该被鼓励学习一门乐器。马里兰圣母大学的研究人员发现，学习演奏乐器或参加合唱的青少年的确在代数方面表现得更好，因为这两项活动都涉及抽象思维。另一项研究表明，具有创造性爱好的科学家比没有此类爱好的科学家更有可能获得重量级职位和奖项，包括诺贝尔奖。当一个人彻底放松下来，让大脑在宁静且清醒的状态下彻底放空时，具有创造性的想法往往会自然出现。我经常在刚入睡时、洗澡时或者在又长又开阔的高速公路上想到解决设备设计问题的方法。目前的研究结果已经证实当一个人放空时，他反而更能提出解决问题的创造性方案。

神经科学家将之称为"默认网络"，也就是说在放松的状态下，大脑中部的广泛网络会被激活。这些大脑区域可以将大量不同类型的信息建立起关联。当额叶皮质能够放松，减少对默认网络的控制时，大脑会出现更多的创造性想法。不同领域的创作者，无论是艺术界、音乐界还是文学界的，都会在大脑处于清醒的休息状态时产生更多的想法和灵感。然而，为了让创造力产生具体的成功的结果，它同时需要有一些限制。我遇到过这样一些人，他们因为想法太多反而一无所成。额叶皮质能够发出一种限制创意想法自由流动的信号，从而让思维更具目标感。

佛罗里达州立大学人类学系的迪安·福尔克（Dean Falk）对爱因斯坦大脑成像的研究表明，爱因斯坦大脑结构中的差异也许能够让他的感官信息更好地得到整合。福尔克研究了爱因斯坦大脑皮质中控制运动及感觉反应的非典型区域。这或许与爱因斯坦在语言学习方面困难重重，更偏爱运用感官进行思考有关。爱因斯坦说自己从不使用语言思考。他说概念"仅仅通过与感官体验的联系"呈现出来。大脑成像同时还显示出爱因斯坦的大脑中与视觉识别物体相关的区域也更大。他强有力的对象可视化能力使他能够对自己提出的著名物理概念进行可视化处理。他可以想象自己正在搭乘火车或光束。有证据表明爱因斯坦的数学能力并不强。或许，他的音乐训练帮助他提高了数学能力。

神经科学家桑德拉·弗里德曼·威特森（Sandra Freedman Witelson）及其同事早期发布的报告指出，爱因斯坦的顶叶区域比较大。这意味着他强大的视觉和数学思维能力具有神经学的基础。来自华东师范大学物理系的门卫伟和他的同事研究发现，爱因斯坦大脑中的胼胝体比对照组的更大，尤其是负责顶叶之间进行交流的胼胝体压部。一个更大的胼胝体有助于加强大脑左右半球的交流。正如我们已经发现的那样，右脑通常与图像有关，而左脑与语言相关。有报告还指出爱因斯坦的额叶皮质和下顶叶区域也比普通人的大。

早在我意识到爱因斯坦有可能在孤独症谱系中之前，我就对他充满了兴趣。我为什么会在高中时期就对他如此着迷呢？我想是因为我能够感觉到他与其他人不同。而我，也是这样。

让天才有发展机会

我们一直着迷于思考天才的本质。我们惊叹于巴赫的《哥德堡变奏曲》、牛顿的万有引力理论和莎士比亚的诗歌与戏剧。这些惊人的成就究竟是如何产生的呢？有哪些文化力量在其中做出了贡献？又有哪些个人的才能推动了艺术、科学领域的创新性发展？在工作中，我经常会观察到我所说的"成绩优异的书呆子"。这些成绩优异的学生往往缺乏创造力和灵活解决问题的能力，甚至缺乏常识。同在其他领域发生的情况一样，成绩为 B+ 的兽医专业学生可能会更有效地解决牛群健康方面的问题。我的一位同事讲述过这样一个故事：一名平时成绩优异的兽医专业的学生因忙于查看麻醉机上的读数而没有留意到正在做手术的狗已经苏醒了过来。

一位农学教授最近对我说他为一些成绩出众的研究生感到难过，因为他们在构思新的研究想法时毫无创造力或独创性。一如我们在有关教育的章节中所讨论的那样，那些在毕业典礼上作为代表发言的学生和其他成绩优异的学生在生活中也许表现出色，但是他们大多无法提出新颖或原创的想法。天才不仅需要智力和创造力，还需要发散性思维。

在一个充满社交联系的世界里，沟通技巧至关重要。同时，技术发展正在主导着我们的文化。这或许可以解释我们为什么会将盖茨、乔布斯、扎克伯格和马斯克等人视为天才。盖茨有句名言："软件开发是一个智力创作的过程。"米开朗琪罗或达·芬奇如果生活在今天的世界，那么他们会得到怎样的评价呢？在更早的时代，人类社会有着完全不同的评价体系，人们看重的是你具备多少资本，即体力或养育子女和经营农场所需的能力。从过去到现在，残障人士几乎毫无权利可言。在我长大的过程中，类似"主流"这样的说法还不是一个概念。通常，像我这样具有大量与社会期待不相符的特征且语言能力不强的人会被送到收容机构。所谓"常态"或"正常"的概念其实是由主流文化定义的。

一如我们已经看到的，在各自领域出类拔萃的人通常很早就有机会接触到塑造他们思想的工具和概念，得到老师或其他榜样的指导和培养。2016年，比尔·盖茨在接受查利·罗斯（Charlie Rose）的采访时说："一个人在13～18岁时感到痴迷的事情，最有可能成为他能做到世界一流的事情。"这一点对我来说完全正确。如果我未曾在姨妈的牧场观察过让牛在疫苗接种期间平静下来的那些设备，我就不可能构思出我最为出名的发明——拥抱机。它可以帮助我用深部压觉来缓解焦虑。我的对象可视化能力和机械倾向的大脑促使我构思出农场的机械设备，并形成与马和牛的亲和力。拥抱机就是在这个过程中产生的。虽然最初的原型只是一个粗略的结构，但是它赋予了我生命的价值，并继而帮助了其他许多人。如果没有早期在农场的接触，那么我的人生会朝着完全不同的方向发展。

的确，大多数人不会成为下一个托马斯·爱迪生或埃隆·马斯克。但是，如果所有的通路都被堵死，下一个天才就没有了出现的机会。

我想起年轻时生活在石匠家里的米开朗琪罗、小时候拉小提琴的爱因斯坦、父亲也是一位艺术家并教会他画一只鸽子的毕加索和在邻居的车库里四处探索的乔布斯。他们都有着自由探索的机会。自由，连同坚持不懈、冒险、求新、一心一意以及发散性思维，就是杰出创新者的标志。天才是神经多样性人士吗？在大多数情况下，我的回答是肯定的。那么，天才大多也是视觉思维者吗？似乎也是如此。

第六章

可视化与风险预防

　　我是一个痴迷美国国家航空航天局的极客。记得我 10 岁那年，我跟邻居一起在一片空地上追着看人造卫星的飞行轨迹。当时，想要一睹苏联人造卫星的人们站满了全美各地的屋顶和院子。那是第一颗环绕地球运行的人造卫星。它同时也意味着美苏太空竞赛的开始。12 年后，在我读大三时，美国宇航员登陆月球。我至今记得当我走出家门抬头望月时内心那难以置信的感觉。我忍不住在想，哇哦，就在此时此刻，有人在月亮上。我对"阿波罗号"飞船以及未来的宇宙探索充满好奇，甚至认真地考虑过去美国国家航空航天局工作的可能性。可惜，我的数学成绩太差，无法满足工程课程的要求。后来，在美国国家航空航天局停止送人登月的计划并缩减卫星访问太阳系其他行星的资金之后，大众对太空项目的兴趣也随之大为降低。即使如此，我依然持续关注与宇宙飞船和火星探测器相关的各种信息。

所以，你应该能够理解我为什么会在2017年应邀去开普卡纳维拉尔发表有关神经多样性的演讲时抓住机会，作为一小群科学家的一分子，见证SpaceX的成功发射。我们当时还参观了火箭组装大楼，并在一个承包商即将建设完成的新发射台内走来走去。我有幸置身于为火箭提供燃料的复杂设备中。我来到了极客的天堂，简直兴奋极了。可是突然间，一个小小的快速闪过的影子一下子引起了我的注意。我转过身，看到一只浣熊正摇摇晃晃地走下楼梯，然后消失在了灌木丛中。原来，它在发射台内过夜。我询问其他人是否看到了那只浣熊，包括带领我们进行参观的工程师。可惜，大家都说没有看到。然而，在我的脑海中，我看到了一只浣熊可能在夜间啃咬东西的清晰画面。如果它咬坏了工具手柄，那可能只是小麻烦。可是，如果它在无人知晓的情况下咬坏了电线，那就非常危险了。我向其他人解释为什么被人触摸过的东西会更容易吸引浣熊。因为和其他动物一样，它们会从人们手上的汗渍中寻找盐分。美国国家航空航天局已经为这个发射台耗资数百万美元，而一只自由出入的浣熊和一根被咬坏的电线可能会引发一场潜在的灾难。多年来，我知道像美国国家航空航天局这样以工程为基础的项目需要像我这样的图像思维者来解决问题，预警潜在风险。

让我们从视觉思维发现日常生活中存在的风险案例开始。

身为父母，我们都知道要让蹒跚学步的孩子远离加热的炉盘或锋利的尖刀。蹒跚学步的儿童通常对身边存在的危险没有概念，他们会在奔跑中撞上桌角、墙壁，也会因吞食小玩具而呼吸困难。但有意思的是，婴儿反而有一种害怕跌倒的本能反应。同大多数动物一样，他们会拒绝跨越"视觉悬崖"。为了探究深层次的知觉发展，康奈尔大学的心理学家埃莉诺·J. 吉布森（Eleanor J. Gibson）和理查德·D. 沃克（Richard D. Walk）利用一块棋盘的表面和一块有机玻璃设计出了一个看上去陡然下降、具有视觉错觉的装置。月龄在 6 个半月到 14 个月的婴儿因感知到掉落的危险而拒绝冒险爬行，尽管他们的妈妈或好玩的玩具正在另一头召唤、吸引着他们。小鸡、小绵羊和小山羊均有这种表现，也就是说在遇到"悬崖"时会保持一种防御的姿态。吉布森和沃克由此得出结论，任何物种的生存取决于先天的本能和深度辨识力的发展。随着个人的持续发展和经验积累，我们开始能够更好地进行预测并避免灾害的发生。对我来说，对危险的预知充满了细节。我不仅能感知到坠落的危险，而且会看到一系列生动的图像按照从掉落到落地的先后顺序呈现在我的眼前。语言思维者在这种情况下通常会诉诸理性思考，而我会看到一幅幅的图像或类似 YouTube（优兔）上的视频。它们是那么栩栩如生。

关于为什么青少年会倾向于采取高风险的行为，有一个颇为流行的假设，即大脑中负责决策、计划、判断和抑制的额叶皮质在人类的青少年时期仍未发育完成。无论一个人是语言思维者还是视觉思维者，他的大脑在20岁左右开始发育成熟，而业已积累的生活经验也足以帮助人们预知危险。当我们看到在逆光中过马路的行人时，我们会猛踩刹车。我们会记得更换家中烟雾探测器的电池，在储藏室里储存额外的食物，并接种疫苗。所有这些都可以预防未来的潜在风险，从撞倒他人、引发火灾到忍受饥饿、感染致命疾病等。大多数人会想到日常生活中存在的风险。你或许也知道不少因预知了风险而挽救生命或防止灾害发生的例子。

如前所述，我的大脑总能看到引发危险或搞砸事情的一些细节，譬如一只贪吃的浣熊或是照射进牛槽里那刺眼的阳光。我会栩栩如生地看到大规模灾难发生的样子，看到那些迫在眉睫而其他人却不以为然的危险。本章就是关于各种潜在的风险情况对于视觉思维的需求。这并不是说视觉思维让我能够未卜先知，而是说它的确让我看到了设计缺陷和系统故障。这些问题如若不加以解决自然会导致灾难的发生。毫无疑问，我们需要工程师、科学家和数学家来制定解决人类在21世纪所面临的问题的方案。但是，我们同样需要现场人员、建筑商、安装及维护人员。危险不是一个抽象的概念，因为我们生活在现实之中。

风险管理

工程师计算风险。他们所接受的培训是运用数学来解决问题。(这需要大量代数和高等数学的知识。)多年前,当第一次看到美国顶尖工程专业的课表时,我发现里面有大量的高等数学课,却只有一门绘图课。这是我第一次捕捉到工程师不是对象思维者的线索。为了深入挖掘,我比较了工程、建筑和工业设计这三个备受推崇的学科的课程。工程学有最多的数学和物理课。工业设计强调艺术和绘画。建筑学则打破差异,有比工业设计更多却又没有工程学那么多的数学课。对象可视化者在工业设计和建筑学方面表现突出,而大多数工程师(无论什么专业)是视觉空间思维者。

在工作现场,我发现工程师部门的地位要高于负责实现他们设计的制图部门和机械车间。(大学专业内部也有着类似的不言而喻的排名系统。)我最近走访了两个机构,一个从事航空航天,另一个从事高科技。拥有大学学位的工程师无一例外地拥有豪华的办公室,制图部门办公条件拥挤。而机械师们则直接被安排在地下室工作。这种位置分配说明了高层管理人员对不同工作的重视程度。然而,如果没有机械师和焊工,再好的设计也没有得以执行或实现的机会。他们或许没有大学学历,数学不是那么好,甚或还有点古怪,但他们无疑是团队中的熟练工。我们需要促进对象可视化者与空间可视化者的协同合作,特别是在涉及公共安全的领域。

回看 2021 年中美双方各自最前沿的太空任务，我们就会清楚地看到我们是多么需要熟练工。我查看了目前正在火星上拍摄精美照片的相机，它们有着精美的手工接线。复杂的布线必须安排到位，否则相机就会出现故障。然而，制造相机并为火星探测器接线的人们却未能获得足够的认可。

哈勃太空望远镜的后继者已成功发射，其威力是前者的 100 倍。不过，这个项目被推迟了多年。延误的原因之一就是工程质量不佳。火箭起飞时会剧烈摇晃它的有效载荷。为了确保新的望远镜能够经受住发射过程所带来的严酷考验，它需要进行一个震动测试。可惜，多年来它始终未能顺利过关，数十个螺栓和紧固件会在火箭升空后散落一地。事实上，一位不错的对象可视化者就可以解决这个问题。他们能够将震动的影响视觉化，并设计出能够符合升空要求的紧固件。就在我写下这些文字时，詹姆斯·韦伯太空望远镜正在太空中处于正确的位置，调整它的反射镜。

我读大学时，研究人员不得不手动完成他们需要的大量计算。你或许已经不记得 IBM 的打孔卡了。它们的确已经过时了，但是人们一度用它们来分类和处理数据。打孔卡是硬纸制成的长方形卡片，有 80 列、12 行。如今航空公司的登机牌（也快要过时了）看上去就像是从打孔卡进化来的。我曾经通过这种打卡方式储存每一项动物研究计划的数据。为了完成论文，我不得不打数千张卡。进行卡片分类的机器就像一个机械的电子表格。它能帮助我将卡片统计分类，例如牛的重量和挤压槽的类型。我一天只能做完一项统计计算。计算中心会将我整理的所有卡片在一个大型机上进行运行，第二天出结果。不过，要想做新的统计计算，我需要对卡片重新分类。

如今，无论是学生还是研究人员，大家拿着一台笔记本电脑就可以在几小时之内完成20多种分析。这是件好事吗？当然是，原因有很多，但我们需要记住的是算法只能分析输入电脑的数据。今天，严谨意味着最新奇的方法和大量的统计数据。如果没有出色的处理数据的头脑，你将不会得到准确的结果。与此同时，你还需要视觉思维来得到准确的数据，例如研究中使用的猪的品种。这不仅是一个细节，而且是我发现在方法环节中常被遗漏的重要信息。作为这个领域好几家期刊的审稿人，我看到人们越来越多地使用复杂的统计计算，但是研究结果常常因研究方法上的信息遗漏而大打折扣。

在指导研究生的过程中，我发现他们有时会迷失在数学计算中，运用不同的统计方法无休止地计算一些微小的变化。有一名研究公牛额头上的毛圈形状与其精液质量之间关系的学生一直一无所获，或者说统计数据让他一无所获。公牛的图片在我的视觉想象中一一闪过，我建议他重新将数据分为两个简单的类别：正常的毛发形状和严重异常的形状。正常的毛发呈圆

第六章　可视化与风险预防　　233

形螺旋状，而异常的毛发看上去就像是一道长长的疤痕。重新分类后，这项研究得到了非常重要的结果，证明了具有正常圆形螺旋状毛发的公牛有更高质量的精子。这名学生之前因为过于沉迷于数学计算，反而忽略了最基本的生理特征。所以说，小细节，大影响。

观察在科学研究中至关重要，是所有正式的研究提出假设的基础。我在工作中发现不同基因系的猪具有行为差异。我曾有机会在肉类加工厂和生猪收购站的围栏里观察过数百个不同品种的猪。有一些品种的猪在与其他品种的猪在一起时会表现得很亢奋甚至会打起来。它们之间的差异让我印象深刻。很多人说我的观察不过是笑谈。但是，大约15年后的定量研究证实了我的假设。

为了进行富有成效的合作，主要依赖数据、数学计算等所谓"硬科学"的研究人员必须认识到能为研究提供思路的定性研究的价值。这一点对因实验偶尔发现的结果来说尤为如此。范德比尔特大学精神病学的名誉教授托马斯·班恩（Thomas Ban）指出，研究人员或医生不是在处理数据时而是在观察中发现了药品种类。他引用《斯特德曼医学词典》（*Stedman's Medical Dictionary*）上的原话称之为"无心插柳的发现"。例如，最早治疗精神分裂症、抑郁症、感染和勃起功能障碍的药物都是偶然发现的，而观察正是关键。氯丙嗪最初用于提高手术的麻醉效果，然而，一位医生观察发现，当精神分裂症患者服用这种药物时，他们的幻觉会相应减少。西地那非（伟哥）最初是为了治疗高血压和冠心病而研发的，然而，有人观察发现它有意想不到的副作用，结果使这个蓝色小药丸成为历史上最受欢迎（也最有利可图）的药物之一。

视觉思维者对研究方法上微小差异的警觉会使实验结果全然不同。正如我们通过磁共振成像测试所看到的那样，再准确、再详细的报告也有可能无法识别关键性差异。在一个案例中，位于美国东西海岸的两组科学家一直无法弄清楚为什么他们结构相同的癌症研究会产生不同的结果。他们花了整整一年的时间来控制供应商、设备等方面的差异，并确保以完全相同的方式制备组织样本。然而，他们仍然无法复制各自的发现。后来，来自劳伦斯伯克利国家实验室的威廉·C. 海因斯（William C. Hines）以及其他各大医院的医生们发现原来是他们搅拌样品的方法不同。一个实验室用磁力搅拌器剧烈搅拌样品数小时，即在装有细胞的玻璃容器底部有一个旋转的磁铁，而另一个实验室则将样品放置在一个旋转平台上轻轻摇晃长达一天。人们费了九牛二虎之力想要实现实验复制，可惜没有人想到要询问对方搅拌样品的方式。研究结果中的大部分失误或错误可以追溯至表述不详尽的研究方法。正因如此，其他研究者才无法做到实验复制。可是对视觉思维者来说，这些细节会跃入眼帘。

我们正处于生物医学研究的复制危机之中。在过去几年里，从科学文献中撤回的研究数量显著增加。为了确保研究资金到位，研究人员面临着巨大的论文发表压力。荷兰微生物学家伊丽莎白·M. 比克（Elisabeth M. Bik）及其同事在做文献回顾时发现，有些实验室的测试结果照片和显微镜图像被篡改。学术造假是对我们获得可验证信息的一大破坏。

有时候，一个研究项目中有太多的空间或数学思维者，而缺乏足够的对象可视化者。有时候，不同的思维者看不到彼此的存在。方法论者和统计学家在他们理应合作的时候却站在了彼此的对立面。数学分析的好坏取决于用于分析的数据。对研究方法进行准确且全面的描述是每一篇科学论文的重要组成部分。没有细节，何来大局，反之亦然。科研团队中始终应该有一位对象可视化者去审查科学论文的方法说明，需要有能看到公牛头上的螺纹、能分析猪攻击性行为的原因以及能发现医学实验中不同样品搅拌方法的人，因为细节关乎成败。

在避免灾难发生或进行所谓的"风险管理"时，不将视觉思维者包含在内的后果尤为危险。道格拉斯·W. 哈伯德（Douglas W. Hubbard）在其著作《风险管理的失败》（*The Failure of Risk Management*）中指出，当国王第一次在城堡周围修筑围墙和护城河时，或者人们第一次储存过冬食物时，都会进行某种形式的风险管理。美国的保险业始于18世纪中期。当时，人们开发了可以用来计算预期寿命概率的精算表等数学和统计工具。今天，健康保险业是一个价值数万亿美元的产业，并发展出了一整套的"风险管理"。面对从航运航空到制造业、自然灾害、网络安全、经济衰退和恐怖主义等一切有可能的危害，风险管理试图找到解决方案。正如哈伯德所说，"任何有可能出错的事情都蕴含着风险"。

　　一些理论家将风险评估分为三大组成部分：识别潜在风险、评估潜在危害和找出降低风险的方法。也有人通过受到威胁的程度来定义风险管理：常规威胁、非常规威胁和毫无先例的突发事件。还有人根据先例、概率和最坏的情况来描述危险。对我来说，大多数的风险分析理论冗长、文字抽象，显得毫无用处。我不知道常规威胁和非常规威胁有什么分别；"最坏的情况"反而听上去易于理解，因为我能够形象地看到最坏的情况会是什么样子。当我获知密歇根州弗林特的供水系统出现危机时，我一下子就"看到"了老旧腐蚀的城市管道让铅渗入了水中，犹如脑海中有一个可播放的视频。我能够清晰地看到铅中毒后的可怕反应。它不是抽象的概念，也不是百分比。理论当然必不可少，但是我更感兴趣的是如何能够预防或进行修复，而非持续讨论发生危险的可能性。如前所述，我们生活在现实世界，而我一直都是一个务实的人。

基础设施

　　2021年，位于美国迈阿密北部瑟夫赛德镇的高层住宅楼轰然倒塌，得克萨斯州大停电导致民众一连数日无电无热。人们既难以置信又备感惊恐地目睹了这两起事件，而早在这之前，美国的基础设施已滞后并凸显出脆弱的一面。你只要出门环顾一下街道、桥梁、立交桥和电网，一切便一目了然。

我记得自己第一次意识到基础设施危机是在什么时候。那是 2012 年，我有幸获得了亚利桑那州立大学的荣誉博士学位。在此之前，我曾经在这所学校就读并获得动物科学的硕士学位（这对一个童年时被诊断为脑损伤的人来说是一个多么值得骄傲的时刻）。在一场招待会上，我的前论文导师、建筑系主任突然发言说："我是福斯特·伯顿（Foster Burton），大家最好听听我这位老人的话！美国的基础设施正在崩溃，我们缺少足够的技术人员来重建和维护。"

伯顿博士关于美国没有能维护好桥梁、道路等基础设施的预言如今已成为尽人皆知的现实。2021 年，美国土木工程师学会发布的全美基础设施评级结果令人触目惊心：水坝，D 级；桥梁，C+ 级；能源，D+ 级。这是我见过的最糟糕的成绩单。美国 7.5% 的桥梁存在结构缺陷。你完全不用成为一名结构工程师便能发现问题，因为它们肉眼可见。当我在路上开车时，我可以看到全美各地的高速公路立交桥那摇摇欲坠的混凝土下方裸露的钢筋。一旦暴露在自然环境中，钢筋就会生锈、膨胀，引发更多的混凝土脱落。我也目睹过处于紧急状况下的桥梁被电缆包裹以防倒塌。

如果你是一名视觉思维者，你会一看到劣质工程就高声尖叫起来。一如我之前提到的,那种感觉就如同一位语言思维者读到了一个满是语法、用词错误的句子。你不能理解,而且希望能立即动手解决它。非视觉思维者也可能会感受到摇摇晃晃的立交桥在美感上带来的不悦,但是视觉思维者的感受更直接,他会看到充满危险的后果。在一座桥梁上修修补补、贴满"创可贴"可是一个糟糕透顶的主意。

有一次,我搭火车从纽约去费城,没想在快进站时火车减速了。在一个布满破旧的变电站、条件破败的火车站,我看到了一个全新的变压器。那是一个连接到负责配电的生锈部件上闪闪发光的新东西。目前,全美大多仍在使用20世纪50—60年代制造的输电设备为民用和企业供电。它们看上去就像是世界末日的僵尸。这就是民主的发源地的基础设施在2021年的真实状况。

令我感到震惊却一点儿也不意外的是,输电线路缺乏维护是造成加利福尼亚州2020年大规模野火的原因。2019年,我前往该州的一个地区讲授处理牛的方法。太平洋煤气电力公司当时对主要高压输电线路的维护工作就做得很糟糕。每当风速超过每小时45英里时,高压输电就会被迫关闭,因为担心电线会从电塔上掉落下来引发火灾。关闭输电系统成了替代线路检查和修复的无奈之举。要么是没有人愿意,要么是管理者为了省钱而对现场工作人员的意见充耳不闻。

如果你抬头仰望远距离传输高压电力的大型电塔,你会很容易理解缺乏维护会造成怎样的影响。将绝缘体连接至塔架和将电缆连接至绝缘体的支架和连接器需要设计为可以转动的样子。如果一根电线断裂并撞击到金属电塔或另一根电线，那么高压电的火花极有可能会引发火灾，尤其是在土地干燥和植被过多的地区。所以当支架生锈或磨损时，需要及时更换。当我看到那些高压电塔时，我不由得会在脑海中看到灾难发生的样子，看到熊熊大火。

太平洋煤气电力公司以及其他一些大型电气公司所采取的是一种"延期维护"的策略。这意味着只有在出现故障时才会进行线路修复。延期维护其实就是没有维护的委婉表达。这就好比在推迟一项可以挽救你生命的医学疗程，或是推迟汽车的年度检修，继续让磨损影响汽车的功能性和安全性。无论是对个人健康、家庭生活还是对社区发展来说，延期维护都是糟糕之举。

在我居住的柯林斯堡市，所有的电力线路都埋在地下。在整座城市的共同努力下，柯林斯堡市被认为是地下电力线路的典型代表。这个安装工程始于1968年，后来成为所有新建筑的标准。1989年，该市将原有的地上电力线路全部成功埋于地下。如今，该市的合规率达到了97%。这样做所带来的好处是指数级的：更少的事故、更多的能源、更低的维护成本和更令人愉悦的美感。

一直承诺对趋于崩溃的基础设施进行重建的政客们或许没

有意识到，即使他们信守诺言，我们也早已失去了能够对基础设施进行维护的人力和技能。然而，我们中有无数的视觉思维者可以填补这一类的行业空白。我认识一名高中生，学习成绩不出色，但很喜欢实践课。他高中毕业后进入了一家电力公司，从挖土这种底层工作做起，如今已是一家电力公司的首席故障排除员。作为一名视觉思维者，他可以看到整个线路，从高压线到变电站的变压器，再到为像我居住的社区提供服务的接线盒。一旦出现停电，他就能确切知道去哪里查明漏洞。但是，如果像他一样亲力亲为的工人没有获得相应的认可、培训、聘用和评价，那么我们遇到的问题将会更多。在你遇到紧急情况下，你需要的是这些人，而不是那些坐在办公室角落里的人。

令我失望的语言

我们希望在按下开关的瞬间，灯光即刻亮起；希望在点火的刹那，汽车发动机立即启动。这个世界充满了我们视之为理所应当的机械设备。一旦出现故障或损坏，我们大多数人难以维修。像过热这样的基本现象会致使从电网设备到蒸汽锅炉再到所有的家用电器瘫痪崩溃。过高的旋转速度会损坏发电涡轮机、电机、离心机及任何按分钟旋转的设备。如果一台洗衣机在一个旋转周期内转速过快，它就会坏掉。每一天，任何事故都有可能发生。然而，大多数人对这一切视而不见，除非你有和我及其他对象思维者一样的大脑。

在一个更大的范围内，损坏的涡轮机会让整个发电厂停摆。压力过大会致使锅炉、热水器和工业流程设备发生爆炸。市政供水系统的水泵如果空转会彻底损毁。甚至家中水槽处安装的垃圾处理器如果长时间无水运行也会报废。我曾经工作过的一家公司因办公室的一台咖啡机的恒温器受损而被烧毁。我无法纾解情绪困境或是解决政治危机，那不是我的大脑擅长处理的事情，但是我能够想象出机械设备崩溃的样子，也知道要如何修复它们。

进入工业界之后，我才第一次认识到视觉思维对于预防风险的重要性。工业事故实际上都是可以通过计算推算出来的，因为我们有大量准确的历史数据，其中大多是美国劳工部的劳工统计局编制的。实际上历史为我们提供了最佳的事故预防路线图。我曾经亲眼、近距离地见证过当风险增高、事情出错时会发生什么。在我所从事的领域，在20世纪80年代末严格实施安全规则之前，各类事故往往会造成非常可怕的后果，例如由于移动机械设备，像是传送带、旋转轴和无人看管的螺旋钻、齿轮传动和链条传动等，造成的员工截肢。一条工业传送带通常可以承载数吨的重量。它是一种具有很高风险的设备。我在工作中曾安装过压力限制装置来防止约束装置让动物受伤，不论是擦伤还是更严重的背脊骨折。实践经验让我认识到不能一味地相信工作人员，而是要通过内在的防护措施来保护动物免受由于工作人员的疏忽而造成的伤害。这一点无论是对动物还是人类都是一样的。

有一次，我在一家肉食加工厂看到了一扇厚重的大门。看它第一眼的时候，我就联想到如果它砸下来，就会像削切一个西瓜那样砍下一个人的脑袋。这时，我也看到了一个解决方案，即在关闭的大门底部和地板之间留出一个足够大的空间。当天晚上回家之后，我把头伸进自己的书桌抽屉里，在多增加一英寸后拿到了一个测量的数据。紧接着，我就设计出了一个更安全的大门，它能完成将牲畜关在里面的工作又不再对工作人员构成安全隐患。

你是否有过百思不得其解，忽然间豁然开朗的经历？伦敦大学的研究人员就试图探究这样的"顿悟"时刻。《科学美国人》上刊载的一篇文章介绍道，为了发现究竟是哪些大脑信号在负责解决问题，研究人员对21名志愿者进行脑电图观测来研究他们的大脑是如何处理语言问题的。研究发现许多研究对象都会遇到碰壁或出现"精神僵局"的情况。尼基尔·斯瓦米纳坦（Nikhil Swaminathan）提出的一个解释是参与者"陷入了一种僵化的思维模式，无法做到解放思想，因而面对难题无法进行全新的思考"。我猜测对语言思维者来说，所谓的顿悟出现在注意力分散的时候。我们将在下一章中谈及这一点。不过，当涉及解决机械问题时，我发现试图通过语言得出解决方案的语言思维者往往会陷于迷失之中。对我来说，灵光一现的"啊哈"时刻会瞬间出现，因为我在用图像思考，我的大脑会快速地将所有的画面重新过一遍，就像洗牌一样，我因而能直观地看到症结所在。也就是说，视觉思维者有一条更为直观的路径看到某些类型的解决方案。

大多数设计问题可以归纳为四大基本类型：设计错误、操作人员失误、重要设备维护不善和各种风险的复杂效应。在我读研究生的20世纪70年代，工程系的课程就引用了20世纪40年代著名的塔科马海峡大桥作为案例来说明设计错误。这座大桥被人们戏称为"舞动的格蒂"，因为当风力足够强劲时，桥面会抖动起来。你可以先想象一下吉他琴弦的振动画面，而后将它呈指数级地放大，再来想象整座桥在强风下的振动效果。桥梁的悬索工程设计合理，且能够经受住振动的干扰。但是，与拥有宽阔、开放的三角形桁架的金门大桥不同，"格蒂桥"上的大梁被坚固的金属覆盖，阻挡了空气流动。结果，这些大梁不仅没能起到稳固桥梁的作用，反而像是被大风鼓起的帆，形成了风致摆动或气弹震颤效应。此外，还有一个问题是大梁的框架过于狭窄，无法充分稳定路面。这座大桥最终在风力的影响下像波浪一样过度膨胀、弯曲变形，最终轰然倒塌。幸运的是，事发当天只有一只狗因拒绝跟随主人离开而被困在倒塌大桥上的一辆汽车内，无人丧生。

金门大桥的设计远优于塔科马海峡大桥。1987年，在金门大桥庆祝建成50周年之际，另一场截然不同的灾难有幸得以避免。当时，旧金山市允许30万人同时步行穿过大桥以示庆祝，另外还有50多万人在排队等候。前来参加庆祝活动的人数是预计的10倍。人们在长1.7英里的大桥上摩肩接踵。在桥上的人群被彻底疏散前，整个桥面下沉了整整7英尺。好在其他等待上桥的人被成功疏散。这里的问题并非维护不善，恰恰相反，正是因为金门大桥维护得当，一场灾难才得以避免。它也不是设计问题。作为一座悬索大桥，它的整个结构都被设计为具有弯曲性和移动性。正如工程师马克·凯彻姆（Mark Ketchum）所说，尽管庆祝当天的承载量是大桥建成后最大的一次，但"并没有超出桥梁设计的承载范围"。所以，问题源于数学计算。根据《圣何塞水星报》（*San Jose Mercury News*）的斯蒂芬·通（Stephen Tung）的报道，虽然我们无法确知桥上每一个人的体重数值，但是"如果按人均体重150磅[①]、所占面积为2.5平方英尺[②]来算……那么，整体下来的拥挤程度堪比交通高峰期所有车辆重量总和的两倍多"。因此，如果当时没有疏散人群，而是允许更多等待的人踏上大桥的话，一定会发生灾难性的后果。

2016年，造成旧金山高达58层的千禧塔出现倾斜的主要原因就是设计错误。无论是出于削减成本还是施工技术过差的

[①] 1磅≈0.45千克。——编者注
[②] 1平方英尺≈0.09平方米。——编者注

原因，施工者未能将建筑桩基打入地下基岩。这原本是建筑工程的常识。结果造成千禧塔的一侧下沉了 17 英寸，地下停车场的墙壁及混凝土全面开裂。为了阻止再次倾斜，市政又花费了 1 亿美元将桩基往下打了 250 英尺打进了基岩。截至我后来再去查看的 2022 年 4 月，整栋建筑物仍在持续倾斜，总计下沉了 28 英寸。我是绝对不会入住那里的！

在多次美国境内游中，我在路上看到各州在维护高速公路立交桥的方式上存有巨大差异。你在一个州可以看到摇摇欲坠、裸露在外且业已生锈的钢筋水泥，但在跨越边界的那一刻，你又会在隔壁州看到刚刚粉刷一新、就连小块开裂的混凝土也被修补整齐的立交桥。罗布·霍根（Rob Horgan）在《新土木工程师》（New Civil Engineer）上发表文章指出，缺乏维护与灾难性的桥梁事故之间存在着密切联系。腐蚀的悬索一次会让一根钢丝断线，生锈的膨胀节无法在温度变化时自动膨胀和收缩。所有这些问题都肉眼可见。

还有一些潜伏的危机存在于我们的视线之外。在马萨诸塞州的梅里马克山谷，20 世纪初首次安装的老旧的铸铁分配管正在被现代的新型塑料分配管慢慢取代。过去的配气系统由一系列复杂的调节器和传感器组成，它们负责将主配气管线上的压力值降低至邻近配气管线上低得多的压力值。然而，承包商在断开旧管线之前却没有将压力调节系统的传感器转移到新的管线上。所以，当 2018 年其中一条旧管线被切开更替时，旧管线中的压力传感器立即响应，压力值下降并打开了阀门，将气体全速输送到了新管线中，导致许多社区的新管线不得不承受75帕而非正常的0.5帕的压强。天然气管道因此破裂，天然气涌入了民用住房和企业用房。这个在施工过程中的人为操作失误导致39所房屋发生火灾，多座建筑物被毁，1人丧生，5万人被迫撤离家园或企业。哥伦比亚天然气公司也因此不得不支付1.43亿美元的赔偿金。他们同时因违犯了《天然气管道安全法》而被处以了有史以来的最高罚款。这也是美国近年来在居民区发生的最严重的天然气爆炸事故。相关部门很快查明事故就是由气体在输送管道中压强过大造成的。

根据美国国家运输安全委员会（NTSB）的说法，造成操作失误的关键是"缺乏管理"。他们发布的调查报告指出，原本是需要一位具有职业认证的工程师在相关的工作图纸和工单上签字的。这项改造计划面对的一个问题是旧系统远比现代的煤气分配系统更为复杂。多年来，旧管道上的很多零件一直处于更换替代的状态。天然气行业，就像肉类加工行业一样，当系统内的主要部分发生改变或更换时，必须更新图纸。这是工程实践中非常重要的一环。否则，历史数据上的小失误都会酿成发生在梅里马克山谷那样的大灾难。

公司给我的"竣工"图纸可以说是良莠不齐。我曾经有一次实地查看一个新建的牲畜围场，结果发现建筑物的位置存在着10英尺的误差。你不会只为在地下找到一个污水系统而挖一个新的地基。最佳方式是公司里有专人负责保存图纸。这个人可以是公司的一位创始人，也可以是一位资深员工。如今，尽管精心保存图纸的做法已很少见，但是它们在预防事故发生方面依然重要。就我个人的经历来说，计算风险唯一的可靠方法就是准确运用历史数据。

有些公司会采取积极主动的安全措施，形成一种负责任的安全实践文化。但是，也有一些公司只有在事发后才会被动回应。2010 年，深水地平线石油钻井平台发生爆炸，造成 11 人死亡、多人受伤，随后在墨西哥湾造成了石油泄漏。这起事故是美国历史上最大规模的环境灾难之一。它的发生是由人员操作失误和维护不善共同造成的。相关政策与具体实践的脱节又加剧了问题的严重程度。深水地平线石油钻井平台 46% 的员工担心，在一个优先考虑削减成本和提高生产效率的企业文化中，上报安全隐患会遭到打压。事后，所有的报告都指出，如果这家公司的管理者有更好的管理模式，这场悲剧就不会发生。

根据《纽约时报》的记者戴维·巴斯托（David Barstow）、戴维·罗德（David Rohde）和斯蒂芬妮·索尔（Stephanie Saul）跟踪报道，深水地平线有相关的紧急处理系统，但是并未如常运行。事后证明它激活得太晚又或根本没有激活。工作人员接受过处理现场问题的培训，但是对井喷、火灾和断电等突发状况毫无准备。《纽约时报》的文章指出，尽管这家公司有一本堪称"安全专家梦想"的工作手册，但是对何时采取行动这样的关键性问题只字未提。在千钧一发之际，工作人员未能紧急启动系统关闭装置。文章还进一步指出，"仅一个应急系统就需要 30 个按钮进行控制"。负责启动紧急关闭系统的员工声称没有人教过她如何使用这个系统。她说："我对操作程序全然不知。"

防喷器（BOP），顾名思义，是一个重达 400 吨的阀门，就像家用的马桶塞一样，是在各种力量的作用下导致井喷时的最后一道保护屏障。然而，《纽约时报》的记者报道称，防喷器在此次爆炸事故中"可能因维护不善而早已瘫痪。调查人员还发现了许多被忽略或忽视的问题，譬如电池没电、电磁阀损坏、液压管路泄漏等"。最为严重的是，这家公司竟然连例行的维护检查都没有。另外，工作人员在撤离时原本另有一套旨在确保人身安全的方案。然而，令人感到困惑的是，尽管有过疏散演习，他们却"从未练习过如何充气并取下救生筏。结果，危急时刻，救生筏难以从甲板上取下来，难以保持平衡，更难以踏进去"。于是，救生筏最终也没有派上用场。

在这些灾难中，有哪一个是可以避免的吗？当然，有一种表述是"事后诸葛亮"。没有人可以完美预见，但是在高风险的情况下，团队中是否有通过视觉思维解决问题的人便非常关键。当我们优先考虑抽象思维或语言思维解决方案时，尽管它们对完成许多任务都很重要，但是我们正在冒着将视觉思维者排除在外的风险。我们需要那些能够运用自己的"心灵之眼"

看到不可预见的后果并实时想到解决方案的人。2011年，后来又在2019年，我两次深入研究了两场灾难：一场涉及航空航天的设计元素，另一场涉及核电站挡土墙的建造工程。接下来，我将详细说明针对这两场灾难的案例研究，以及它们原本有可能被阻止的原因。

波音737 MAX

你也许听说过，车祸的死亡率远高于飞机失事的死亡率。根据美国公共广播电视公司（PBS）的节目《新星》（*Nova*）提供的数据，车祸的死亡率为1/7 700，而飞机失事的死亡率是1/2 067 000。尽管如此，大多数人对坐车习以为常，反而对搭乘飞机多有疑虑。我属于那种坐在38 000英尺的高空也能阅读飞机失事报道的人。首先，我以事实为依据，很少被情绪左右；其次，我从小就对飞机和飞行着迷。我玩过纸飞机，也曾尝试用冰棍棒和橡皮筋制作直升机。不过，我也有过一段害怕搭机出行的日子。高中时，我乘坐的一架707喷气式飞机因出现炸弹威胁而紧急迫降，机上所有人被及时疏散并使用了紧急逃生滑梯。当时的情景过于惊心动魄，以至我一连好几年都对搭乘飞机感到恐惧。

暴露疗法是一种让人们在安全可控的环境中通过接触让他们感到害怕的事物来克服内心恐惧的方法。在20世纪70年代初，我无意中接受了大量的暴露疗法。在一次动物航空运输协会的会议上，我遇到了一个专门从事动物航空运输的家族企业，他们邀请我现场观察他们如何将一飞机的荷斯坦小母牛从迈阿密运往波多黎各。我当时虽然仍心有余悸，但又不想错失这个机会。当我听到他们戏称这架飞机是"牛屎康尼号"的时候，我就猜到情况不妙。果然，牛尿从机身的钻孔中直接漏出。在另一架飞机上，原本的乘客座位上摆满了五花大绑的牛肉。记得搭机那天，天气炎热，气味难闻，我差点儿被熏晕了。走进那架商用的707喷气式客机，一片"血肉模糊"的景象看得人目瞪口呆。

就在我坐在满载着荷斯坦小母牛的"康尼号"的折叠座椅上，从驾驶舱看到下方波光粼粼的蓝色海水时，我对飞机的痴迷战胜了恐惧。我的视觉大脑开始沉迷于它的每一个控件。我想要知道它们究竟是如何运作的。多亏了大量意外的暴露疗法，我才不再害怕飞行。如今，我可以随时随地在任何条件下搭机出行。当你了解了事物的运作流程，你也就不再害怕了。

几年前，每次我前去参加演讲活动时，来自出版公司的助理布拉德都会陪我布置好书桌。他和我一样都是航空迷。我俩会一边吃饭，一边观看YouTube上各种有趣的飞机视频。我最喜欢看试飞员驾驶客机，就好像他们开的是带有喷射发动机的战斗机一样。飞机直线上升，犹如火箭一般。

2018年10月，当狮航610号航班在印度尼西亚的外海坠毁时，我和布拉德正在路上。机上包括一名儿童和两名婴儿在内的189人不幸遇难。我对这次毁灭性的空难反应剧烈，想要弄清楚到底发生了什么。这是我面对悲剧性事件的处理方式。我不会被情绪带着走，相反，我会竭尽全力地去了解这种规模的悲剧是如何发生的。各种画面开始在我的脑海里来回播放。

听到新闻的当天，我做的第一件事就是上网搜索更多的信息。我发现了两个关键性的事实。第一，这架喷气式飞机基本上是全新的，飞行时长只有几个月。第二，实时飞行数据平台Flight-radar24上显示这架飞机的飞行轨迹异常。一般而言，飞机攀升的高度理应是逐步稳定上升的，但是610号航班的雷达追踪数据呈锯齿状，就像心脏监视器上的线条一样。陡然起伏说明飞机不是在爬升就是在俯冲。我知道一个头脑正常的飞行员是不会这样做的。所以，我的第一反应是波音公司在事故发生的一年半前才推出的这款新型号飞机一定存在着某些严重的问题。当时，除了了解到狮航出于节省燃油的考量购买了这款新型号飞机，我对波音737 MAX一无所知。

事发第二天，我在底特律附近的奥克兰大学发表了一场有关孤独症和高等教育的演讲。我在演讲中提及了此次坠机事件并预测"波音公司将陷入困境"。我在视觉上有一种直观的感觉，那就是这款飞机的工程设计出了问题。坐在观众席上的布拉德好奇我为什么会有这种预判。

如何解释我脑海中存在的视觉文件呢？一种方法是可以将

它想象成一个可以展开的风琴式文件夹或者存放在手机里的图片文件夹。来自我周边的新信息会不断地被添加和被整理。如果某一幅图像很重要或者很有趣，我的大脑好像就会自动拍照留存。如果是语言，大多数人能够掌握的词汇量是有限的。一篇发表在《心理学前沿》（*Frontiers in Psychology*）上的论文指出，说英语的美国人在 20 岁时能够掌握的词汇量为 42 000 个。在此之后，人们会保持每两天学习 1 ~ 2 个新单词直到中年。中年过后，尽管人们可以有无数种方式对已知的词汇加以组合运用，但是词汇量的扩充基本上会停止。相比之下，我的视觉信息则会一直持续扩大。也就是说，随着我脑海中图片文件量的扩展，我解决问题的能力也会相应增强。如果你曾经按照类别、地点或日期整理过手机上的照片，那么你就能够以类似的方式来理解我的大脑对图像信息的处理。

这就是我会认为一个类似锐意牌马克笔大小的设备在此次事故中起到关键作用的原因。我在新闻报道中看到了一张图片，从我对航空知识已知的一系列图片中，我直觉地认定是传感器出现了故障。我在大脑中已经存储的视觉文件让我将传感器和锐意牌马克笔联系了起来。视觉思维在解决问题时主要依赖联想。

这种被称为"迎角风向标"的传感器通常被安装在驾驶舱窗户下方的机身，用来测量相对于风流的飞行角度。令我备感震惊的是，尽管波音 737 MAX 飞机上配有两个迎角传感器，但是只有一个在工作，其数据直接与控制飞行的计算机相连。迎角传感器非常脆弱。只依赖一个单件的精密传感器一定不是安全的工程实践。通常，迎角传感器会连接至飞行显示器的一个指示器上，作为飞行员操作的辅助工具，在机头抬起过高致使飞机处于失速危险时发出警告。然而，波音 737 MAX 飞机上出现故障的迎角传感器在飞机正常飞行时却向飞行计算机发送了飞机正在失速的错误信息，结果导致飞机自行调整，拉低机头。这就好比汽车在巡航系统的控制下匀速前进，却没有人告诉你它正处于这种模式。

问题可以基本归结为：飞行计算机根据错误信息自动将机头调整向下来应对并不存在的飞机失速问题。这就是 610 号航班出现锯齿状飞行轨迹的原因。飞行员做出的反应是向后拉动控制杆，将机头拉回原位。这个动作就好比你在汽车处于自动驾驶的状态时却猛踩刹车。每一次当计算机推动机头朝下俯冲时，飞行员都试图拉高机头进行无谓的对抗。他们不知道还应该怎么做。很可能一个人正在同计算机的自动驾驶模式做斗争，而另一个人在疯狂地翻阅飞行手册。波音公司假设每一位飞行员都知道如何停止自动驾驶模式。这架飞机也从未在传感器损坏的情况下试飞过。飞行员原本是传感器出现故障后的最后一道屏障，可惜他们对新飞机的计算机系统认识不足。

我的大脑开始自动运行一系列视觉模拟图像，试图破解传感器是如何损坏的。我看到了一个机修工的梯子靠在了上面，或者登机桥压了上去。有可能是因为天气恶劣，也有可能是因为清洁工人的操作不当。鸟击也是一种已知的危险。然而，我们不可能制造出一款防损坏的传感器，因为它必须接触空气，必须与环境相互作用。在某种程度上，它与人类或动物的触觉或听觉器官是一样的。以声音传播为例，声波首先震动耳膜，接着通过一个复杂的杠杆系统让声音穿过充满液体的腔室（耳蜗），耳蜗内犹如高草一般的细小毛发再将声音转化为电刺激发送至大脑。无论是迎角传感器还是人类的感觉器官，诸如气流角度、声波或压强等物理现象都需要转化为计算机或大脑可以读懂的电子信号。对对象可视化者来说，他们易于看到生物的、工程的传感设备是如何与周边环境交互作用的。

一些专家推荐使用有三个传感器的备用系统。如此一来，如果一个传感器出现故障，依然可以从另外两个传感器中获取数据。迈克·贝克（Mike Baker）和多米尼克·盖茨（Dominic Gates）在《西雅图时报》（*The Seattle Times*）上发表文章称，波音737 MAX的几名试飞员并不知道这款飞机的系统依赖单个传感器。同时，我也发现波音737 MAX竟然缺乏一个标准功能，即传感器的读数不一致时应该立即向飞行员发出警报。我在想，为什么不能将两个传感器集合起来，在一个出现故障时另一个紧急启动呢？为什么会犯这种最基本的错误呢？

波音公司的设计师还误以为，当计算机出现问题时，譬如让正常飞行的飞机向下俯冲时，飞行员知道要如何处理。他们假定飞行员知道如何通过手动控制水平稳定器来取代自动驾驶的计算机系统。当飞机出现电气故障导致稳定器自行移动时，即出现"配平失效"问题时，接受过培训的飞行员知道如何通过手动操控位于机尾的水平仪进行调整。威廉·朗格维舍（William Langewiesche）在《纽约时报杂志》（New York Times Magazine）上发表文章指出，此次波音坠机事故缘于"飞行员无法解决配平失效这样的简单问题……结果载着一飞机的乘客穿破了空气动力学的边缘告别了这个世界"。问题就出在波音公司有缺陷的计算机软件系统上，它一次又一次地迫使飞机在正常情况下俯冲。所有的因素都预示着一场完美的风暴：对新的计算机系统一无所知的飞行员、糟糕的软件设计和出现故障的传感器。曾经将一架飞机成功降落在哈得孙河上的机长切斯利·萨伦伯格（Chesley Sullenberger）对此次波音 737 MAX 的故障进行了一次全动态的模拟飞行。他在给《纽约时报》编辑的一封信中将全自动化的飞行驾驶称作"死亡陷阱"。

飞行员的操作失误占飞机失事总量的 80%。狮航以飞机维护不善和为了满足不断增长的旅游市场需求过早提拔飞行员而在业内恶名远扬。对自动驾驶过度依赖的问题日益受到了人们的关注。美国的飞行员通常在小型飞机上学习手动驾驶，因为大型喷气式飞机与小型塞斯纳飞机在尾翼和机翼上的控制面板是一样的。这种学习可以让飞行员获得驾驶飞机的运动记忆，与你学车是一个道理。一旦获得了一些驾驶经验，你将会自动转动方向盘或者知道踩踏刹车的力度。驾驶会变成一个身体自动反应的过程。飞行员也需要学习相应的技能。不过，由于飞机有三个运动轴，所以他们需要学习三方面的配合。战斗机的飞行员将这个过程称为"和喷气机绑在一起"，或者说"与喷气机合二为一"。

根据多年来在设计领域的工作经验，我知道设计的出发点是要满足能力最不足的人的需求。我曾经设计过确保操作员的手臂不会卡在设备中的系统。我会在自己的脑海中看到操作员的手臂有可能卡在墙壁和运动部件间的缝隙中。同时，我会看到操作人员的懒惰和愚蠢会拉垮任何项目，并最终造成人员伤亡或设备受损。然而，工程师们并非总是能看到这一点。他们有可能不做实地考察，也有可能高估操作人员的工作能力。

我最近在从伦敦起飞的一趟航班上偶遇了一位专业的飞行员。我俩就波音公司的这场灾难进行了有意思的对话。他说飞行员理应关闭自动驾驶，转而手动操作。他对此确定无疑。我提到了传感器的问题，他听完之后很是惊讶。他问我是不是航空业内人士，我告诉他我是为牲畜养殖设计设备的。之后，他就戴上耳塞全程睡觉。我不确定这是因为他旅途疲劳，还是因为他觉得我就是一个传播阴谋论的疯子。当飞机落地芝加哥，滑行至登机口时，我告诉他我觉得波音 737 MAX 理应按照普通飞行员的素质而非像他这样的飞行专家来设计系统。他又一次显得很惊讶，说："哦，我还从来没这么想过。"

我在最初调查波音737 MAX失事时没有考虑到的一点是：金钱的力量。波音公司盛行一种削减成本的文化。彼得·罗比森（Peter Robison）在《盲目飞行》（Flying Blind）一书中解释了为什么波音公司的工程师不再做出任何重大决策，以及公司的重点为什么会转向为股东服务。我在与许多大型肉类公司的合作中也看到了类似的发展模式。以质量为重的公司通常拥有更好的产品，且发生事故的可能性相对较小。它们也不会仓促做出决定，以防在未来酿成代价高昂的大问题。

除了劳动力，燃料也是航空公司最大的成本之一。新的节油发动机将燃料需求降低了14%~15%。波音公司的管理层原本计划为了新型发动机设计制造全新的机身。然而，在空中客车公司也计划推出节省燃料的新款飞机之后，他们改变了主意。设计研发一款全新的机身显然要比将新型发动机安装至现有的波音737机身更耗时间。于是，拼装设计的波音737 MAX诞生了。换句话说，它将不同飞机的部件拼凑在了一起。对波音公司而言，使用同样的机型还意味着不需要对飞行员进行额外培训。每当引进一款新机型时，每一位飞行员都必须花时间在飞行模拟器中学习如何驾驶它，而在已有的波音737机身上安装新型节油发动机则让波音公司和航空公司省去了对飞行员再培训的步骤。

这样的拼装设计很快就遇到了两大问题。第一，体型更大也更节油的新型发动机必须安装在机身更靠前的位置以便留出足够的离地间隙。如此一来，飞机变得不稳定，易于失速。第二，新型发动机宽度过大，犹如为机身添加了新的翅膀，在飞行过程中会提供升力，导致机头向上倾斜。或许，你还记得小时候折纸飞机的经历，这样的问题会导致飞机失速。朗格维舍直击要害："波音公司的一些人主张增加一个空气动力固定装置。然而，修改调整的过程既缓慢又昂贵。波音公司急于求成。"为了解决失速问题，波音公司开发了一款名为"机动特性增强系统"（MCAS）的软件，让737 MAX的转向感觉与之前的737机型完全相同。朗格维舍在报告中指出："波音公司相信该系统即使出现故障也不会带来任何危害。他们没有告知飞行员存在这个系统，也没有在飞行手册中加以描述。"波音公司认为这是一个双赢的选择：航空公司节省了燃料，而飞行员也不必因参加模拟器训练而停飞。737 MAX一度热销，让竞争对手空中客车公司在市场上措手不及。

然而，结果并非如此。这架飞机在狮航发生致命坠机事故前的一次飞行中，损坏的迎角传感器也触发了俯冲。但是，那一次机会偶然，坐在驾驶舱折叠座椅上的第三位飞行员知道如何控制局面。他按照常见的处理方式按下了配平切断开关，将飞行控制权交还给了飞行员。飞机降落雅加达之后，维修人员用一个绰号为"蟑螂角"的二手零件经销商提供的旧传感器更换了损坏的迎角传感器。任何信誉良好的航空公司此时都会选择让这架飞机暂时停飞。然而，安全记录糟糕且有大量伪造维

第六章　可视化与风险预防　　259

修记录的狮航在做完定检后，让这架飞机进行了最后一次的致命飞行。

几个月后，由埃塞俄比亚航空公司运营的第二架波音737 MAX 飞机发生了类似的故障，机头以每小时近 700 英里的速度在田间坠毁。调查人员发现飞机残骸直入地下 30 英尺。这次悲剧发生后，全世界的波音 737 MAX 全部停飞。我相信，如果这款飞机使用双传感器系统，如果飞行员充分了解如何在系统出现故障时做出正确反应，它就不会面临被停飞的命运。

失事飞机上来自世界 30 多个国家的人就此告别了这个世界。最让我挥之不去的一个残酷画面是：因为尸骸全无，已故飞行员的肖像在葬礼上被静静地放在一把椅子上。

熔毁

先停电。接着，冷却系统失效。而后，反应堆过热。继而，再也无法回头。一切都于事无补。核燃料熔化释放出氢气，爆炸随之发生，放射性物质进入大气层。核事故是最致命也最具破坏性的人为灾难之一，它对人类生活和环境的影响是极其恐怖且毁灭性的。据我所知，大多数这样的灾难本可避免发生。

在大多数核反应堆现场，都有多台大型柴油发电机在紧急情况下提供电力。而且，一遇到紧急情况，反应堆就会"紧急停堆"，即用来停止核反应的控制棒将会插入反应堆的堆芯。

一旦如此，反应堆将不再产生足够的热量来发电。核能发电厂利用核反应堆产生的高温获得蒸汽来转动驱动发电机的涡轮机，从而产生电能。这就是核能的基础知识。我喜欢约翰·马特森（John Matson）在《科学美国人》杂志上对核反应堆工作原理的描述。他说："大多数核反应堆……本质上就是一个高科技的水壶，能够高效地将水加热变成蒸汽产生电力。"

然而，这里存在着一个问题，即插入控制棒并不能完全阻止反应堆的堆芯产生热量。简单来说，插入控制棒几乎可以停止产生热量。工程师将插入控制棒后残留的热量称为"余热"。为了防止核反应堆发生熔毁，必须使用冷却水防止出现余热现象。当反应堆紧急停堆时，需要厂房内的柴油发电机或来自外部电网的电力等外部电源来运行应急冷却设备。

大多数人知道1986年发生在切尔诺贝利的核事故。这是一起震惊世界的核事故。为了尽可能地缩小辐射中毒的危害，整座城市最终被废弃。然而，具有讽刺意味的是，这起事故发生在工作人员测试一项安全程序的过程中。在测试期间，核反应堆的堆芯过热，从而引发了一系列连锁反应，最终蒸汽爆炸，反应堆连续10天向大气中释放放射性的污染物。接下来的几个星期里，31人死亡，约135 000人被紧急疏散。我们依然无法明确衡量这起事故对受辐射者造成的长期健康影响。据估计，核辐射累计造成切尔诺贝利周边共4 000人死亡。附近的松树林也成为一片荒地，如今被称为"红树林"。一些动物停止了繁殖。马匹因甲状腺解体而死亡，大量的动物出现了严重畸形，其中包括多出的四肢和缺失的眼睛。切尔诺贝利核事故对包括海洋和海洋生物在内的全球生态造成了深远影响。它被评定为国际核能事件分级表中的最高级别7级。

三英里岛是美国最大的核熔毁地区。首先这里是泵出现了故障，其次引发故障安全措施自发启动。原本，事情进展顺利，直到本应关闭的安全阀被卡在了打开的位置。紧接着，控制室中的一个传感器错误地显示阀门已处于关闭状态。控制室的操作人员接下来根据这个错误信息按错了很多按钮，犯下了不少错误。与此同时，原本理应易于看到的压力指示器却被放在了一个大型仪表板的后面。这就好比你在夺路而逃的危急时刻，有人却将车钥匙藏了起来。此时，设计糟糕的控制室加上震耳欲聋的警报系统，让人几乎不可能静下心来激活安全协议。J. 塞缪尔·沃克（J. Samuel Walker）在《三英里岛：历史视角下的核危机》(*Three Mile Island: A Nuclear Crisis in Historical Perspective*)一书中写道，警报系统"在事故发生的几秒钟之内"引发了"响亮的喇叭声和控制面板上100多个闪烁的灯光"。这无疑让局势陷入一片恐慌和混乱之中。

此外，我们对仪表、指示器的过度依赖，对传感器的盲目信任让我们在问题出现时完全缺乏准备。传感器同人一样，也容易出错。视觉思维者会将每一种可能性像播放电影一样在脑海中过一遍。他们会想象到阀门有可能卡住的方式。我会做的第一件事就是在阀门出现危险前及时查看。值得庆幸的是，在三英里岛的核事故中，外在的安全壳建筑成功完成了它的设计使命。反应堆堆芯部分熔化，反应堆彻底损毁，但是充当安全壳的厚重的混凝土建筑物将之完全封存，没有对周围的环境造成破坏。

另一场与切尔诺贝利同样被评定为7级的核事故发生在日本福岛的第一核电站。2011年3月，日本发生了有史以来最强烈的地震并引发海啸，海水淹没了核电站。《哈佛商业评论》上刊登的一篇文章指出："这是地震学家见过的最大规模的断层滑动：在可怕的两分半钟内发生了50米的地壳运动。"超过80%的巨型海啸都缘于地震造成的海底位移。就在此次地震发生的15分钟之后，一股巨大的海啸席卷了日本太平洋沿岸的福岛县东北部，夺去了数千人的生命，造成了大量民众受伤，并摧毁了房屋、企业、道路、铁路和通信等基础设施。这一切原本就已经够可怕的了，但是海啸路径的一次转折引发了一系列不可逆转的破坏性事件：海啸波及了位于福岛的第一核电站。

在看到来自日本的第一波报道之后，我很快就意识到可能发生了什么。根据已有的有关核能和核电厂设计的储备知识，我立即看到了一系列事情，整个过程就犹如观看视频一般。当地震第一次发生时，福岛核电站的自动系统停止了反应堆的运转，控制棒自动落入反应堆堆芯以减缓核裂变的过程。在电网供电的输电线路被地震破坏后，核电站内的柴油发电机自动启动。地震结束时，所有的应急设备都在正常工作。此时，并未造成任何损害。也就是说，到这一刻，参与设计的数学思维取得了巨大成功。从建筑物、反应堆、水泵到发电机和控制室，每一个细节和部件都经过精确的计算，统统达到了抗震标准。考虑到各种材料（从混凝土、钢梁、管道到电线）所承载的压力，可以说，设计师们在工程方面做得非常出色。

然而，最坏的情况还是发生了。当骇天巨浪袭击福岛核电站时，海水彻底将之淹没，并摧毁了13台应急发电机中的1台。这就是工程师所说的"全线停电"。一切都停止了工作，1号和2号反应堆的控制室里一片漆黑，对反应堆是否过热的监测也停止了，唯一能用的只有固定电话。操作人员曾试图使用自己的汽车电池为控制面板供电。然而，由于通路不是被封锁就是被冲走，重新充电已不可能。其他诸如冷却泵、电气开关和备用电池等重要设备也已经被全部淹没。

有一个问题在我的脑海中挥之不去：这是如何发生的？核电站本身是抗震的，但是它的防洪设计不尽如人意。这个失误让我觉得很初级。我们再次借助评估风险时最佳且唯一真正可靠的方法：回看历史数据。人类早在684年就有了对海啸的记录，但是日本现代海啸数据研究和收集工作始于1896年。当时，一场海啸夺去了22 000人的生命。由于日本是最频繁遭受海啸冲击的国家，所以很难理解核电站最初的建造者为何会如此缺乏远见。淹没福岛核电站的海啸高达50英尺，是其设计的抵御海浪高度的两倍多。如果核电站一开始就被设计为可以抵御更高的风浪，那么事故可能永远也不会发生。后来我才得知，另一座位于6英里外、建在地势稍高处的姊妹核电站所遭受的破坏就小得多。由于受海啸影响较小，福岛第二核电站从外部电网和一台发电机获得了有限的电力支持。最重要的是，电力供应确保了控制室的正常运转，其中就包括监测反应堆状态的指示器。

另一个危及核电站安全的简单的设计纰漏也让我耿耿于怀。如果福岛第一核电站内重要的冷却设备在海浪的侵袭下受到了防水门和四周墙壁的保护，那么反应堆堆芯的熔毁就不会发生。防水门是一项古老的技术，多年来在船只以及后来的潜水艇上被使用。当船体被刺穿时，防水门作为安全装置可以密封破损的舱室，从而防止船体因进水过多而沉没。

由于运行核电站涉及各项尖端技术，所以防水门并没有出现在核查清单上，尽管它可以防止反应堆堆芯熔毁、保护冷却设备和应急电源免于被水淹没，从而挽救生命。此外，在这起事故发生前没有人对防水门进行升级维护。1号反应堆的熔毁缘于海水彻底淹没了紧急冷却泵以及为它提供电力支持的发电机。无论是在核电站还是在牲畜加工厂，电气设备都会遇水发生短路和损坏。如果有人曾经预见过有可能会出现淹没整个核电站的惊涛骇浪，那么大家肯定会为之做好准备。

没有发生熔毁的福岛第二核电站的现场负责人是增田直弘

（Naohiro Masuda）。他已经在核电站工作了29年。他了解这里的一切，同时也赢得了所有员工的信任。海啸发生后，他派大家去评估损失，并以一种超乎常人的努力动员他们去冷却反应堆。要记住，这一切都是在混乱不堪的情况下发生的。许多工人是在连自己的家人是否还活着、自己的家园是否还完好都不知道的情况下完成的工作。然而，时间再次对他们不利。他们发现4个反应堆中有3个都没有紧急冷却。增田知道他必须在反应堆的堆芯开始熔毁之前为泵供电。在尝试过从放射性废料的建筑中取电之后，增田意识到及时阻止熔毁的唯一方法是从正在运行的发电机到水泵之间铺设巨大而笨重的电力电缆。当我向我的一位学生描述这一危机时，她说："哦，巨大的延长线。"增田的团队最终铺设了数英里长的电缆。控制室里的压力读数让他得以决定要首先冷却哪个反应堆。当另一个反应堆中的压力值开始更快速地上升时，增田敏捷转动方向将电缆直接连接到那个反应堆。他的这一表现，在我看来就是最直接的视觉思维方式。

　　增田阻止了一次危险的将放射性物质释放到环境中的熔毁。另一个在危难时刻起到关键作用的因素是他的管理风格。美国联邦特工查克·卡斯托（Chuck Casto）报告称，增田向他的员工提供了有关海啸和核电站受损的所有信息。信息的公开透明有助于减少焦虑，因为有知识才会有行动力。增田还为自己的员工设立了清晰易懂的目标，即冷却反应堆。就在增田亲自上阵时，正在熔毁的第一核电站的主管人却坐在一个偏远的应急中心试图通过视频连线寻求帮助。这位身穿西装的管理者直到看见电视新闻报道才意识到问题有多严重。后来，增田被任命为福岛第一核电站的首席停运官。

无论何时何地，我都会信任在一线脚踏实地的人。这并不是说空间思维和数学头脑不重要，而是说如果没有能够实施和修复系统的人，没有务实地依靠历史数据且考虑到各种环境可能性的人，我们的生存就不会安全。正如《原子科学家公报》（Bulletin of the Atomic Scientists）所报道的那样，核工程师、福岛第一核电站的前主管说："我们只能根据以往的先例开展工作。可惜，没有先例。在我任职期间，我从来没有预想过海啸的威胁。"在一个地震频发的临海地区，这怎么可能呢？

根据经典著作《当科技变成灾难：与高风险技术共存》（Normal Accidents: Living with High-Risk Technologies）的作者、社会学家查尔斯·佩罗（Charles Perrow）的说法，问题并不在于人为错误、机械故障、外在环境、设计或程序问题，尽管这些因素中的一项尤其是人为错误往往被单挑出来；佩罗认为任何事故的发生都缘于一系列错误或失败的累积。造成狮航610号航班坠毁的第一个问题是飞机上只有一个精密的传感器，而飞行员不知道机动特性增强系统的存在是第二个问题。第三和第四个问题缘于狮航的维修不善和飞机缺少迎角角

第六章　可视化与风险预防　　　　267

度不一致的报警指示器。如果有这类指示器的存在，它至少会通知飞行员其中一个传感器出现了故障。这就是语言思维者会过度思考的地方。可是在我看来，作为一名视觉思维者和一名设计师，事情并没有那么复杂。如果福岛第一核电站的工程师能够看到发生大规模海啸的可能性，那么他们很可能会在地下室安装防水隔间。他们也许不会将柴油发电机和应急电池放在地下室里，又或者他们会将核电站选址在海拔更高的地方。无论是波音公司的飞机失事还是福岛核泄漏的危机，我都"看到"了问题的症结：失效的传感器和漫过海堤的滔天巨浪。

未来的危险

未来已至。层出不穷的勒索软件攻击已然发生。常见的黑客攻击行为致使公司、学校、医院和市政府陷入瘫痪。他们闯入计算机系统并加密所有文件，让公司、机构无法向客户送货、支付工资单、访问账单、医院记录、汽车登记及其他诸多的重要系统。为了拿回自己的电脑文件，公司或市政往往需要给黑客支付赎金。他们的确就是为钱而来。科洛尼尔管道运输公司和食为福公司遭遇的勒索攻击事件是目前全球最大的两起黑客入侵。攻击科洛尼尔管道运输公司的黑客停止了该公司对美国东海岸的燃油输出，结果导致加油站及航空线路用油短缺。攻击食为福的黑客则让该公司在美国、澳大利亚和加拿大的牛肉和猪肉加工厂全线停工。

在这两起黑客勒索事件发生后，我立即想到的是如何确保实体设备免受网络攻击的重要性。如果科洛尼尔管道运输公司的重大设备遭到破坏，那么至少需要数月才能修复。当汽油不得不通过运油卡车送往全美各地时，我一下就能看到成千上万个加油站里一片混乱的景象，也能看到有汽车跟在运油车的后面想要率先加油的样子。

在这种情况下，知道如何能保护好基础设施的人就是在燃油管道一线和在牛肉加工厂的地下室内工作的员工。我们需要找到他们并进行咨询。他们的代数成绩可能不怎么样，但是同福岛第二核电站的增田直弘一样，他们是可以在危急时刻避免灾难全面发生的人。

自从我成年以来，我们大部分的汽车、工业设备和家用电器由计算机全面控制。就在大家同时打开空调的那一刻，计算机系统就在控制电网要如何进行电力分配。它们让我们通过手机打开大门，并自动控制家中的供暖和制冷设备。我们生活中的许多设备都连接上网的事实更进一步加剧了风险。黑客已经可以通过远程操作来控制汽车的电脑系统，并通过人们设置的安全系统来随时监视大家的一言一行。

未来，最危险的黑客将会蓄意破坏工业流程。这方面的例子包括关闭发电机、操控关键阀门打开大坝上的溢洪道闸门以及让炼油厂发生爆炸。为了防止诸如此类的灾难发生,我们有必要采取非计算机化的控制系统,在黑客攻击主要设备导致其转速过快、设备过热或超负荷运转的关键时刻及时将其彻底关闭。这样的非计算机化的控制系统之所以能够防止黑客入侵,就是因为它们没有黑客可以轻松攻击的互联网连接组件。我会在大脑中将这种系统和防止黑客攻击的控制系统在视觉上形象化。我可以看到带有指针的圆形金属仪表,就像汽车里以前的转速表一样。每个仪表盘上都有一个清晰标记的红色危险区域。当指针进入红色区域时,设备会立即关闭。我不是卢德分子[①],但是我们脆弱的电网的确让我夜不能寐。

我最担心的情况是,如果黑客开始破坏设备,将会发生什么。黑客通过攻击挪威海德鲁铝业公司的工厂系统已经证明,他们可以瘫痪控制铝产品制造工厂的电脑设备。如果他们再往前走一步,控制了所有的工厂电脑,那么情形将会变得异常危险。也就是说,他们可以控制熔化废铝的熔炉和其他价格高昂、难以更换的设备。黑客对挪威海德鲁铝业公司的攻击造成了该家企业 6 000 万美元的损失,因为它们在世界各地大部分工资和客户账户被冻结了。

就在我着手写这一章的时候,我最糟糕的噩梦之一差点儿发生。2021 年 2 月 5 日,黑客控制了佛罗里达州奥尔兹马

---

① 卢德分子(Luddite)原指 19 世纪工业革命时期因机器取代人力而失业的技术工人,现在引申为反对技术变革的人。——译者注

市的一个市政供水系统。如果黑客当时发送命令让某个阀门彻底打开,那么大量的危险化学物质会被倾倒进供水系统中。幸运的是,一位警觉的工厂操作员发现了一个可疑的箭头在监视器上四处移动,他随即点击了某些设置恢复了安全保护。这无疑是相当幸运的。但是,对视觉思维者来说,能找到防止黑客攻击的解决方案才算安全。我在脑海中开始设想,如果专门安装一个小管道来极大地限制化学物质从装有化学品的罐中流出的流量,那么即使计算机控制的阀门被完全打开,这根根据最大安全流量设置尺寸的小管道也会发挥作用。后来,我从读到的一篇文章中了解到,储存化学物质的储罐已经配备了类似的限制化学品流量的管道。对黑客来说还有一件糟心事,那就是现场的工作人员有足够的时间找到被打开的阀门并将其关闭。

可以通过三种基本方法来保护价格高昂、难以更换的基础设施并防止人员死亡。第一种是老式的机电而非电子化的控制。这种机电控制系统在设备温度过高、转速过快、震动过大、压强过大或泵空转时会自动关闭。例如,大多数人熟悉的家中保险丝和断路器就是在出现故障时提供此类安全保护的一个例子。这些非电子化的控制有助于防止电路过载,烧毁房子。第二种需要保护的设备包括业已全线取代人类操作的计算机系统。例如,在工厂中摆放箱子的机械臂和在航站楼之间运送乘客的电动火车。这些系统必须与互联网完全隔离,包括电缆和无线网的连接。工程师们称之为"气隙"①。

必须特别留意的是,切勿将带有内置无线网连接的计算机连接到工业和机械系统中。这些系统总是在寻找这种连接。你也许还记得,美国前副总统迪克·切尼安装的心脏除颤器中的无线组件被禁用的原因就是担心它会被恐怖分子数字入侵。《华盛顿邮报》上刊登的一篇文章引用了心脏病专家乔纳森·赖纳(Jonathan Reiner)的话说:"对我来说,我们的副总统带着一个别人拿绳子吊着或者在隔壁旅馆房间或楼下可以线上攻击的设备可不是一件好事。"

我最近在参观一家大型工厂时,留意到在一把折叠椅上放着一台电脑,显示器、鼠标和键盘摇摇晃晃地放在上面,主机放在椅子底下。如果是在自己的单间公寓,这么做没问题。但问题是,在工厂里如此不注意就有些令人担忧了。我问了一下才发现原来是技术人员无法在控制室内运行一套特定的设备,所以有人跑了一趟当地的电子商店,然后连上电脑让它运转了起来。我接着问电脑是否有内置的无线网。回答有的。那么,一旦这台电脑被黑客攻击,整个工厂就都得停工。再比方说,在人命攸关的交通系统中,这类疏忽会让整个系统变得非常脆弱。如果黑客攻击成功,命令两辆电动火车相撞怎么办?出于同样的原因,自动驾驶的汽车也必须是能够防止黑客攻击

---

① "气隙"是指一台计算机与周边的所有网络断开的空间,旨在保护计算机使用免遭数字攻击。——译者注

的。也就是说，在紧急情况下，驾驶员可以使用机械装置让汽车停下来，同时断开互联网。计算机系统一旦被禁用，汽车就理应有一个机械的、紧急制动的刹车和可操纵的方向盘。如此一来，司机就可以开着它离开主干道。我们的确对计算机十分依赖且盲目信任。我们似乎根本看不到计算机的潜在危险。从直观的层面来说，计算机系统在我们的视线之外，除非你是喜欢拆卸东西的小孩子。我们大多数人并不知道设备究竟是如何工作的。而且，对我们来说，互联网也是抽象的。可以说这种情况非常危险。

人们最近发现在美国推出的 5G（第五代移动通信技术）手机服务可能会对航空安全带来风险。来自 5G 手机及基站的信号可能会干扰飞机上的雷达高度计。大雾天看不到跑道的飞行员需要雷达高度计的帮助才能安全着陆。因此，高度测量必须非常准确。

我思考过这个问题：既然 5G 设备已经在欧洲投入使用，而且到目前为止并没有出现安全问题，那么为什么美国会如此大惊小怪？区别究竟在哪里呢？清晰的画面再次闪现在我的脑海中。我看到了一架从纽约起飞前往巴黎的飞机。这架飞机多次在美国和欧洲之间来回飞行。美国和欧洲均使用一种被称为"5G 服务频率共享"的系统。这个系统允许多位用户同时使用同一频率的信号。接着，我的脑海中出现了我为动物福利编写的一些行业标准的图片，例如为北美肉类协会编写的

《动物处理及审核的推荐指南》(Recommended Animal Handling Guidelines and Audit Guide)。这就是我的大脑在想到标准时会首先联想到的画面。也许，欧洲和美国管理电磁频率使用的标准不同。我在寻找有关标准的过程中查找到了瑞典查尔姆斯理工大学的玛丽亚·马萨罗（Maria Massaro）所撰写的一篇解释相关差异的论文。这篇文章说明在电磁频率共享标准方面的差异会导致美国的风险增加。现有的雷达高度计技术和5G系统需要我们消除在机场跑道及飞机滑行路径附近的高功率的5G蜂窝天线。考虑到有可能挽救的生命，这不是一个难以执行到位的方案。

每当我发表有关视觉思维的演讲时，我听到的最常见的问题之一是我的视觉图像是否只是我的幻觉。幻觉是视觉思维吗？简单来说，不是。视觉思维是基于现实而真实存在的。一头狮子在希尔顿酒店袭击了你是一种幻觉。做梦也有幻觉的成分。可是，我在自己的头脑中看到的一切图像都是真实存在的。现在，我在脑海中反复思考的一个问题是，如果黑客入侵了人工智能控制的系统，接下来会发生什么。

2015年，谷歌推出了计算机视觉程序"深度梦境"（DeepDream）。这款程序采用人工智能的算法来生成和增强图像中的模式。这类程序在一般情况下可以用于在互联网上查找狗的图片等。然而，如果人们为了某个特定的目的使用这类程序，它们会表现出类似视觉思维的东西；如果用于寻找或获得并不存在的东西，它们又会产生类似于精神分裂症患者会有的幻觉。例如，如果要求这类程序在一张没有狗的图片中反复寻找狗，它会开始让你看到狗的部分形象。树上的苹果可能会变成狗的一只眼睛。最后生成的图像可能会令人毛骨悚然，譬如多眼怪物、满天的多眼，或者与超市货架上的杂物混合在一起的多眼。《卫报》的亚历克斯·赫恩（Alex Hern）将这些人工智能生成的图像描述为"从美丽转向可怖"。

2015年是人工智能发展具有标志性的一年。这一年，计算机第一次在比国际象棋更复杂的围棋游戏中击败了人类。数学视觉空间思维者通常在国际象棋和围棋方面表现出色，因为它们都是抽象的策略游戏。戴维·西尔弗（David Silver）及其同事在《自然》杂志上发表文章指出，计算机使用了"超越传统围棋知识范围的非标准策略"。目前，正在研究人工智能并对之加以运用的领域非常广泛，从视频游戏和卫星图像分析等不一而足。人工智能程序甚至被训练来写剧本和散文。索菲娅·梅伦尼奇（Sofia Merenych）在 Medium.com 上发表了一篇有关 GPT-3[①] 的文章。这款程序完全按照莎士比亚的表达方式创作了一部戏剧，其精准程度让语言学家也难辨真伪。在这个程序从互联网上吸收了大量的人类知识之后，它就能够写出不同主题的论文。如果人们要求它就一个有争议的主题发表看

[①] GPT 的全称为 Generative Pre-trained Transformer，是由人工智能公司 OpenAI 开发的语言模型。——编者注

法，它有时会得出一个相当令人感到不安或反感的结论。伊丽莎·斯特里克兰（Eliza Strickland）在《科技纵览》（*IEEE Spectrum*）上发表文章指出："GPT的任何失败之处，无论在什么方面，都是从人类那里习到的。因此，它产生冒犯性内容的可能性是100%。"

人工智能的应用程序正在工业、交通、网络安全和军事等各个领域被开发用于模拟和分析。那么，如若发生故障或出现问题，我们的保障在哪里？你会希望一个人工智能程序来运行一个核反应堆吗？如果黑客入侵插入了一个额外的反馈回路让人工智能的运行出现幻觉，让它错误地感知到根本不存在的、只有在熔毁时才会出现的高压和高温，会怎么样？也许，人工智能基于错误信息的判断反而会造成熔毁的真实发生。有些计算机科学家会承认他们并不完全确定人工智能的工作方式。《机器中的艺术家》（*The Artist in the Machine*）一书的作者阿瑟·I. 米勒（Arthur I. Miller）在一篇文章中写道："关于谷歌的'深度梦境'最关键的一点是机器会生成并未被编程进入机器中的图像。"这种自我生成的能力是否有可能也发生在用于监控工业设备温度、水流、压力和速度而设计出来的系统之中呢？这将是一个数字模式而非图片的世界。

我回想起高中时观看电影《2001太空漫游》时的情景。这部1968年的经典科幻电影讲述了一台名为HAL的智能计算机与一群宇航员一起执行寻找外星生命的任务。HAL的编程要求它在到达目的地之前不向任何宇航员透露此次任务的真实目的，但是与此同时，它也被要求不能撒谎。于是，杀死宇航员似乎是解决这个两难悖论最合乎逻辑的方案。但是，HAL还有一个关闭系统的开关。在影片的关键时刻，唯一幸存的宇航员戴维在HAL准备杀死他之前先行断开了HAL的连接电路。

这部电影的天才之处在于，HAL在各个方面都非常的人性化。宇航员和它交朋友，下棋，直到最后，它成为他们中的一员，即使它看上去只是一只跳动的红色眼睛。HAL恳求戴维不要移除它的人工智能模块，可是戴维想要活下去就别无选择。我记得当HAL最终被关闭时，我和大多数观众都哭了。那一刻，HAL早已关闭了飞船的空气供应系统，但是戴维通过手动设置，打开了紧急出口，逃脱了飞船的计算机系统。50多年后的今天，这个隐喻依然成立。人类与机器人真的可以共存吗？究竟是谁来控制氧气供应呢？真的会有一个开关吗？现在比以往任何时候都需要的是要让所有关键的基础设施、设备配有老式的机电配置。如此一来，遇到黑客入侵让这些基础设施、设备自行损毁时，老式的机电配置就能够及时将系统关闭。

我们的用词

核事故的规模。超越设计基础。冗余路径备份。被动危险控制。可接受的风险。近因。我不是一个语言思维者。但是，我发现当工程师们谈论风险时，他们所使用的语言几乎是机器人式的，完全没有人为的细节。碰撞被称作"对地形的影响"。主要的问题被称作"异常"。当火箭发射一切顺利时，它自然是"正常的"。如若不顺利，则有四个级别的失败：可忽略的、边缘的、严重的和灾难性的。波音公司的坠机悲剧被称为"共模故障"。

地点和系统都被缩减成了英文首字母缩略词。根据核监管委员会的说明，NPS 代表"核电站"。如果我不是在科学期刊上阅读有关核电站的文章，我怎么会知道 NPS 的意思。如果同样一句话出现在一本航空杂志的一篇文章中用来描述导致坠机的条件，NPS 也许又会代表"导航和驾驶系统"。一篇关于福岛第二核电站的文章提到，侵入该核电站的海水体量较小，所以 PC、MC 和 RB 未被浸湿和受损。除非我了解这些首字母缩略词，否则我不知道它们代表什么。我不得不上网查找，这才发现 PC 既可以表示压力控制器，也可以表示台式电脑；MC 表示主循环器或主冷凝器；RB 则代表反应堆建筑。

每个行业都有自己的术语和首字母缩略词，但是出现在工程领域的首字母缩略词比我在其他领域遇到的多得多。EPM 表示"工程产品经理"，PD 代表"产品设计"。太多的首字母缩略词往往更容易让人脱离现实。矩阵图使用的端点词，譬如非常低的严重性、非常高的严重性，以及描述坐标轴的一些用语，譬如罕见、不太可能、可能、很可能和某些点等。缺乏与人连接的行业术语和科学术语造成的问题是，它们妨碍了问题的解决并降低了解决严重问题的动力。我认为讨论这种现象非常重要，因为模糊的语言表达会让工程师在情感上与因他们的错误而造成的后果拉开距离。用"异常"或"对地形的影响"这样冰冷、生硬的词汇描述发生的事故或灾难远比谈及有东西爆炸、被海水淹没、坠毁和人员伤亡容易得多。对视觉思维者来说，灾难从来都不是抽象的。就在我写这篇文章的时候，我在大脑中看到的是遍地的残骸、粉碎的尸体和坠毁的飞机碎片。

第七章

动物意识与视觉思维

尽管存有争议,但是我觉得认为狗或牛没有意识是荒谬的。亚里士多德认为人之所以比动物优越是因为人会思考。当人类能够感知、推理并运用语言彼此交流时,动物则完全被感觉和冲动支配。

《圣经》中认为动物和人类一样会感到疼痛并需要休息。例如,《申命记》第 22 章第 10 节的经文说"不可并用牛、驴耕地";《出埃及记》第 23 章第 12 节表示在安息日牛和驴都要歇息。《古兰经》第 6 章第 38 节也有一段经文表示所有动物都需要同类,"在大地上行走的兽类和用两翼飞翔的鸟类,都跟你们一样,各有族类"。从人类早期的记述开始,我们一直在争论动物是否具备思考和感受的能力,以及我们应当如何理解和感受它们。

在本书中,我一直强调能否理解视觉思维的关键在于能否认识到视觉思维的存在。因此，对动物思考的关键在于如何理解它们的内心世界。同我们低估且未能充分利用视觉思维者的才能和贡献一样，我们也同样低估并错误地理解着动物的思维方式。它们是通过感官生活并思考的。它们没有语言，但是它们会将以往的经历以图片、声音、气味、味道或触觉的方式储存起来。基于感官的思维和记忆是没有语言的。牧羊或其他食草类动物，如牛、羚羊、长颈鹿、麋鹿和鹿，都会利用自身的视觉优势来规避危险。它们对周围的掠食者十分警觉。在回忆录《用图像思考》中，我用大量的篇幅提及了我与猎物尤其是牛的连接。我发现我们的警报系统有着类似的组织方式。和它们一样，人类也有一种"生物本能"，尽管我们的视觉感官并不占据主导地位。但是，当一辆陌生的汽车开进车道时，我们无须言语就能"感受"到某种危险。

　　章鱼的感觉系统与触手相连，它们因此依赖味觉、嗅觉和触觉；犬科动物，从狼到狗，依赖嗅觉和高频听觉。我总是告诉养狗的人，如果狗在树桩或消防栓周围逗留，请不要拉动拴狗的皮带。狗是一种高度社会化的动物。嗅东西，尤其是小便的气味，是它们获取信息的方式。认识我的朋友都知道，我将之称为"小便信件"。我读过一篇讲述一位侍酒师的文章，其中讲到他可以毫不费力地通过气味辨识出 2 000 种红酒。这大约是人类与狗的嗅觉最接近的程度了。与人类 600 万个嗅觉感受器相比，狗有 3 亿个。相应地，它们大脑中的嗅觉中心是人类的 40 倍。动物的感官不仅提供信息，而且决定了它们所具备的各种技能。

一只昆虫能够辨识出相同与不同。蜜蜂可以学会区分一样与不一样的颜色、晶格图案。有些动物的大脑能够对事物按照不同的边界分门别类。加利福尼亚州立大学富勒顿分校的杰西·佩西格（Jessie Peissig）及其同事发现，鸽子会自发地将形状归类。这项技能通常被认为是人类才具备的。日本庆应义塾大学的渡边茂（Shigeru Watanabe）发现，鸽子还可以学会区分莫奈和毕加索的作品，即使面对之前从未见过的画作亦是如此。我猜测鸟类能够发展出这项技能是出于适者生存，因为它们需要能够辨识周围的环境。松鼠会使用视觉思维来"记住"它们储藏坚果的位置，一如蚂蚁能通过视觉记忆找到回巢的路。英国萨塞克斯大学萨塞克斯神经科学中心的 S. P. D. 贾德（S. P. D. Judd）和 T. S. 科利特（T. S. Collett）发现，当蚂蚁外出觅食时，它们会在途中停下来，多次从不同的角度"拍下"新的食物来源，而且会多次折返来查看回巢途中的地标。

尽管动物在感知时间、空间上的表现各不相同，但是很明显，所有的哺乳动物和鸟类动物都知道自己巢穴的位置，而且它们知道要去哪里寻找丰富的食物。松鼠运用视觉思维来记忆坚果的存储位置，而乌鸦这样的鸦科鸟类能够记得它们将食物存放在哪里以及存放了多久。松鸦知道美味的蠕虫要比坚果更快腐烂，所以会尽快返回吃掉蠕虫，而不先吃掉不易腐烂的食物,就像我们在储存食物前先要清空冰箱一样。

尽管有证据表明语言与人类最早期的一些最令人印象深刻的成就毫无关系,但我们还是将语言思维置于视觉思维之上,并将这种习惯性看法延伸至动物界。将石叶连接到一根棍子上制成长矛是人类早期制作的复杂工具之一。它的出现早在人类发展出语言之前。伦敦大学学院的达娜·卡塔尔多(Dana Cataldo)及其同事在最近一项研究中调查了人类的祖先是如何制造石刃的。新手被分成了两组。第一组有一位打燧石专家,他既演示了如何制作工具,又用语言解释了制作过程。第二组仅有专家展示,但没有语言说明。学生们必须观察指导者非语言的指示,譬如用手指指向或动作展示如何握住石头。结果,没有语言说明的组别表现得更为出色。因此,非语言的、基于感官的学习可能在人类的早期成就中发挥着重要作用。这是一个值得深思的观点,影响着我们如何看待动物的认知能力与其成就之间的关系。

首先,我会简要回溯一下人类如何看待动物、如何对待和研究动物的历史。其次,我会论及神经科学和动物情感的研究。人类对动物不同思维方式的认知始终与人类如何理解动物息息相关。

根据埃丽卡·希尔(Erica Hill)在文章《考古学和动物人》("Archaeology and Animal Persons")中提出的说法,古代的人类狩猎-采集者认为动物"能够独立且有意识地采取行动"。要成为成功的狩猎-采集者首先需要依赖视觉思维。狩猎者需要能够看到动物在经过的地方留下的轻微足迹或折断的树枝。根据来自特拉维夫大学、对狩猎-采集者进行广泛研究的埃亚勒·哈尔丰（Eyal Halfon）和拉恩·巴尔卡伊（Ran Barkai）出具的报告，他们倾向于将动物视作地球生命族群的一部分，人类也只不过是其中的部分成员。许多美洲原住民的信仰体系将动物视作人类的亲戚。

爱丁堡大学的讲师、心理学家马蒂·威尔克斯（Matti Wilks）在近期开展的一项研究发现，9岁以下的儿童不太会将人置于动物之上。对他们来说，狗与人的生命同样宝贵，而几乎所有的成年人在面对能够救100只狗和一个人之间会选择后者。这项研究表明有关人类生命至关重要的观念"在人类的发育后期才出现，很可能是一种社会习得"。我个人的假设是，随着语言思维在个人生活与社会文化中逐步占据主导地位，将"动物"完全视作"他者"的倾向性会逐步加强。有可能随着语言意识的强化，连同口头表达和书面语言的发展，人类对动物的尊重感会持续降低，对动物的基本理解发生了改变。从中世纪一直到启蒙运动，西方对动物的观念始终围绕着一环扣一环的"存在巨链"展开。这是对亚里士多德提出的试图以等级制度来划分自然世界而进行的一种基督教式的解释：上帝、天使和人类处于等级制度的顶层，而动物、植物和矿物处于底层。

将动物降级至较低的层级反映出人与动物共享感知模式这种观念的式微。

直到1580年，人文主义哲学家米歇尔·德·蒙田（Michel de Montaigne）在散文作品《人不比动物更好》（"Man Is Not Better Than the Animals"）中为动物的感知力进行了辩护。这是西方知识界第一次有人以这种姿态对生物种群的等级式划分提出反驳。蒙田挑战了人优于动物的观念。他还将这种观念归因于人类的傲慢。他说："自以为是是我们天生的、原始的疾病。"他质问人类如何能够得知"动物的秘密及其内在的活动"。为了强调这一点，他问道："当我和猫玩耍时，天知道究竟是我在逗它还是它在逗我呢？"任何与动物有亲密关系的人都会发出类似的感叹。

半个世纪后的1637年，笛卡儿在其颇具影响力的文章《动物是机器》（"Animals Are Machines"）中驳斥了蒙田的观点。笛卡儿断言人是由身体和灵魂组成的，而没有灵魂的动物则犹如机器一般。笛卡儿在文中将动物比作时钟，称其"只由轮子和砝码组成"。这篇文章阐述了动物不能思考或感知的各方面原因，并在最后的总结陈词中高调宣称："迄今为止，从来没有观察到野兽会进阶到使用语言的阶段，也就是说，能够用文字或符号来表达一些纯粹的思想，而不是一味地遵从自然的本能冲动。"对笛卡儿来说，我思，故我不是一只动物。值得注意的是，笛卡儿曾经进行过活体解剖，即为了获取医学知识而对活体动物进行解剖。在他看来，被活体解剖的狗的嚎叫只是一种本能反应而非感受到痛苦的表现。即使到了 19 世纪末，哲学家威廉·詹姆斯（William James）也在继续为这种做法辩护，称其提供了"治愈的真理，让人类和野兽得以摆脱未来的苦难"，尽管他也承认遭受活体解剖的狗"完全处于地狱之中"，也根本无法理解为什么会被如此对待。

在达尔文出现之前，人类对动物行为的研究几乎没有提出过动物的意识问题。《物种起源》实际上改变了我们看待自然以及我们与自然关系的方式。"一个至关重要的事实是，一位博物学家越多地研究任何特定动物的习性，他就会越多地将动物的行为归因于理性，而越少地认为那只是出于本能的表现。"在笛卡儿之后的一个世纪里，达尔文关于人类进化的著作《人类的由来》（*The Descent of Man*）激烈地驳斥了"存在巨链"的说法。他写道："尽管人与高等动物在大脑上存有差异，但那是程度而非种类的不同。"

人来看待动物的历史与人类对待动物的立法交织在一起。1635 年，爱尔兰颁布了最早禁止虐待动物的法律之一。它禁止将耕地的犁拴在马尾巴上，也禁止通过拔毛的方式获取羊毛，因为这么做与拔人的头发无异。1776 年，英国牧师汉弗莱·普里马特（Humphrey Primatt）在《论仁慈的义务和虐待野兽的罪恶》（"A Dissertation on the Duty of Mercy and Sin of Cruelty to Brute Animals"）一文中猛烈抨击了对动物的忽视和虐待。他写道："痛苦就是痛苦，无论是加在人的身上还是野兽的身上。"普里马特提出人类不应该在动物能够感受到疼痛的基础上残忍地对待动物，理应人道地对待它们。"每一个生物都应被视为大自然伟大机器中的一个轮子。"他的哲学观念成为英国和美国早期反虐待法律的基础。

1789 年，英国哲学家、社会改革家和法学家杰里米·边沁主张动物应该受到法律保护。他实际上并不关心动物是否有意识。相反，他是如此推论的："问题不在于动物能否思考，也不在于它们能否说话，而是它们能否感受到痛苦。"另一位孜孜不倦地推动动物权利保护的改革者是纽约的亨利·伯格（Henry Bergh）。他将防止虐待动物作为自己毕生的工作和使命。遇到任何动物福利受到威胁的情况，他都会挺身而出。欧内斯特·弗里伯格（Ernest Freeberg）在写他的传记《人类的叛徒》(*A Traitor to His Species*) 中表示："伯格确实与卡车司机、海龟经销商、马戏团的经理和斗鸡玩家、屠夫和外科医生进行着不懈的斗争。"尽管他经常在法庭上输掉官司，但是在舆论法庭上他获得了不少的支持。1866 年，他成立了美国爱护动物协会（ASPCA）。在该协会的第一枚印章上刻着一匹被鞭打的拉车的马和一个在半空中盘旋的慈悲天使。

最引人注意的是，伯格所从事的行业正是因虐待马匹而臭名昭著的运输业。截至 19 世纪中期，美国主要城市的路面交通仍依赖马车和手推车，就像今天的私家汽车和公共汽车交通

第七章 动物意识与视觉思维

一样拥挤。马匹夜以继日地工作,拉着挤满了75个人的推车。马夫对它们拳打脚踢,肆意鞭打,经常在它们无法继续工作时任其自生自灭。富人们则对马匹随意"修剪",为了让它们焕发光彩而去除毛发保护层,破坏了它们抵御恶劣天气的天然保护层。

1877年,一部关于一匹马的虚构自传体小说引起了广泛关注,起到了比任何立法都能带动公众情绪、改变公众观念的作用,并由此推动了有关动物福利的改革。作者安娜·休厄尔(Anna Sewell)在《黑美人:一匹马的自传》(Black Beauty: The Autobiography of a Horse)中讲述了一匹马在不同的主人之间被买卖,历经善待和虐待的令人心碎的故事。小时候,妈妈给我读过这本书,我永远也不会忘记书中有关颈缰的细节描写,它迫使拉车的马只能在固定的范围内高昂着头。这么做的唯一目的就是让马看上去很有腔调,从而讨好它富有的主人。在《黑美人:一匹马的自传》一书中,作者详细描述了马的头部处于如此不自然的姿势却还要继续拉车的痛苦。事实上,马的脖颈和呼吸都会因颈缰而遭到损害。《黑美人:一匹马的自传》在首次出版后的15年内累计印刷了超过100万册,迄今为止已售出超过5 000万册。就在这本书出版几年后,颈缰在英国被明令禁止使用。

如若伯格知道他一手成立的美国爱护动物协会如今已拥有200万成员,并始终秉承着终止虐待动物的最初使命,那么他一定会非常高兴。动物法律保护基金会致力于通过法律渠道制止虐待动物的行为。最近，律师史蒂文·M. 怀斯（Steven M. Wise）创立了非人权利项目，旨在让法庭承认动物的个体权利。他的目标是根据法律来保护某些动物，譬如类人猿、大象、海豚和鲸。怀斯认为这些动物是有知觉、有感情、有自我意识的。该项目提交给纽约州最高法院的第一起案件涉及一头名叫"开心果"的大象。开心果和它的6个兄弟姐妹从泰国被运到了美国，并以7个小矮人的名字一一命名。开心果和爱生气被送到布朗克斯动物园。爱生气和另一名同伴后来相继去世。自2006年以来，只留下了开心果一头大象。非人权利项目的律师请求法院允许开心果离开动物园。他们在意见书中写道："毫无疑问，本案涉及的非人类是完全无辜的。对它们的监禁，至少在某些情况下，是一种虐待。"律师代表开心果提出的请愿被法院驳回，但是在2021年5月，上诉法院批准了允许非人权利项目上诉的动议。这是"历史上第一次在英语国家的最高法院"审理"代表非人类提起的人身保护令案"。不幸的是，败诉的开心果至今仍留在动物园里。

两个学科的故事

到20世纪50—60年代，对动物行为的研究主要由两大学科主导：在自然环境中研究动物的动物习性学（ethology）

和在实验室中研究动物的动物行为学（behavriorism）。这两大学科的研究人员在 20 世纪下半叶都致力于探究一个不依赖语言表达的思维世界。由于无从解释动物的内在生活，他们因而判定动物根本没有内在生活。这种思路就犹如一条默比乌斯带[①]，所有的想法始终在一个单面进行：除非动物有足够的意识体验到某种情绪，否则不可能产生情绪。

动物习性主义者认为动物行为受动物本能控制，而动物行为主义者认为动物行为受后天生活环境的影响。这两大流派都认为他们可以对动物行为进行客观研究，前者通过观察并随着时间的推移详细记录动物的自然行为，而后者依赖精心设计的实验室测验。他们也都避免讨论情绪对行为的影响，因为这种讨论会将他们带入科学家唯恐避之不及的混沌不明的主体性世界。将动物人格化的禁忌始终存在，而动物习性学的先驱、诺贝尔生理学或医学奖得主康拉德·洛伦茨（Konrad Lorenz）则是个明显的例外。

洛伦茨并不赞同将动物情感以类比于人类情感的方式加以理解。在《心灵的物种：认知行为学的哲学和生物学》(Species of Mind: The Philosophy and Biology of Cognitive

---

① 默比乌斯带由德国数学家默比乌斯和大地测量学家李斯廷于 1858 年各自独立发现，即一条狭长长方形纸带的一端扭转 180°后与纸带的另一端粘贴而成的曲面。如果一只小虫在曲面爬行，它可以不必跨过纸带边缘而爬过整个纸带圈。具有这种性质的曲面称"单侧曲面"。——译者注

Ethology）一书中，科林·艾伦（Colin Allen）和马克·贝科夫（Marc Bekoff）在提到洛伦茨时写道："他相信动物有爱、嫉妒、羡慕和愤怒的能力。"他们还指出，洛伦茨认为人类的情感和直觉是理解动物的关键。在洛伦茨的世界观中，科学家不是机器人，也理应不是机器人。所以，追求所谓的客观性并不等同于要否认自己的个人感受。

洛伦茨最为人所熟知的是他提出了"印刻效应"。他声称这个概念源于他的童年经历。有一次，他得到了一只刚出生一天的小鸭子。因为没有妈妈在身边，这只小鸭子便一直跟着他。洛伦茨测量了生命早期的刺激对不同动物的影响，并试图量化在动物行为中有多少是由遗传基因决定的。他认为新生者与其生命的最初几个星期里照顾他们的对象会产生本能的连接纽带。在一项研究中，他展示了一只正在孵蛋的母鹅会重复将一只滚出巢穴的蛋或类似蛋的物体取回来。母鹅的这个行为就是在一种能够诱发本能反应的"信号刺激"下做出的。

其他的本能行为还包括进食、交配、养育后代、蜜蜂采蜜、蜘蛛结网和鸟类筑巢。不过，最近有一些研究表明，其中的一些行为实际上可能是先天本能和后天习得的共同结果。例如，被单独饲养的织巢鸟同样可以编织出类似好时之吻巧克力那种水滴状、将鸟儿全身包裹起来的鸟巢。然而，根据圣安德鲁斯大学的艾达·贝利（Ida Bailey）及其同事的说法，同种的织巢鸟在图案编织中也存在着个体差异。同样地，像是打斗这类本能行为在不同的动物身上也会有不同的表现。

公牛打斗时用头相撞，马打架时会用前蹄反击。高度驯化的动物也会保留自身物种的典型行为，例如狗在想要和你玩耍时会做伏地邀请的动作，而家养火鸡会扇动尾巴来吸引配偶。尽管一大群公火鸡向我展示它们的扇形尾巴，但是我很难成为它们的合适伴侣。与此同时，动物也很容易经过训练具备它们自身物种并不典型的行为。例如，马可以被驯服，任由人骑。最近的研究还发现更愿意接近新鲜事物的动物会更容易掌握新技能。这一发现为洛伦茨提出的学习动机受到先天因素影响的论点提供了支持。这一点在人类身上很有可能也是如此。洛伦茨在获得诺贝尔生理学或医学奖时写了一篇文章，他说："我发现了印刻效应，而我也是被印刻而成的。"

洛伦茨与动物习性学家尼古拉斯·廷伯根（Nikolaas Tinbergen）和卡尔·冯·弗里施（Karl von Frisch）一道因他们在动物习性学中的开创性工作，即通过自然选择和物种差异的视角来观察动物的行为，获得了诺贝尔生理学或医学奖。廷伯根的贡献在于通过高度发达的实验设置，揭示了动物是如何组织本能行为的。弗里施则因对蜜蜂的全面研究（包括蜜蜂对图案、颜色的观察能力和通过"舞蹈"来交流食物来源的能力）而获得了认可。

事实上，早在 10 年前就有一位黑人科学家查尔斯·亨利·特纳（Charles Henry Turner）做过与弗里施类似的研究工作。特纳运用动物习性学的方法进行田野观察，其中就包括对蜜蜂的研究。不过，他的研究成果直到最近才得到了不只是出现在弗里施论文脚注中的更高认可。特纳生于 1867 年，父母都是奴隶。他是第一位在芝加哥大学获得动物学博士学位的非裔美国人。尽管他在包括《科学》杂志在内的著名期刊上发表了 70 多篇论文，但是当时普遍存在的种族歧视让他无法受聘成为大学教授。他终其一生都是一名高中老师。

尽管缺乏各种资源及研究机构的支持，特纳还是证明了蜜蜂可以感知出颜色和图案。他相信蜜蜂会制造出有关"环境的记忆图片"。他的实验表明昆虫可以听到，而蜜蜂具备学习能力。这说明了为什么蜜蜂具有交流和识别飞行方向的能力。这些发现在人类能力和动物能力之间开辟出了一条道路。马丁·朱尔法（Martin Giurfa）及其同事在《当代生物学》（Current Biology）上发表文章指出，特纳开创了后来在科学界占据主导地位的对动物行为的认知性观点。例如，特纳写道，"蚂蚁不只是反射性的机器，它们是在个体经历的指引下有自我行为的生物。"我们能够很容易地看到它们的某些行为与人类的某些行为的联系。例如，蚂蚁在觅食后用来寻找返回巢穴的记忆图片类似于人类运用视觉地标（譬如一座石墙或一个带有独特标志的商店）来记忆如何从一个地方到另一个地方。无论你是否有意识地告诉自己要在冰雪皇后冰激凌店左转前往医生的诊室，你的大脑都在运用你储存的视觉图片帮你导航。

最近，研究人员茨温·索尔维（Cwyn Solvi）及其在伦敦玛丽女王大学和澳大利亚麦考瑞大学的同事在特纳和弗里施等人的工作基础上，证明了大黄蜂可以整合不同形式的感官信息，譬如视觉信息和触觉信息。其中一位研究人员说："我们无法确知一只蜜蜂在想什么，但是可以确定的是它们具有将信息从一种感官传递到另一种感官的能力。这需要它们具备在大脑中进行描画或将某些东西图像化的能力。"简而言之，蜜蜂是在用图像思考的。

在获得诺贝尔生理学或医学奖的几十年之后，洛伦茨在其著作《所罗门王的指环》（*King Solomon's Ring*）中写道，动物不应该被"囚禁"起来进行研究。了解它们的唯一方法就是在它们的自然栖息地近距离地进行观察。这一观点经由珍·古道尔（Jane Goodall）的身体力行而得到了广泛传播。古道尔年轻时曾前往非洲研究野生黑猩猩。鲜为人知的是，还有一位来自加拿大的年轻女性做了相关工作。为了实现自己想要在长颈鹿的自然栖息地进行观察的梦想，她要比古道尔更早几年去往南非。她就是从小在芝加哥动物园里爱上了长颈鹿的安妮·达格（Anne Dagg）。达格曾在多伦多大学学习生物学，但是她对在校园环境中研究动物行为的兴趣不大。她也无法得到来自政府或学术机构的支持以实现梦想。尽管如此，她并没有气馁。23岁那年，达格踏上了独自前往非洲的旅程。在数次寻找当地接待家庭失败之后,达格经由一系列松散的关系得知了一位牧场主的名字。为了掩饰自己的性别,她以 A. 达格的名字给对方写了封信,并最终收到了对方的邀请。在性别身份被曝光之后,对方允许她继续留在牧场做一些文书工作。这个安排对达格来说实在合适不过了,因为在这家养牛场和柑橘园的旁边就是南非克鲁格国家公园,那里生活着大量的长颈鹿。

国家公园成了达格的课堂。她可以坐在车中,犹如躲在一扇百叶窗的后面来观察在自然栖息地中生活的动物。达格对长颈鹿吃什么(她对每一种树叶和每一棵树都进行了分类)以及它们如何行走、奔跑、玩耍、打架和交配进行了大量的记录。在一头长颈鹿被杀之后,达格不仅记录了她用晾衣绳晾干的肠子长度,还记录了肠子内残留物的各种信息,从摄入的植物到寄生虫的测试结果。

达格发现长颈鹿"是第一批似乎同样关心死亡的有蹄类动物,甚至可能更关心",因为很多长颈鹿都会"在许多天里记得它们幼崽的死亡地点"。她反思道:"也许,在野生动物世界中,这种情绪远比我们知道的要更加普遍。"据"拯救大象"组织的创始人伊恩·道格拉斯-汉密尔顿(Iain Douglas-Hamilton)及其同事的说法,大象会试图举起一头垂死的象群女王,而在象群女王死后,许多不同的大象家族都会前来"瞻仰"遗体。

行为主义者 B. F. 斯金纳（B. F. Skinner）是 20 世纪最具影响力的心理学家之一。时至今日，他依然具有相当大的影响力。斯金纳是一名哈佛大学的教授。在 1971 年登上《时代》周刊的封面成为国际名人之前，他就已经是学术界的"摇滚明星"了。斯金纳在 1977 年发表的一份声明中简明扼要地总结了他的观点："没有证据表明存在一个精神生活的内在世界。"他这里所指的既包含人类，也包含动物。在斯金纳看来，我们被两种力量控制：强化和惩罚。他以引入了操作条件性刺激的"斯金纳箱"而闻名于世。在他设置的实验中，他让老鼠和鸽子受到不同的刺激，譬如光和电击的刺激，从而测试不同的强化效果。如果动物敲击或啄击到正确的杠杆，它们将获得食物作为奖励。实验者证明，通过奖励一些行为、惩罚另一些行为，动物将会习得新的行为。在斯金纳看来，我们都遵从和他实验室里的动物们一样的操作性条件反射。换言之，自由意志只是一种幻象。他在自己影响深远的著作《科学与人类行为》(Science and Human Behavior) 中也清晰地表达了他对情绪的看法："'情绪'是我们通常将行为归因于虚构因素的极好例证。"

在我上大学的 20 世纪 60 年代，我曾经因一门课而有机会亲自拜访过斯金纳。当得到一个提问机会时，我问了一个有关大脑及大脑如何运作的问题。他当时回答说："我们的反应不过是操作性的条件反射，所以没必要了解大脑。"多年以后，我听说他在中风后承认我们也许真的需要了解大脑。

1961年，动物专家凯勒·布里兰（Keller Breland）和玛丽安·布里兰（Marian Breland）发表了一篇题为《有机体的不当行为》（"The Misbehavior of Organisms"）的论文。这个标题清晰地说明这篇文章旨在反驳斯金纳的名著《有机体的行为》（*The Behavior of Organisms*）。他们曾一起跟随斯金纳学习，并在他的实验室中担任研究助理。在离开实验室创办了一家从事商业训练动物的公司之后，他们采用了斯金纳的方法（譬如使用电动喂食器）来驯养动物。然而，他们在论文中指出，斯金纳提出的动物行为条件性刺激反应的原则可能无法战胜动物的自然本能。事实证明，人很难训练动物去做与其本能相冲突的事情。"从我俩都学习行为主义的背景来说，我们对这种预测和控制动物行为的彻底失效毫无准备。"布里兰夫妇写道。多年来，他们为电视广告、马戏团、电影和电视节目训练了60多个物种的8 000多只动物。

20世纪70年代初，我在亚利桑那州的博览会上看到了新奇的一幕：一只母鸡弹奏一架玩具钢琴。它通过用喙啄琴键而获得食物颗粒。这个展示非常成功，因为用喙啄食是母鸡获取食物的自然行为。然而，让一只浣熊将硬币放入一个小盒子从而得到食物的展示则一败涂地，因为浣熊天生喜欢冲洗食物。当训练员将硬币交给浣熊时，浣熊会摩擦硬币，试图进行本能的清洗食物的动作，并且拒绝将硬币放入盒子中。一头猪一开始能轻易学会把硬币扔进存钱罐，但是几个星期后，它会用嘴拱它、咬它，并到处乱扔。正如布里兰夫妇所观察到的那样，猪的本能行为再次出现：野猪会杀死小型啮齿动物，而后将它们扔来扔去，在正式进食前将它们叼在嘴里。由于布里兰夫妇不在学术界内发展（尽管玛丽安最终也取得了博士学位），所以他们的工作成果备受争议，甚至一度被弃置不顾。但是，我对他们的观察有着深深的共鸣。我深知对动物行为的理解不可能只是在实验室环境中通过一系列正面或负面的强化系统所观察到的结果的总和。正如布里兰夫妇所言："除非你了解动物在野外的行为，否则你无法理解动物在实验室中的行为。"即使将实验室里已经远离了野外生活好几代的小白鼠放到有很多泥土可供挖掘的地方，它们也一定会挖出精巧的地洞。

意识与神经系统的复杂性

直到 20 世纪 90 年代，随着认知神经科学的兴起（以及在磁共振成像的帮助之下），我们终于能够推进一场有关动物情感源于大脑的对话。在过去的几十年里，研究动物意识的科学家提出了多种理论，也采用了不同的方法来评估动物的意识。就连斯金纳也承认我们需要开始考虑箱子里装的是什么。

在最基本的层面上，意识和认知的存在都需要具备在一定程度上复杂的神经系统。例如，蛤、牡蛎和蛆是没有意识的。

它们的行为是对重复刺激的条件反射或简单的习惯。如果你触摸一只牡蛎，它会合上壳；如果你以足够多的次数重复刺激它，它就会停止反应。这种现象说明在牡蛎的神经系统对某种刺激习惯之后，它便不再有反应，或者反应水平会大大降低。

神经系统发展的下一个阶梯是动物头部发育出一个神经元节点。三角涡虫就是这一类生物的代表。（这种扁形动物体内还有两条神经索，它们正是脊髓的前身。但是，这种形式的神经系统是形成中枢神经系统的初始表现，它缺乏痛觉感受器。）不论什么样的网络其实都会形成节点，譬如社交网络脸书或者飞机的飞行网络。随着搭乘飞机出行日渐普遍，各航空公司会自然形成飞机航线的节点，即飞往不同城市的航班的连接点。某些节点开始获得更多流量，例如丹佛就成了航班的枢纽中心。在神经系统中，这个过程被称为大脑化。这种进化的大脑生长标志着从非集中式神经网络向大脑皮质形成的转变。这些具有诸多信息传入和信息传出路径的集中枢纽就是形成意识的一大关键。

随着动物的进化发展，动物大脑构建的复杂性也在不断增加。在具备全意识的过程中，耳朵和眼睛等感觉器官开始发挥作用。在低等形态的动物中，眼睛看上去就像是对光敏感并能检测到光源方向的基本点。眼睛发展的下一个阶段是能够看到模糊的图像。花园蜗牛就可以做到这一点。所有的哺乳动物、爬行动物、蜘蛛和昆虫都有真正的眼睛，可以看到一定程度的清晰图像。尽管蚂蚁和黄蜂的视力不如人类，但它们能依靠视觉完成一些重要任务，其中包括前面提及的利用储存的视觉记忆作为导航工具。这种转化信息的过程标志着视觉思维的开始。

在查尔斯·特纳（Charles Turner）记录蚂蚁运用视觉获取信息的60年后，生物学家E. O. 威尔逊（E. O. Wilson）及同事发现蚂蚁也依靠信息素（气味）的释放来传递信息。威尔逊解释说，蚂蚁用触角来识别家园群落，与群落里的其他成员交流需求、执行任务。研究表明，黄蜂能够识别出蜂群中其他黄蜂的面孔。同时，它们具有良好的记忆力，可以识别出之前互动过的黄蜂个体。这难道意味着它们有意识吗？我相信昆虫的神经系统具有全意识的基础，但是因为它们不能感受到剧烈的疼痛或发展出全面的情感，所以我并不将它们完全归类为有意识的生物。一只昆虫在腿受伤后会继续正常前行，而能感觉到疼痛的动物则会跛行并减轻伤腿的承重量。

与没有眼睛或耳朵的生物体相比，具有听觉和视觉器官的动物需要更多集中的脑组织来处理信息。来自巴西但就职于美国范德堡大学的神经科学家苏珊娜·埃尔库拉诺-乌泽尔（Suzana Herculano-Houzel）认为，神经回路的数量及其连接方式比脑容量的大小更重要。鸟类的脑容量尽管很小，但是它的神经元具有巨大的处理能力。在某些情况下，鸟类大脑的处理能力与某些大型哺乳动物大脑的处理能力相近。一个很好的类比就是智能手机，它可以通过将电路集成在微型电子芯片上来执行许多与台式电脑相同的功能。更庞大数量的处理单元会增加行为的灵活性。为了能够飞行，鸟类的大脑必须既有强大的计算能力又轻盈。由于大多数哺乳动物不会飞行，因此它们发育出既强大又轻盈的大脑的进化选择压力就比较小。

埃尔库拉诺-乌泽尔进一步研究指出，尽管非洲象的脑容量比人的大很多，但是人脑有163亿个皮质神经元，而大象只有56亿个。人类大脑具有更密集的神经元和更厚的大脑皮质，而其他部分则与其他哺乳动物的大脑类似。人与动物的区别在于大脑皮质中大量神经回路的原始计算能力。大象在大脑皮质上可能有所欠缺，但是它的小脑尺寸让它亦有所得。尺寸大的小脑可能与大象使用低频振动来交流或控制其身体躯干有关，因为小脑的发育有助于发展运动协调的能力。与许多其他的动物相比，大象可以说非常聪明。

威斯康星大学麦迪逊分校心理学系的米歇尔·J. 雷丁博（Michelle J. Redinbaugh）解释称，要有意识，就需要一个集中枢纽，既有前馈回路又有反馈回路。信息可以在大脑额顶皮质的不同层面之间进行双向传播。同时，还需要一个结构来处理和连接所有传入的信息，并以灵活的方式做出回应。无论是人类还是动物，中脑导水管周围灰质（PAG）都有一个连接至较高皮质区域和较低大脑中枢的众多大脑区域的网络系统。一旦中脑导水管周围灰质受损，无论是一个人还是一只猫都会陷入昏迷状态，停止对周围的事物做出反应。另一个意识中枢位于中下脑区。这两个区域都是处理情感的中心。存储在大脑中的信息可以在那里混合并产生关联，就好像代表们走进大型会议中心的圆形大厅一样。

到目前为止的研究所形成的共识是意识具有层级性。大脑系统越复杂，意识就越复杂，情感和感觉的信息会在越来越大的关联区域被加以处理，而这些关联区域的神经元也越密集。中脑导水管周围灰质区域的较低部分就像是铁路调度的负责人或空中交通的管制员。整个系统使人或动物能够与周围环境及其他个体进行交流互动。

对人类和大多数动物来说，中脑导水管周围灰质区域还参与评估可能存在的危险。一只鹿会突然抬起头，用眼睛和耳朵指向一个奇怪的声音或景象，这是对可能存在的威胁的一种本能反应。然而，鹿仍然需要决定要如何回应。鹿的这种行为我已经观察到多次。在大脑决定是逃跑、继续观看还是继续吃草之前，会有一个停顿。这恰恰是进行灵活决策选择的开始。

丘脑调节意识和觉醒，它也是感觉和运动信号的中转站。丘脑和中脑导水管周围灰质区域本身并不能完全解释意识。在靠近枕叶皮质的顶叶（大脑后上方）还有另一个主要的信息枢纽来整合感官和情感信息。对人类大脑的解剖表明，巨大的神经纤维束在局部和长距离皮质区域之间提供着广泛的联系。来自西雅图艾伦脑科学研究所的克里斯托夫·科赫（Christof Koch）认为，人们所有的意识体验都起源于这个"热区"。

构建一个有意识的大脑的另一个关键步骤是能够在不同的输入信息源之间进行跨模式的传输。这是一种非常奇妙的说法，即通过一个感觉器官（例如眼睛）进入大脑的信息可以与来自另一个感觉系统（例如触觉）的信息相结合，从而形成一个统一的理解。人类的视觉和触觉输入的信息从一开始就联系在一起，并会随着时间的推移而继续发展。人类跨模式信息传输的一个例子是通过感觉来识别装在口袋里的硬币。许多飞机驾驶舱内的控制装置上会有形状各异的手柄。这样做的目的是让飞行员在部分情况下凭借感觉就能操控飞机飞行，减少操作失误的机会。一名儿童在学习骑自行车时需要同时运用从眼睛和前庭平衡系统输入而来感觉信息。从简单的任务到更具挑战性的任务都依赖一个复杂的认知能力。

哺乳动物和其他擅长跨模式信息传输的动物显示出了强大的导航能力和记忆能力。这两种能力都需要整合不同种类信息的能力。鸽子会借助地面上的地标和飞行导向回巢。有些鸟可以记住它们储藏坚果的位置。这些都是基于不需要语言的感官认知的伟大壮举。尽管鸟类没有哺乳动物那样的大脑皮质，但是它们的大脑中的确有一个能够执行类似功能的结构。德国波鸿鲁尔大学的马丁·斯塔霍（Martin Stacho）及其同事发现鸟类的大脑中有很长的水平回路来连接大脑内部远距离的区域和局部的垂直交叉回路。长长的水平纤维就好比可以穿越整个国家的长途火车，而较短的垂直回路就像是穿过枢纽城市的本地火车。这些神经回路执行大脑皮质的功能，以灵活的方式处理着传入和传出的信息。

我们只知道两个大脑区域不是意识所必需的，它们分别是控制执行功能的额叶皮质和协调运动功能的小脑。额叶皮质是一个巨大的联合皮质，其中不包含信息存储或运动控制系统。科赫博士及其同事在一篇医学文献综述中提及一个共识，即一个人额叶皮质的主要部分可以在其不丧失意识的情况下被移除。加拿大的研究人员阿龙·库西（Aaron Kucyi）和卡伦·戴维斯（Karen Davis）发现，当一个人做白日梦的时候，额叶皮质和联合区域中与意识相关的部分会被激活。当你一边洗澡一边有了一个新想法的时候，这些大面积的区域就是你的内在思想产生的地方。

额叶皮质和另外两个联合区域在我们规划未来时也会被激活。这是一种人类与某些动物共有的能力。剑桥大学的尼古拉·克莱顿（Nicola Clayton）与其实验室的同事做了一项我喜欢称之为"廉价酒店和昂贵酒店"的实验。在白天，一只灌木丛鸦可以自由支配两个中间相连的"隔间"或"酒店"。到了晚上，它被锁在其中一间酒店里，但是只有在昂贵酒店过夜之后，它才能享用早餐。灌木丛鸦很快就学会了在廉价酒店内储存更多的食物。显然，它们知道这间酒店不会像昂贵酒店那样提供免费的早餐。它们在为自己将来有可能"入住"廉价酒店而做好准备。我还在自家前院里看到一只在计划未来的松鼠。

它小心翼翼地将一颗坚果埋了起来，而且它会确定自己挖的洞深到足以将坚果完全埋起来。它在整个过程中反复将坚果放入洞中三次，才最后确定了洞的深度。

阿姆斯特丹大学的研究人员亚伯拉罕·佩珀（Abraham Peper）对动物和人类的认知进行了讨论。他说："我认为，只要不考虑语言活动，人类和动物的认知过程在根本上是相似的。"他提出感官图像是"生物体验新环境信息"的方式。他还进一步指出，视觉思维具有几乎无限的复杂性，不像口头语言那么模糊，它是二维的，也是三维的，比起口头语言有着"无与伦比的细节感"。加利福尼亚大学洛杉矶分校的迈克尔·范泽洛（Michael Fanselow）也提出了类似的观点。在提到那些否认动物会有恐惧感的人时，他说："在我看来，他们受到了人类在所有其他各种感知方式中倾向美化语言途径的影响。"

意识存在于一个谱系中。到目前为止，我们知道的是，你需要一个具备某些神经生物学特征的神经系统。我们知道意识具有生物学的功能。你大脑内部的世界和外在世界之间存在着某种关系。大多数科学家会认同，意识不是一个单一的东西；相反，用他们的话来说，意识具有多模态性。种类繁多的哺乳动物展示出了感知和应对环境的复杂方式。也许，正是因为缺乏语言，它们的行为才成为了解进化过程的迷人窗口，譬如信鸽能够找到回家的路。

当一只动物在镜子前看到自己的样子时,它能否认识到它在看自己?又或者它以为在看一只陌生的动物?对许多科学家而言,这就是辨别动物意识最高水平的黄金标准:自我意识。如果你有一只狗,你可能已经留意到当它看到镜子里的自己时,要么吠叫,要么毫无反应。狗永远不会超越这个阶段。1970年,心理学家戈登·盖洛普(Gordon Gallup)开发了镜像自我认知(MSR)测试来查看黑猩猩能否识别出自己。他给黑猩猩注射了镇静剂之后,在它们身上画了一个红色标记。如果黑猩猩在看到镜子里的标记后,能够查看自己身体上的标记位置,我们就可以认为黑猩猩具有自我意识,对自我感兴趣。测试已经证明有一小群动物能够识别出自己,其中包括黑猩猩、倭黑猩猩、大猩猩、红毛猩猩、大象、海豚和喜鹊。

亨特学院的教授乔舒亚·普洛特尼克(Joshua Plotnik)和黛安娜·赖斯(Diana Reiss)连同备受推崇的生物学家、灵长类动物学家弗兰斯·德瓦尔(Frans de Waal)对三头大象进行了镜像自我认知测试。大象完全复制了幼儿逐渐意识到镜子里的那个人是自己时的反应过程。一开始,幼儿处于探索状态,有时会环顾镜子四周看看是否有人躲在镜子后面。他们还会试图与镜子里的成像进行互动,纯粹地社交或变得具有攻击性。而后,随着对镜子里的成像越来越感兴趣,他们会做出或出现或不出现在镜子中的动作。这个辨识镜像与自身关系的阶段有一个正式的名称,即"应急检查"[黛安娜·赖斯根据格劳乔·马克斯(Groucho Marx)在1933年的喜剧电影《鸭羹》(*Duck Soup*)中的经典镜像场景将这个阶段称为"格劳乔阶段"]。接下来,他们会开始检查自己的面部和其他的身体部位。大象则会检查它们的嘴巴和象牙,而其他高等哺乳动物也有类似的行为。

在另一些镜像研究中,大象和海豚会弯成奇怪的姿势来检视自己。记得我小时候曾在一家服装店的更衣室里对着三面镜子从各个角度观察自己的身体。我想要弄明白为什么T恤上的字在镜子里看起来是反的。当我把写字的那一面转到后背上时,字依然是反着的。

婴儿在一岁半到两岁的时候开始对自己的镜像产生兴趣。具有这种水平的自我意识之后,婴儿就会产生较为复杂的情绪,譬如尴尬、嫉妒和同理心。再后来,我们发展出更加复杂的情绪,譬如羞耻、内疚和骄傲。罗格斯大学罗伯特·伍德·约翰逊医学院儿童发育研究所的所长迈克尔·刘易斯(Michael Lewis)写道:"儿童在三岁时就已经表现出了达尔文认为人类物种独有的那些情绪:自我意识情绪。"

弗兰斯·德瓦尔一生致力于研究灵长类动物的行为,并终生倡导要对动物的情感予以认识。他经常不认同科学界的主流观点。他写道:"科学不喜欢不精确,这就是当涉及动物情感时科学界的观点时常与公众的观点不一致的原因。"我们大多数饲养宠物的人会同意蒙田的看法，即我们从不会怀疑我们的猫、狗和马是有感情的。德瓦尔还认为，我们对口头语言表达的偏爱让我们很难理解动物的情感。在其优美的作品《最后的拥抱》(Mama's Last Hug)一书中，德瓦尔讲述了生物学家简·范霍夫（Jan van Hooff）与一只垂死的黑猩猩之间那充满悲伤的拥抱。范霍夫与这只黑猩猩有着长达一生的联结。德瓦尔邀请读者去思考这种感情来自哪里。"考虑一下有多少动物和我们有着相同的行为方式、相同的生理反应、相同的面部表情，甚至同等类型的大脑，如果它们的内在体验与我们的截然不同，那岂不是很奇怪吗？"

除了自我意识，有人提出认知能力的真正证据是能够在新的条件下使用工具灵活地解决问题的能力。乌鸦等鸦科鸟类能够制造工具来取回食物。新西兰梅西大学的加文·亨特（Gavin Hunt）观察到野生乌鸦会制作钩状工具，并将它们储存起来以备不时之需。乌鸦还能够用较短的物品制作出较长的工具以取回食物。牛津大学的奥古斯特·M. P. 冯·拜恩（Auguste M. P. von Bayern）在提供给乌鸦几块木销、注射器筒和柱塞之后，观察到它们会想办法将这三种物品组装成更长的工具。

在珍·古道尔第一次观察到黑猩猩会使用棍子作为捕食白蚁的工具后，许多人都无法相信这是真的。在那之前，科学家一直认为人类与黑猩猩的区别在于是否具备制造和使用工具的能力。然而，古道尔发现黑猩猩将树叶当作海绵来吸水喝，使用石头敲开坚果和葫芦，削尖木棍用作长矛。学会了使用手语的黑猩猩和大猩猩还会形成富有创意的"新词"，例如用"哭、疼、食物"的组合手势表示小水萝卜、或者用"脏、厕所"的组合手势来表示自己不喜欢的东西。它们展现出了灵活使用语言进行交流的能力。西蒙·巴伦-科恩对灵长类动物的表现没有那么惊讶。他在《模式探索者》一书中写道："黑猩猩和人类在 800 万年前从共同的祖先中分离了出来，因此它们和我们一样拥有足够长的时间开发出制造复杂工具的能力，譬如一辆自行车、一把油漆刷或者一副弓箭。"

我们与黑猩猩共享 99% 的 DNA 的事实本身就令人惊叹。我们不指望它们会成为火箭科学家。但是，当美国国家航空航天局在将宇航员送入太空前需要一个替代品时，它就想到了人类的近亲，以此来测试像我们这样的动物能否在那样的海拔高度和速度下生存下来。在寻求最佳替代品的过程中，美国国家航空航天局对 40 只黑猩猩进行了地球重力模拟测试，并运用类似斯金纳的方法对它们进行了训练：如果黑猩猩在正确的时间拉动杠杆来响应光线提示，它们就会得到香蕉作为奖励；如果黑猩猩没有做到，它们的脚就会受到电击。"除了与人类的基因有相似性，"埃里克·贝兹（Eric Betz）在《发现》（*Discover*）杂志中写道，"黑猩猩非常聪明，而且情绪复杂……美国国家航空航天局需要一个具有智慧和灵活性的测试对象来证明它的确可以操作航天器。"1961 年 1 月 31 日，哈姆成为第一只进入太空的黑猩猩，在"水星红石号"火箭的推动下进行了亚轨道飞行，从而为美国的第一位人类宇航员艾伦·B. 谢泼德（Alan B. Shepard）的太空之行铺平了道路。"（附带说明一下，就在哈姆历史性飞行的近 200 年前的 1783 年，第一只热气球腾空而起。搭乘它的第一批乘客是一只羊、一只鸭子和一只公鸡。好在它们也都幸免于难。）

情绪与大脑

尽管科学家对于某种特定动物可能具有多少意识还存在争议，但是至少某些动物的确具有意识的观点已被广泛接受。人们对动物情感的认识至今仍是一条布满荆棘的道路。

神经科学家、心理学家和开拓者贾克·潘克塞普（Jaak Panksepp）专门创造了"情感神经科学"一词来指称所有涵盖神经生物学和情感的研究。在此之前，行为主义者和习性主义者都将大脑视作"黑匣子"。潘克塞普证明皮质下的情绪中心会驱动行为。当皮质下的某些特定区域受到电极刺激（即脑电刺激，ESB）时会触发不同的行为。例如，他发现受到刺激的老鼠可以表现出两种类型的攻击行为。当与愤怒相关的大脑中枢受到刺激时，一只老鼠就会攻击另一只老鼠。当与寻求相关的大脑中枢受到刺激时，老鼠会开启捕食欲望或"安静咬合"

的模式。如果随后将另一只老鼠放进笼子，处于安静咬合模式的老鼠就会发起攻击。在潘克塞普将老鼠的大脑皮质移除后，它们仍然保留了社交游戏的能力。对已成年的猫来说，去除大脑皮质会让它们更害怕人类，但与此同时它们仍然保留诸多猫的正常行为，譬如母猫的性行为、猫妈妈对小猫的照顾和梳理毛发。这些行为与随之而来的情绪的控制中心被证明并不位于大脑皮质。

在接受《发现》杂志的采访时，潘克塞普解释了大脑皮质下的系统是如何工作的。"这些都是基本情绪，与特定的大脑网络相关，是在情感大脑刺激研究中特别指定的初级情绪系统。"他将这些基本情绪分为寻求（探索）、愤怒（生气）、恐惧（焦虑）、欲望（性欲）、关怀（养育）、恐慌（悲伤/难过）和玩耍（社交快乐）。愤怒对生存至关重要，因为它会激励动物击退来袭的捕食者，而恐惧则会让动物免受攻击。恐慌，与恐惧不同，是分离痛苦产生的结果，例如与孩子分离的母亲会产生恐慌，无论是人类还是动物的母亲，反之，与母亲分离的孩子也会如此。当狗的主人外出工作，它们被迫整天独自留在家里时，它们就会出现严重的分离痛苦问题。我中午在小区散步时，总能听见狗的悲鸣声或吠叫声。有些独自在家的狗会啃咬房屋或咬碎你的拖鞋。我认识一位平面设计师，如果他彻夜未归，他的猫就会在他的枕头上大便。当然，不同的动物有不同的性情。有些狗乐于整天睡大觉，而后在你回家的那一刻，兴高采烈地迎接你。

寻求是"探索、搜索、调查和了解环境的基本冲动"。研究表明，当大脑中有关寻求的部分受到刺激时，哺乳动物会感到愉悦，并且会继续按压刺激大脑这部分的控制杆。当人和动物进入青春期时，欲望或性欲大幅提升。几乎所有的人和温血动物都会养育他们的后代。这是母性的本能。母亲不仅要保护自己的孩子，还要看护和照顾他们。潘克塞普还能够证明哺乳动物的这个系统是由催产素和阿片类物质系统控制的。这两类让人类感受到快乐的兴奋剂同样可以导致药物成瘾。最后，所有年幼的哺乳动物和儿童都有玩耍的动力。玩耍在帮助他们学习如何社交互动的同时，也有助于发展他们的智力。玩什么游戏是习得的，但是对玩耍的需求是天生的。

潘克塞普的工作重点是将情绪作为激发动物行为的三元素之一，另外两种元素分别是先天行为模式和习得能力。我相信情绪是习得行为的基础，而且根深蒂固地驱动着遗传行为模式。与此同时，也存在着不止一种情绪系统参与激励行为的情况。为了详细阐明潘克塞普提出的7种核心情绪，科学家正在使用脑电刺激、功能性磁共振成像和正电子发射断层成像等技术手段来绘制情绪路线图。

埃默里大学的神经科学家格雷戈里·伯恩斯（Gregory Berns）成功训练狗自愿进入磁共振成像扫描仪，并在其尾状核（大脑中的主要奖赏中心）被扫描时一动不动地躺着。伯恩斯写道："许多学者拒绝接受我们可以了解动物思想的想法，即使我们使用的是现代神经科学技术。"他拒绝将狗束缚起来，因为他认为这样做会违背自主决定的基本原则。狗可以随时离开扫描仪。狗和人一样也表现出了极大的个体差异。有些狗接受训练后能够安静地躺下并戴上保护听力的工业护耳器，有些狗则无法忍受扫描仪发出的噪声，还有一些狗会害怕得不敢尝试。

为了研究狗的嫉妒心，伯恩斯设计了一个实验。他让那些能够接受磁共振成像扫描的狗观看食物被喂给一只非常逼真的假狗或被放入桶中。杏仁核是大脑中与恐惧、攻击性相关的区域。当看到食物被喂给假狗时，它的杏仁核区域被强烈激活，但是当看到食物被放入桶中时，它的杏仁核区域则几乎没有变化。这种差别在具有攻击性气质的狗身上更为明显。

伯恩斯发现，狗的大脑中的奖赏中心的反应与人脑中的相似。当一只狗嗅闻自己最喜欢的人时，它大脑中的奖赏中心就会被激活。不过，狗对诸如食物或赞美这样的奖励会如何反应则存在个体差异。对某些狗来说，主人的口头表扬远比食物让它们更开心。伯恩斯总结说，我们对狗的大脑越了解就越不得不承认"我们与狗在最深层次上有太多的相同之处"。参与研究的狗还表现出了一定程度的符号理解能力。我们很容易就能教会狗在看到某个手势时它会有零食，而在看到另一个手势时它什么也没有。当狗看到意味着它能得到零食的手势时，它大脑中的尾状核就会被激活。在情绪层面上，狗与人更像，至少在神经学上的确如此。

维也纳兽医大学的迈林·凯尔韦-肖梅特（Mylène Quervel-Chaumette）所做的另一项研究表明，狗在分别听到自己熟悉的其他狗的声音、一只陌生的狗的声音或其他由计算机随机生成的声音时会有不同的情绪反应。参与这项研究的狗都有过与另一只狗共同生活的经历。在分开之后，当播放它熟悉的伙伴的呜呜声时，研究人员会观察到更多的应激行为迹象，狗所表现出来的部分行为包括把尾巴夹在两腿间、低声呜咽着回应和蹲地低伏。

神经科学家约瑟夫·勒杜（Joseph LeDoux）在读研究生期间在癫痫患者的身上观察到一种有意思的交叉模式转换。这些患者大脑左右半球之间的神经连接断裂了。我们的左手会根据出现在左侧视野中的刺激来寻找物体（也就是说右脑负责"看到"），但是这些患者无法说出该物体的名字（因为左脑控制语言），或者说他们能说出放置在右手边而不是左手边的物体的名字。"在裂脑患者中，"勒杜写道，"大脑一侧接收到的信息只能被困在同一侧，另一侧无法获得。"

作为纽约大学的教授、研究员，勒杜想要了解情绪是否也会受到类似的影响。他决定专注于恐惧。这一选择在很大程度上是因为恐惧被认为是一种最原始的情绪，同时也有其他充分的理由。恐惧会促使人们逃避危险，从躲避毒蛇到在夜间避开黑暗的小巷等。对动物而言，恐惧会促使它们躲避捕食者或者远离捕食者可能出没的地方。大脑中的"恐惧中心"就是杏仁核。如果杏仁核受损，野生动物有时就会变得驯服。老鼠不会再害怕猫，而猴子也会毫不犹豫地接近人和新奇的东西。当杏仁核及其周边的大脑结构都被移除时，恐惧也就消失了。目前的研究表明杏仁核也与恐惧之外的其他神经回路相关，但整体而言，它主要负责恐惧情绪。

勒杜将大脑中基本的恐惧回路隔离起来，将注意力集中在位于不需要思考的下脑区域的"低路"（非意识处理）回路。快速反应的生存回路会让一个人或一只动物瞬间害怕或迅速远离危险，譬如远离掠夺者或捕食者。有时，甚至在威胁的性质尚未通过"高路"（意识处理）回路得到充分的处理或识别之前，快速反应就已经完成了。

勒杜提出的基本假设是，这些进化的旧系统（防御危险）需要在有意识的大脑中被激活才能产生相应的害怕情绪。他在1996年出版的《情绪大脑》（*The Emotional Brain*）一书中指出，"特定情绪行为系统的神经组织"在不同物种之间是相似的。然而，在2015年出版的《焦虑》（*Anxious*）一书中，勒杜声称所有动物的反应都只是基于生存回路。他写道："这些回路的存在并不是为了让我们或任何其他的动物有某种感受。它们的功能就是让有机体活着。"在国际应用动物行为学学会的一次会议上，有人问勒杜为什么会以否认动物具有真正情绪和感受的方式修改之前的观点。他回答说，作为个人，他认为动物具有真实的情绪，但是作为一名科学家，他对此并不确定。也许，用语言文字思考的人可能无法面对与语言脱节的情绪体验。

亚历山德拉·克莱因（Alexandra Klein）与其在马克斯·普朗克研究所的同事最近所做的一项研究清楚地表明，老鼠的情绪比单纯的生存回路复杂得多。它们可以根据之前的经验来调节恐惧反应程度。位于大脑深处的岛叶皮质是调节恐惧反应强度的主要枢纽。这里会处理来自大脑很多其他部分的信息。这进一步证明了勒杜最近有关动物情绪的观点是错误的。

之后，我看到了一项令人兴奋的研究。它将情绪机制定位在大脑下部更原始的区域。加利福尼亚大学洛杉矶分校医学中心的 D. 艾伦·休蒙（D. Alan Shewmon）及其同事研究了 4 名出生时缺失大脑半球的儿童。这种大脑损害通常会导致患者终生处于植物人的状态。然而，研究发现这些孩子除了具有"辨别意识"，还会表现出一系列情绪和社交互动。他们会对新出现的人或事物感到害怕，会区分熟悉的人和不熟悉的人。他们能够进行社交互动，会有音乐偏好，也能进行联想学习。由此看来，情绪的驱动器并不在大脑皮质。

伦敦政治经济学院的乔纳森·伯奇（Jonathan Birch）和同事亚历山德拉·施内尔（Alexandra Schnell）以及剑桥大学的尼古拉·克莱顿认为，科学家正在形成一种共识，即具有"某种意识形式"的动物的名单很可能远比已知的人类和类人猿要长，其中包括其他哺乳动物、鸟类和一些软体动物。他们研究了比较认知，并使用"丰富度"来对动物的感官知觉和情绪体验的复杂性进行排序。一种动物的某一种感官可能相比其他感官具有更强烈的"感知丰富度"。狗不与自己的镜像互动的原因可能是它们进行互动的主要感官是嗅觉和听觉，而视觉排在第三位。从知觉丰富性的维度来看，鸦科鸟类生活在一个非常丰富的视觉世界中，而章鱼生活在一个丰富的触觉世界中。伯奇认为，有些动物的知觉丰富度更高，例如乌鸦或蓝鸟的视觉很强，而其他动物如大象则具有更高的"评价"丰富性，这一点可以理解为情感能力。

当我们回看神经网络时，章鱼就是一个很有趣的例子。尽管章鱼被归类为头足类动物（譬如鱿鱼、墨鱼等），但是它们会表现出通常与脊椎动物相关的特征。加拿大莱斯布里奇大学的比较心理学家珍妮弗·马瑟（Jennifer Mather）表示，章鱼能够使用多种技术来打开蛤蜊，能够玩耍，并且其大脑中有专门的区域用来存储记忆和学习。它们的"手臂上有大量的神经表征"，而且"有一个神经节来控制每一个吸盘"。在纪录片《我的章鱼老师》（*My Octopus Teacher*）中，博物学家克雷格·福斯特（Craig Foster）在南非海藻林中发现了一条章鱼。一开始，它一看见他就会消失不见。福斯特不断返回，并保持一定的距离以示尊重。随着时间的推移，这条章鱼对它的人类访客产生了兴趣，并愿意靠近了。在影片的结尾，它接纳了福斯特的拥抱。

了解动物的非语言世界

动物生活在一个以感官为基础的世界中，并通过图像、气味、声音和触觉来思考。我们人类则生活在一个高度语言化的世界中，我们的感觉往往会经过语言的过滤，从而直接拉开我们与感官信息的距离。人类幼儿（处于前语言、前思维和前推理阶段）在认知功能方面与动物是类似的。德瓦尔注意到18个月大的儿童会表现出具有同理心的行为，例如他们会安慰情绪低落的人。这种行为在啮齿类动物、大象和黑猩猩身上都可以看到。德瓦尔认为同理心源于母性关怀。

人与动物的关系是超越语言的，神秘且美丽。我见过的最好的驯马师能够在两小时之内驯服一匹野马。其中有一位驯马师叫雷·亨特（Ray Hunt）。他也无法解释自己是怎么做到的。他所掌握的最佳办法是"与马保持一致"。他只是单纯地凭借直觉和同理心在工作。许多动物饲养员都是如此。他们能在非语言交流的基础上，让自己的身体与动物的身体产生直接的情感联系。他们会不自觉地运用感官回忆和视觉思维来观察马的行为。其中的技能很难通过学习获得。

巴德·威廉斯（Bud Williams）和伯特·史密斯（Burt Smith）是两位真正的牛语者。他们会带着一群天真的牛（指对某种程序毫无经验的牛），并把它们从牧场边甚至灌木丛后面赶到田野中央。他们不会使用扩音器雇用一群尖声高叫的牧牛人，也不会开着吉普车或直升机。对这些重达1 000多磅的牛来说，盲目的驱赶很容易导致踩踏事故。他们只是在牛群集体逃跑的区域边缘来回地走之字形。他们安静走路的模式会触发牛聚集成群的本能行为。如果他们走得太快，牛群则会四散开来。

当我请伯特解释一下他的方法时，他在厨房的桌子上画了一张图，上面代表着牛的箭头。它看上去像停车场里的对角线。就在那一刻，我确定他是一位用图像模式来思考的视觉思维者。它有可能是一张关于向量的数学表达的图。同亨特一样，他也无法向学生解释清楚他是如何做到的。我认识到当伯特在引导牛群的时候，他实际上在大脑中解决了一个类似几何的问题。

如前所述，儿童在开始接触语言表达后，他们会失去某些视觉意象。而对我、对本章中介绍的其他与动物产生联结的人来说，语言不是我们作为视觉思维者最主要的交流方式。对纯粹的语言思维者来说，很难思考视觉思维究竟是什么。想象一下，你可以无需语言表达就完全信任另一个人的情感。"当你看着一个孩子成长时，"获得普利策奖的小说家玛丽莲·鲁宾逊（Marilynne Robinson）说，"你会看到一种纯粹的意识逐渐生成。它美丽、复杂且丰富无比。你会学到很多关于思维的知识，以及语言如何发展、记忆如何运作。"鲁宾逊的观察捕捉到了意识形成的非凡过程，但与此同时也暗含着一种普遍的假设，即语言是产生意识的先决条件。

1995年，在《用图像思考》一书中，我预言科学最终会证明穿网球鞋的小老太婆是对的，原来菲菲真的有感情。今天，我很高兴地说已经有了数百项有关动物认知（思维）和动物情感（感受）的研究。德国莱布尼茨家畜生物学研究所的玛丽-安东宁·芬克迈尔（Marie-Antonine Finkemeier）认为，"测量和理解动物的性格是一个新兴的科学领域"。研究人员正在野外、实验室和农场认真地研究动物的性格。杨百翰大学的多琳·卡布雷拉（Doreen Cabrera）回顾了36项针对各种哺乳动物、鸟类、爬行动物和昆虫的性格研究。所有的这些研究都表明，这些生物在性格特征如大胆、恐惧以及好奇与探索的驱动力强度上，表现出了明显的差异。甚至还有一个强调跨学科研究动物情感的国际会议。由此，我们不再局限于以一种二元的方式来看待动物，情感因素已经成为与遗传因素和环境因素一样影响动物行为的主要因素。

我依然记得几十年前听过的一个令我感到困惑的故事。那是1978年，我正在参加美国动物科学学会主办的动物行为研讨会。来自新西兰的动物行为学家罗恩·基尔戈（Ron Kilgour）在研讨会上分享了一个故事。它讲的是一头狮子被装在板条箱里进行空运。狮子的主人在箱子里放了一个枕头。飞机降落后，当主人打开箱子时，狮子死了而枕头也不见了。

发生了什么呢？遗憾的是，这不是一个谜。事实上，是狮子吃了枕头。

这个故事让我明白了人类凭借高度的语言思维是难以理解基于感官的动物世界的。对我来说，一切都很明显。为了让狮子感到舒适，我们需要在板条箱的硬金属地板上铺上稻草而非枕头。我担心它在飞机起飞和落地时被震动和声音干扰，我担心它的耳膜在高空爆裂，我也担心它是否会出现分离焦虑。

许多年前，我与一个认为意识需要语言的人进行过讨论。如果真是如此，那么我要到三岁半才会有意识；如果完全的意识取决于语言的流利程度，那么我有意识的时间还需要往后再推几年。就在最近，我与一位特别健谈的女士交谈。她的语言和情感似乎以一种她无法解释的方式完全融合在了一起。我感，故我在。对我来说，图像是第一位的，文字是第二位的。除非我看到了令人沮丧的事情，比如波音公司的坠机事件，否则我的情绪不会受到感染。但是，就像我之前提及的，我的大脑会想要快速了解事故是如何发生的。

尽管我们对动物情感的研究已经取得了长足的进步，但是将动物比作人类的禁忌依然笼罩着这个领域。毋庸置疑，我很容易就能将自己代入动物的世界。在设计家畜的约束设备时，我可以想象并感知它们被约束时会是什么感觉。突然的动作会吓到牛。我根据之前的观察可以在脑海中看到牛受惊的画面。对我来说，关于这种感知有损于科学家的客观性的看法毫无意义。阿曼达·阿尔瓦伦加（Amanda Alvarenga）和她在普渡大学和四川农业大学的同事研究发现，在与农场动物的表现差异有关的基因中，大约有一半与人类的精神障碍有关。更进一步的研究已经表明，导致牛的恐惧和狗的友善的遗传因素与导致人类孤独症和威廉姆斯综合征的遗传因素有关。

对我来说，我们的文化在如何对待动物方面存在着分裂。一方面，我们让狗穿上婴儿服并给它投喂人类的食物。在纽约，我曾看到毛发上系着丝带的吉娃娃被放在婴儿车内推着四处走动。另一方面，有些狗被遗弃或每天被关在笼子里好几个小时。它们很少参与狗的自然行为，例如与其他的狗交往互动或在户外嗅一嗅来了解其他的狗在做什么。有些狗因一整天独自在家而感受到了分离焦虑的痛苦。（新冠疫情实际上大大改善了许多狗的生活，它们的主人被迫待在家中关注它们。）

在学术界外，有两本书为我们了解动物思维提供了一些最佳的见解。一本是伊丽莎白·马歇尔·托马斯（Elizabeth Marshall Thomas）的《狗的秘密生活》(*The Hidden Life of Dogs*)，另一本是特德·凯拉索特（Ted Kerasote）的《默尔之门》(*Merle's Door*)。这两本书都让我们看到了当狗被允许在社区中漫游时，它们会如何拥有丰富的社交生活。它们也许会遇到不少危险，例如与其他的狗打架、被车撞或迷路，但是它们的生活质量有所提高，因为它们得到了自由、社交、锻炼和探索新鲜事物的机会。凯拉索特指出，狗需要同类的陪伴，而且它们乐意用鼻子来探索新鲜事物。这些活动比玩球、玩玩具或咬生皮有趣得多。

关于农场动物福利的最新研究强调，对提供我们食物的动物，让它们拥有积极的情感体验、过有价值的生活，是非常重要的。你可以自行上网观看奶牛使用电动刷为自己梳理毛发的视频。不应该由我来说它们有多喜欢，但它们显然很乐意。奶牛会反复调整自己的位置让电动刷梳理身体的多个部位。

像动物一样思考的能力无疑会让一个人对动物产生更强的同理心，尤其会让对象可视化者下定决心要创造和促进动物福利。但是，不只是动物福利。回顾我漫长的职业生涯，我深刻地思考过以动物为食对环境的影响。如果放牧得当，譬如通过良好的牧场管理或有效的作物轮作，我们可以提高土壤的质量及固碳能力。绵羊、山羊和牛等食草动物也可以在过于干旱而无法种植农作物的土地上饲养。我认识的家庭牧场主都是土地的好管家，经营着真正可持续的养牛场。

经常有人问我为什么热爱动物，又为什么会从事屠宰场的设计工作。虽然自然界的死亡大多是残酷无情的，但是人类必须为他们驯养的动物负责。今天，当我去参观一家屠宰厂，看到人们为了追求利润不加选择地让动物过度繁殖时，我会非常生气，因为这样做可能会导致动物出现痛苦的跛足或心力衰竭等问题。10年前，当我谈及与过量的生长促进剂相关的热应激和跛足问题时，我遭到了整个畜牧业的强烈反对。记得有一次，我驱车6小时去参加一个有关牲畜的会议，我一直在犹豫要不要在演讲时谈及这个问题。就在开车途中，我看到牧场上的牛群，心想我必须告诉养牛者要纠正存在的问题。

狗的繁殖问题甚至更糟糕。早在出现转基因生物之前，斗牛犬就已经被人为培育到了极致，它们看上去头部巨大，口吻短小，这会导致肩部问题、呼吸困难，甚至高比例的犬需要进行剖宫产。我与许多年轻的养狗者或畜牧业工作者交谈过，他们对此毫无认知。他们只是觉得"这个品种的狗就是这样"。我称这种现象为"糟糕的常态化"。我的年龄足以让我记得它们之前的样子。目前的很多问题都是通过传统育种造成的。

我无法将自己作为科学家的工作从我与动物行为和感知的联结中分离开来。对我来说，哺乳动物、鸟类和一些软体动物（例如章鱼）都是有意识的，而且每一只动物都有它的个性。25年前，我在发表的科学论文中不被允许使用"恐惧"这个词。我不得不用"行为激动"来表达同样的意思，因为那个时候大家认为科学家不应该赋予动物以人类的情绪。今天，我们使用"恐惧"这个词来形容或描述动物已毫无问题。科学的发展正在慢慢指向这样一个结论，即我们与其他动物的区别在于我们的大脑具有巨大的计算能力，但在情感方面，我们与其他动物是相似的。

我相信我与动物的联系来自我作为一个视觉思维者的经历。

同许多孤独症患者一样,我的情绪谱仅限于神经学家所说的原始情绪。小时候,我把自己比作一只猎物,对危险高度警惕。在我上了小学并经常被欺负后,我每次走过校园都感觉自己是一只在开阔的地带担心捕食者会突然出现的小鹿。我能感受快乐,也能感受悲伤,但是更复杂的情绪似乎超出了我的理解范围。我无法明白爱恨交织的关系,也不明白为什么有人会对一幅画深深着迷,尽管理智上我知道它具有文化价值。后来,让我感受到痴迷的是我走进美国专利商标局,看到机械天才杰作的那一刻,是为一个具有挑战性的设计项目找到优质解决方案的那一刻。

小说家玛丽莲·鲁宾逊还描述了文字如何让语言思维者产生情感共鸣的过程。她写道:"文学所描述的悲伤和圣洁会让人们觉得完全说出了他们心中感受到的东西,所谓'心有戚戚焉'。"她的观察不仅让我了解了语言思维者的情感回应,而且让我看到了语言思维者与视觉思维者的不同。对我来说,文字只是提供信息,不会激发我的任何情感反应。我必须看到或者回忆起某一个视觉图像才能有情感回应。像圣洁这样的概念,对我来说太抽象了。但是,你不能说我没有感情。当妈妈给我读《黑美人:一匹马的自传》的时候,不是作者的文字,而是我在自己大脑有关马匹的图像中看到了一匹马正在受到伤害,让我的心随之感受到了痛苦。

在读研究生期间,我采取的是科学家所谓的客观立场。对我来说，那是合理的。可是，就在我走进我负责的第一个养牛场并将我的手放在一头牛的身体侧面时，一切都变了。就好像有一股电流瞬间流过我的身体。我能够立刻感受到并判断出它的情绪是焦虑、愤怒、激动还是放松。我不需要更多的证据。动物，就是有感情的。一些动物，譬如黑猩猩和海豚，也是有自我意识的。有些动物在运用它们的感官感受这个世界，就像大象会为死去的族群成员哀悼一样。它们也许无法用语言来告诉我们它们的感受，但我相信，它们是有意识的。它们是视觉思维者。

后 记

2022年1月28日早上6点39分，位于匹兹堡弗里克公园地区上方的弗恩空心桥发生坍塌事故。那是一个下雪的清晨，好在由于学校推迟了上课时间，桥上四车道的交通没有往日那么繁忙。事故发生后，无人丧生，但至少10人受伤。一条输气管道在事故中破裂。尽管它很快就切断供气，但附近的住户还是被紧急疏散。当人们在事故现场获救时，空气中弥漫着挥之不去的气味，人们意识到情况原本可能更糟。

当我们说"事情原本可能更糟"的时候，我们会流露出一种对没有发生更多破坏的庆幸。尽管我们在内心深处知道事故很有可能会再次发生，然而在救护车、消防车和警车离开之后，一切又都恢复正常。残骸碎片被清理干净，桥梁被修复或拆除，我们开始安于现状直到下一次灾难发生。

就像你可能已经猜到的那样，我在听到桥梁坍塌后的第一反应是上网了解这座桥的结构细节。我看到它采用的是钢制K型框架设计。与具有更坚固支撑结构的桥梁相比，它可能更容易发生故障。它既需要更频繁的检查，也需要更频繁的维修和喷漆来抵抗自然腐蚀。这让我进入了研究桥梁的极客模式，我查看了2007年明尼阿波利斯市中心附近的一座州际大桥的垮塌情况。当我看到那场灾难中皱起的钢铁的照片时，我立即有了一个直观的想象：钢铁太轻、太便宜了。它犹如纸板一样弯曲变形。土木工程门户网站上发布的一份报告证实了我的判断。原来，将钢梁固定在一起的角撑板只有所需厚度的一半。我猜想在这两个城市中，应该都有视觉思维者看到了它们的安全隐患，但是他们不敢发声，又或者他们的意见完全被忽略。

巧合的是，就在弗恩空心桥坍塌至下方峡谷的当天，拜登总统原定计划前往匹兹堡谈论基础设施建设，强调要完善供应链、振兴制造业和创造高薪就业机会。这些都是值得称赞的目标。然而，我不奢望大多是语言思维者的政治家会深入研究细节。问题依然存在：如果我们坚持目前"一刀切"的教育、就业和沟通模式，那么我们如何为总统提出的重要岗位寻找和培训人才呢？工程师、机械师、焊工、建筑师和公共规划师的寻找和培养要从娃娃抓起。那些被积木、乐高、工具、高度详细的绘图吸引的孩子，那些喜欢拆解和组装的孩子，都是视觉思维者。如果我们能够对他们进行识别、培养和投资，那么他们将成长为能够建造和维护桥梁、飞机、核反应堆的成年人。如果我们不为这些孩子提供更加视觉化的教育，我们就在破坏我们的人才储备。

匹兹堡这座桥倒塌的具体原因仍在调查中，但大家普遍认为是"延期维护"所致。又是同样的情况。在本书的前几章中，我们曾探究过加利福尼亚州大面积停电引发的火灾事故。这些事故的背后原因就是缺乏或者没有维护，我称其为"延期维护"。根据 2021 年发布的《美国基础设施评估报告》，在全美国 617 000 座桥梁中有 7.5% 存在结构缺陷，42% 与已有将近 50 年历史的弗恩空心桥一样老旧，并不适合长期使用。

一个令人欣慰的消息是，桥梁工程师一直在研发各种神奇的材料，譬如高性能混凝土和钢材、耐腐蚀的增强材料与改良的涂层。评估桥梁适用状况及稳定性的新方法包括使用红外热像仪、地下探测雷达、可提供连续反馈的嵌入式传感器，以及我最爱的具有水下拍摄功能的潜水无人机。

我的整个职业生涯都在与行业创新者合作。我相信开发这种前沿尖端技术的人就像爱迪生、图灵和马斯克一样属于视觉思维者。他们的职业道路始于地下室或车库。在那里，他们可以自由地拆解和试验。我也相信在能力培养方面有两个关键性的要素为他们日后的成功奠定了基础，那就是接触和指导。突破性的技术不会源自被分流到特殊教育或沉迷于电子游戏的孩子，即使他们可能具备相应的天分。我们如何才能识别并鼓励我们未来的设计师、工程师和艺术家呢？我们必须先看到他们，认识他们的才能，支持他们以不同的学习曲线前进。对我来说，最重要的目标是帮助他们。如果从这里开始，那么我想一切皆有可能。

　　试想一下，如果我们像关注语言思维者那样来关注视觉思维者会怎么样？如果我们不假设我们都以相同的方式（主要是通过语言）感知和处理信息，那又会怎么样？每当发生桥梁坍塌、飞机坠毁或反应堆熔毁的事故时，我们是装聋作哑、视而不见，还是理应为我们的孩子创造一个更美好的未来？如果我们想要创造一个更安全、更包容、更先进的社会，在制造、技术和寻找应对挑战的解决方案方面始终处于领先地位以应对瞬息万变的复杂世界，我们就需要为我们的视觉思维者及其非凡的天赋腾出发展空间。

致　谢

感谢为本书的制作和出版提供帮助的每一位工作人员。这是一个将语言思维者与视觉思维者完美融合在一起的团队。他们分别是诺拉·艾丽斯·德米克（Nora Alice Demick）、阿什莉·加兰（Ashley Garland）、马克·格林纳沃尔特（Marc Greenawalt）、杰夫·克洛斯克（Geoff Kloske）、谢里尔·米勒（Cheryl Miller）、泰里克·穆尔（Tyriq Moore）、贝姬·塞尔坦（Becky Saletan）、杰纳弗·舒特（Jenefer Shute）、尼克·泰伯（Nick Tabor）、沙伊林·塔韦拉（Shailyn Tavella）、卡塔利娜·特里戈（Catalina Trigo）和奥古斯特·怀特（Auguste White）。

| 参考文献 |

扫码进入中信书院页面,查看《视觉思维》

参考文献